# 精密位置決め・
# 送り系設計のための

Design and Control of Precision Positioning and Feed Drive systems

# 制御工学

松原 厚【著】

森北出版株式会社

● 本書の補足情報・正誤表を公開する場合があります．当社 Web サイト（下記）
で本書を検索し，書籍ページをご確認ください．
https://www.morikita.co.jp/

● 本書の内容に関するご質問は下記のメールアドレスまでお願いします．なお，
電話でのご質問には応じかねますので，あらかじめご了承ください．
editor@morikita.co.jp

● 本書により得られた情報の使用から生じるいかなる損害についても，当社およ
び本書の著者は責任を負わないものとします．

|JCOPY|〈(一社)出版者著作権管理機構 委託出版物〉
本書の無断複製は，著作権法上での例外を除き禁じられています．複製される
場合は，そのつど事前に上記機構（電話 03-5244-5088, FAX 03-5244-5089,
e-mail: info@jcopy.or.jp）の許諾を得てください．

# まえがき

　日本の製造業は，自動組立機，計測器，数値制御工作機械などの自動化機器を利用した高い生産技術力によって支えられている．工具やテーブルを数マイクロメートル以下の精度で運動させるための精密位置決め・送り装置は，これらの機器の性能に大きな影響を与える．数値制御技術に代表されるメカトロニクス技術は，80年代から急速に発展し，位置決め・送り装置の性能向上を牽引してきた．いまでは，数マイクロメートルオーダの精度で物体の位置を制御することが汎用技術として実現できるようになっている．このような技術は，高度化する研究にも大きな影響を与えている．従来はアイデアにとどまっていた研究を実証できるインフラが整ってきたのである．

　本書は，主に機械系の学生や若いエンジニアの方々が精密位置決め・送り系の設計を行うために習得しておくべき制御工学の知識をまとめたものである．

　著者は加工制御の研究を行っている研究者，つまり制御理論のユーザである．世の中に制御理論の教科書はたくさんあるにもかかわらず，このような本を執筆しようと思った理由を説明しておく．

　精密位置決め・送り技術が必要になったとき，装置を買ってくるか，自分でつくるかの二つの選択肢がある．たとえば，我々の研究室では機械加工の研究を行っているが，アイデアの実証程度が目的の場合は自分たちでつくり，実用化研究の場合は装置メーカに作ってもらう．このとき，どのような設計を行えば，どの程度の性能が得られるかを予測するには，機械系と電機系をあわせた制御システム全体の特性を理解しておく必要がある．しかし，そういったことを勉強するための教科書があまり見あたらない．既存の制御理論の教科書を使うと，「自分にとって必要な知識を見つけるのに時間を費やしてしまう」という問題を筆者は感じてきた．特に若い方々は経験がないので，何を勉強してどう使ったらいいのかわからないという迷路に入り込む．

　制御理論は，古典–現代–アドバンストと壮大な体系をもち，高度な数学を駆使するので，この迷路は結構複雑である．実際，目標レベルをステップアップすれば誰でも迷路に入り込むのであるが，すでに明らかになっていることに時間を使いすぎるのはもったいない．もちろん，体系をきちっと学ぶように指導するのが大学教員としての

本分であろう．しかし，目の前にある問題を解決するために藁をもつかむ状態では，そんな余裕はない．そこで，理論家の方々からご批判を頂くことは覚悟し，ユーザの立場で問題解決型学習のための自習書を書こうと思った次第である．

以上の理由から本書は次のような構成をとっている．

第1章では，精密位置決め・送り技術の基本知識を解説した．用語はできるだけ事例とあわせて説明した．

第2章と第3章では，制御の中核となる動的システムのモデル化と解析の基本的な知識をまとめた．必要な知識はできるだけ重要なものに絞り，いくつかは付録に回している．

第4章では，基本的な制御系（軸サーボ系）について述べた．本書ではカスケード型制御系のみを対象としている．カスケード型制御系には制約もあるが，その制約のおかげで理解がしやすい．また実際，応用範囲も広いので，その制約（型）を徹底的に利用した．

第5章では，指令値の生成方法について述べた．特に制御系の一部として，指令値生成法がどう機能するかを中心にまとめた．第4章とあわせると，簡単なシステムのシミュレーションができる．

第6章では，モータの回転原理と制御法について述べた．モータ技術者，制御技術者にとってはあたりまえだが，機械技術者にとっては理解しにくい知識をまとめている．

第7章では代表的な位置決め・送り機構であるボールねじ送り機構の力学モデルについてまとめている．機械設計に用いることができるように，個々の設計パラメータから力学モデルを導出する手順を示している．

ここまでの章で述べた内容を統合し，第8章では実際の1軸サーボ系の解析方法，第9章では2軸サーボ系により輪郭運動を行った場合の運動誤差の解析方法，第10章では摩擦により発生する運動誤差の解析方法について解説している．これらの章では，実際に装置を作るときに遭遇する典型的な問題を例題としている．

各章には，MATLAB/Simulink を用いた例題と演習問題をできるだけ多く載せた．これらの例題に用いたプログラムは，森北出版のホームページ

http://www.morikita.co.jp/soft/91981/

からダウンロードできるので，自由にお使い頂いて結構である．ただし，次の点に注意されたい．MATLAB のプログラムは，バージョン 6.1 で作成している．上位のバージョンでも実行可能であるが，上位バージョンはさらに便利になっているので，プログラムは簡単にできる可能性がある．また，プログラムは研究室の学生や著者自身が研究開発で作成したものをまとめたものであり，初学者にはやや高度な内容も含まれる．当然，ミスも含まれている．ミスによって発生する損失（著者の恥も含む）より，

学習の効率を優先して公開したという考えをご理解頂ければ幸いである．

　あと，全体についても言い訳をさせて頂くと，執筆の動機と手段および著者の経験・知識量の限界から，厳密な点は他の教科書を参照して頂きたい．このために参考文献は豊富にあげた．

　最後に，この本の執筆にご協力頂いた方々に感謝の意を伝えたい．まず，さまざまな研究開発を通じて本書を著すための基礎を与えて頂いたサーボ研究会（著者が主催する産学の勉強会）の方々，執筆のための資料をご提供頂いた会社・団体の方々，校正に協力してくれた学生の皆さんと秘書の石塚さん，辛抱強く執筆につきあって頂いた森北出版の石井氏，そして執筆を応援して頂いた皆様に，感謝を申し上げる．

2008年8月

松原　厚

# 目 次

## 第1章 位置決め・送り系の基礎　1
1.1 位置決め・送り・輪郭運動制御 …………………………………… 1
1.2 自由度・制御軸 …………………………………………………… 2
1.3 軸ユニットの構成 ………………………………………………… 5
1.4 制御系の構成 ……………………………………………………… 10
1.5 位置決め分解能・位置決め精度 ………………………………… 11
1.6 運動精度 …………………………………………………………… 14
1.7 位置決め・送り系の設計 ………………………………………… 16

## 第2章 動的なシステムのモデル化　20
2.1 フィードフォワード制御系とフィードバック制御系 ………… 20
2.2 ブロック線図 ……………………………………………………… 22
2.3 動的なシステムのモデル ………………………………………… 23
2.4 伝達関数 …………………………………………………………… 26
2.5 ブロック線図の等価変換 ………………………………………… 28
2.6 伝達関数の一般形と1次・2次系 ……………………………… 30
2.7 状態空間モデル …………………………………………………… 34
2.8 伝達関数モデルと状態空間モデルの関係 ……………………… 36
2.9 SLKモデルを用いたMATLAB上でのモデリング …………… 37
2.10　SISO系とMIMO系 …………………………………………… 39
演習問題　41

## 第3章 動的なシステムの解析法　42
3.1 時間応答 …………………………………………………………… 42
3.2 周波数応答 ………………………………………………………… 50
3.3 2次系の応答 ……………………………………………………… 56

| | | |
|---|---|---|
| 3.4 | 応答の評価指標 | 59 |
| 3.5 | 根軌跡を用いたフィードバック制御系の解析 | 62 |
| 3.6 | 周波数応答法を用いたフィードバック制御系の解析 | 64 |
| 3.7 | 時間遅れの影響 | 67 |

演習問題　70

## 第4章　軸サーボ系の基本構成　71

| | | |
|---|---|---|
| 4.1 | カスケード型制御系の基本構成 | 71 |
| 4.2 | 速度比例制御 | 74 |
| 4.3 | 速度 PI 制御系と I-P 制御系 | 78 |
| 4.4 | 位置制御系 | 84 |
| 4.5 | フィードフォワード制御 | 89 |

演習問題　90

## 第5章　指令値の生成　92

| | | |
|---|---|---|
| 5.1 | 指令値生成部の機能と構成 | 92 |
| 5.2 | 補間処理 | 93 |
| 5.3 | 加減速回路 | 97 |
| 5.4 | 加減速回路のフィルタ表現 | 102 |
| 5.5 | 補間前加減速 | 103 |

演習問題　107

## 第6章　モータ制御系　108

| | | |
|---|---|---|
| 6.1 | DC モータから AC モータへ | 108 |
| 6.2 | 同期 AC モータのモデル | 113 |
| 6.3 | 電流制御系と簡略化モデル | 119 |

演習問題　122

## 第7章　ボールねじ駆動機構と力学モデル　123

| | | |
|---|---|---|
| 7.1 | ボールねじ駆動機構 | 123 |
| 7.2 | ボールねじ駆動機構の設計 | 125 |
| 7.3 | 力学モデル | 131 |
| 7.4 | ブロック線図と周波数応答 | 134 |
| 7.5 | 機械パラメータの振動特性への影響 | 137 |

演習問題　141

## 第8章　1軸サーボ系　　143

- 8.1　1軸サーボ系の構成 ……………………………………………………… 143
- 8.2　1慣性系の速度制御 ……………………………………………………… 145
- 8.3　共振と速度制御系の安定性 ……………………………………………… 150
- 8.4　FIR フィルタによる制振制御 …………………………………………… 151
- 8.5　制御系の振動特性 ………………………………………………………… 154
- 8.6　振動の抑制 ………………………………………………………………… 159
- 演習問題　162

## 第9章　輪郭運動誤差の解析　　163

- 9.1　輪郭運動誤差とは ………………………………………………………… 163
- 9.2　軸サーボモデル …………………………………………………………… 166
- 9.3　直線補間指令に対する輪郭運動誤差 …………………………………… 168
- 9.4　機械特性差と輪郭運動誤差 ……………………………………………… 172
- 9.5　円弧補間指令に対する輪郭運動誤差 …………………………………… 173
- 9.6　コーナを含む直線補間指令に対する輪郭運動誤差 …………………… 181
- 9.7　まとめ ……………………………………………………………………… 184
- 演習問題　184

## 第10章　摩擦に起因する輪郭運動誤差　　185

- 10.1　摩擦のモデル ……………………………………………………………… 185
- 10.2　スティックモーションとロストモーション …………………………… 188
- 10.3　摩擦に起因する運動誤差の抑制 ………………………………………… 191
- 10.4　スティックモーションの解析 …………………………………………… 193
- 演習問題　198

## 付録A　制御理論　　199

ラプラス変換/ ラプラス変換の性質/ ブロック線図の等価変換/ 時間応答の計算/ 根軌跡の性質/ 安定判別/ 定常特性と制御系の型

## 付録B　座標変換　　212

## 付録C　単位　　214

- 演習問題の解答　215
- 参考文献　225
- 索　引　230

# 第1章 位置決め・送り系の基礎

本書の導入として，位置決め・送り系を理解するための基本概念や用語を実例を交えて説明する．また，位置決め・送り系の基本的な構成要素と制御系の構成を説明する．

## 1.1 位置決め・送り・輪郭運動制御

我々は，さまざまな物理現象を用いて生産活動を行っている．この生産活動に欠かせないのが，作業するための道具や作業対象物の位置・姿勢を制御するシステムである．たとえば，工作機械を用いて工具を運動させて切削加工を行う場合を考えてみよう．図 1.1 に示すように，切削作業に必要な工具の運動は大きくは二つに分類される．図 1.1 (a) は工具を工作物に対してアプローチする運動を示しており，これを**位置決め**（positioning）という．また，図 1.1 (b) は工作物から不要な部分を削り取る運動であり，これは**送り運動**（feed motion）または**送り**という．

位置決めとは，ある目標点に工具を移動し停止する運動であり，位置決め時間と位

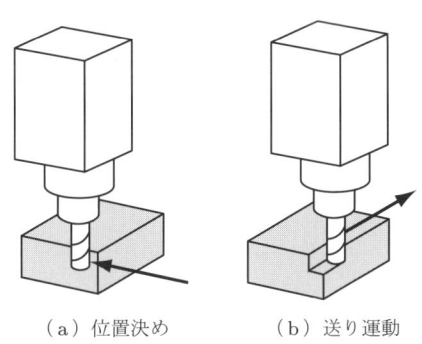

(a) 位置決め　　（b) 送り運動

図 1.1　位置決めと送り運動

置決め精度が問題となる．JIS B 0181 では，このような位置決め方式のシステムを**位置決め制御システム**（positioning control system）と定義している．**位置決め制御は** PTP（point to point）制御ともいう．

次に，**送り制御**（feed control）について考えてみる．工具の指令経路と運動軌跡の差は加工形状の誤差を発生させる．また，送り速度が変化すると，単位時間に切削される材料の量が変化し，加工形状が変化してしまう．したがって，送りにおいて，工具は指定された経路を適切な速度で運動するように制御されなければならない．

輪郭形状を創成するための送り運動は，複数の送り軸を同期しながら運動することで得られる．このような運動制御を JIS B 0181 では**輪郭制御**（contouring control）とよんでいるが，本書では運動軌跡がつくる輪郭という概念を工作物の輪郭形状と区別するため，**輪郭運動制御**とよぶことにする．輪郭運動制御は CP（continuous path）制御ともいう．以上に述べた制御方式を図 1.2 にまとめておく．

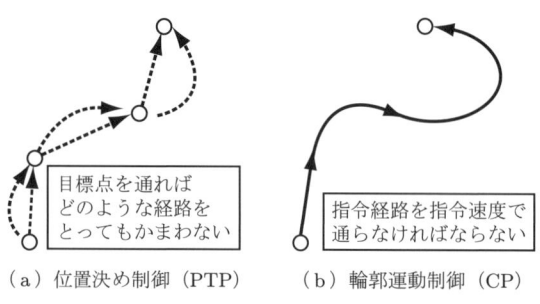

(a) 位置決め制御（PTP）　　(b) 輪郭運動制御（CP）

図 **1.2** 位置決め制御と輪郭運動制御

## 1.2 自由度・制御軸

剛体は空間内では，図 1.3 に示すように直線 3 自由度と回転 3 自由度をもつ．三つの直線自由度は $X, Y, Z$ 軸の座標で定義され，回転自由度は，$X, Y, Z$ 軸回りの回転軸である $A, B, C$ 軸の座標で定義される．ただし，位置決め・送りの自由度とは，工作物と工具の相対的な自由度を意味し，自由度は制御軸数ともいう．

1 自由度のみの位置決め・送りをもつユニットは軸ユニットといい，軸ユニットには直動ユニットと回転ユニットがある．軸ユニットを工具側または工作物側に複数配置した多自由度機構をシリアル機構という．図 1.4 は 5 軸制御のシリアル機構の例であり，工具の位置は 3 軸の直進軸，工作物の姿勢は 2 軸の回転軸で制御される．

シリアル機構に対してパラレル機構という位置決め・送り機構が存在する．パラレ

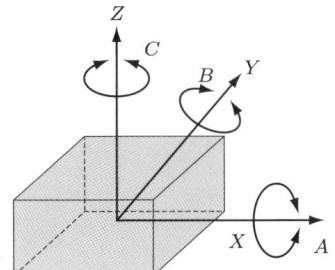

図 1.3 剛体の自由度

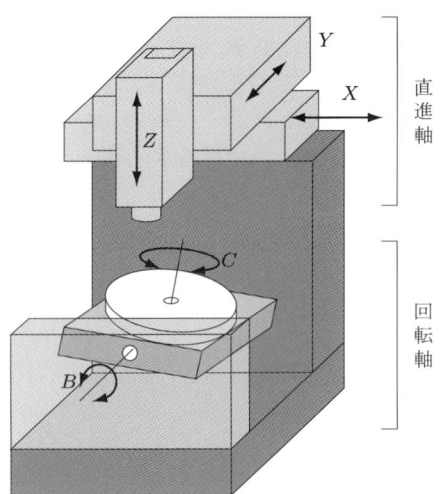

図 1.4 シリアル機構の例（5軸制御）

ル機構とは「出力節が，これと静止節の間に並列に配置された複数の連鎖により支持される機構」のことである[5]．

### 例 1.1　NC（numerical control: 数値制御）工作機械の制御軸

**NC**（numerical control）とは，工具の運動を数値で指令し制御することであり，数値制御された工作機械を NC 工作機械という．図 1.5 は 5 軸 NC 工作機械の例である．この機械は，図 1.4 と同じ軸構成のシリアル機構を有し，図 1.5 (b) に示す $B$ 軸と $C$ 軸により工作物の姿勢を制御して図 1.5 (c) に示すような複雑形状をもつ工作物を加工することができる．この機械では $Y$ 軸と $Z$ 軸ユニットにそれぞれ 2 セットのサーボモータ・ボールねじを用い，被駆動体の重心を駆動して姿勢誤差を抑制している．

**4** 第1章 位置決め・送り系の基礎

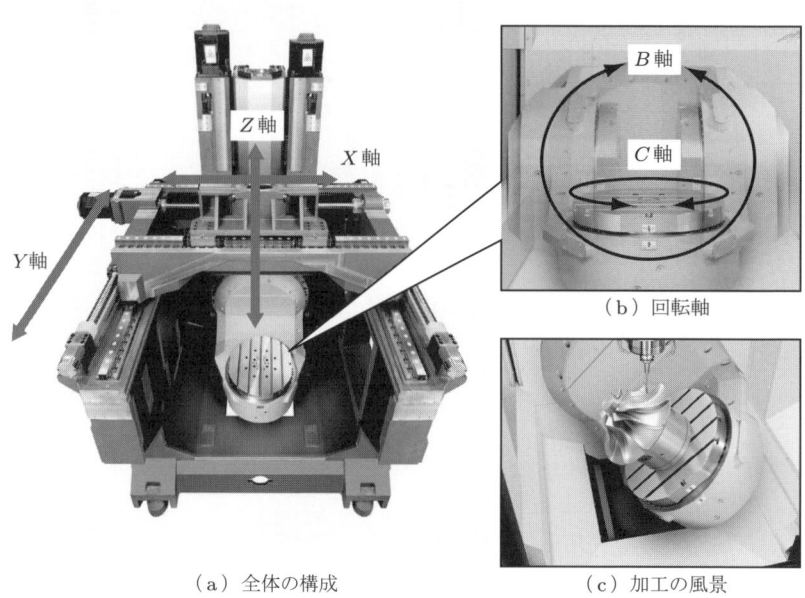

（a）全体の構成　　　　　　　　　　（c）加工の風景

図 1.5　5軸 NC 工作機械の制御軸（株式会社森精機製作所提供）

図 1.6 はパラレル機構をもつ工作機械である[6]．この機構は Hexapod 型といい，図中の 6 本のストラット（支柱）が，サーボモータに駆動されるボールねじによって収縮し，工具を 6 自由度で高速に位置決めする．

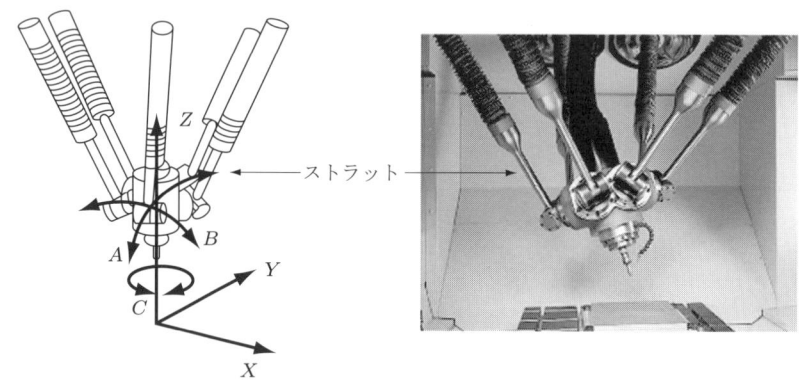

図 1.6　パラレル機構をもつ 6 軸 NC 工作機械（オークマ株式会社提供）

## 1.3 軸ユニットの構成

本節では，シリアル機構の基本要素である軸ユニットの構成要素とその制御形態について説明する．まず，軸ユニットの主な構成要素であるモータ，案内機構，駆動機構，位置検出器について説明し，次に軸ユニットの制御形態をシステム全体の構成とともに述べる．

### 1.3.1 モータ

制御アクチュエータには，油圧，空圧，圧電，電動式があるが，精密な位置決め・送りでは電動式アクチュエータであるモータの使用が主流である．図 1.7 に制御軸に一般的に用いられるモータの分類を示す．

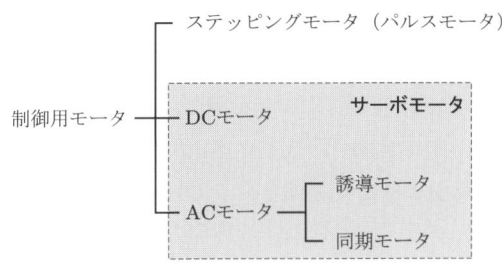

図 1.7　制御モータの分類

ステッピングモータはパルスモータともいい，角度検出センサが不要であるため，簡単な装置に広く用いられている．また，最近では高精度化も進んでいる．

**サーボモータ**（servo motor）とは，サーボ機構のアクチュエータに必要な特性をもつモータの総称である．急激な加減速が行えること，これに必要な大きな始動・停止トルクが発生できること，回転速度が安定することなどがサーボモータの特徴である．

サーボモータはトルク発生原理の違いにより，**AC**（交流）**サーボモータ**と **DC**（直流）**サーボモータ**に分類され，AC サーボモータは制御方式の違いにより**同期モータ**と**誘導モータ**に分類される．誘導モータは，工作機械の主軸のように，高速かつ高トルクが必要な回転制御に用いられ，同期モータは本書で扱う位置決め・送り制御に用いられる．

また，モータは運動形態により回転モータと直動モータに分類され，回転モータは普通にモータ，直動モータは**リニアモータ**という．

### 1.3.2 案内機構

**案内機構**（guideway）は，被駆動体の制御軸方向以外の自由度を拘束する．直動案

内は，図 1.8 に示すように送りに対してロール，ピッチ，ヨーの姿勢と送りに垂直な方向の並進変位を拘束する．これらの自由度は静的な運動誤差の原因となるので，案内機構を適切に選定することが重要である．

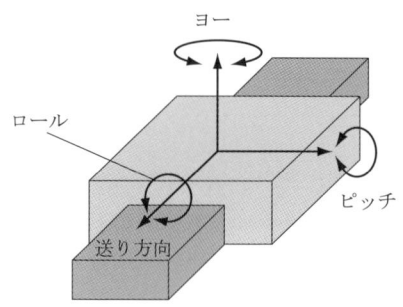

図 1.8　案内機構と自由度

図 1.9 に案内機構の分類を示す．すべり案内は古くから用いられており，減衰性，姿勢の安定性に優れているが摩擦が大きく高速化に難がある．これに対して，転がり案内はボールまたはコロのような転動体を介して被駆動体を案内するので低摩擦で高速送りに向いている．転がり案内は転動体の循環方式で分類することもできる．

循環型転がり案内の代表であるリニアガイドウェイは扱いやすく，位置決め・送りに広く用いられている．転がり案内では，転動体が案内軌道を通過する際に転動体直径の 2 倍の周期の振動が発生する．また，軌道のひずみによっても振動が発生し，これらの振動は真直度と姿勢誤差に影響を与える．このため，運動の滑らかさが必要な用途には，非接触式の空気静圧案内や油静圧案内が使用されるが，これらの案内は作動流体を介したすべり案内と分類されることもある．

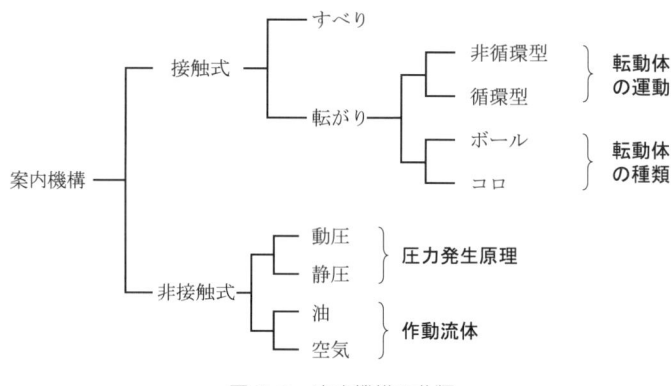

図 1.9　案内機構の分類

### 1.3.3 駆動機構

回転モータで直動軸を制御するには回転−直動変換機構が必要となり，送りねじが最もよく使用されている．送りねじは，ねじとナットの間の接触・潤滑方式により，すべりねじ，ボールねじ，静圧ねじ（油・空気），磁気ねじに分けられる．この中で，ボールねじは変換効率が高く，多くのアプリケーションで使われている．特に，精密位置決め・送りには研削仕上されたナットとねじが使われている．

剛性と精度を維持するために，ボールねじのボールには予圧が与えられている．ボールねじは減速機構の役割も担っており，ボールねじリードを変更することでさまざまな駆動力と送り速度に対応できる（このことは設計にはたいへん有用な特徴である）．

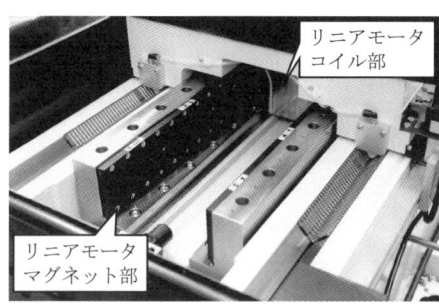
（a）リニアモータ送り
（東芝機械株式会社提供）

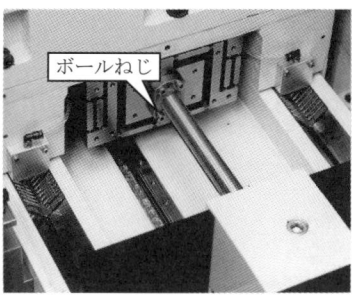
（b）ボールねじ送り
（東芝機械株式会社提供）

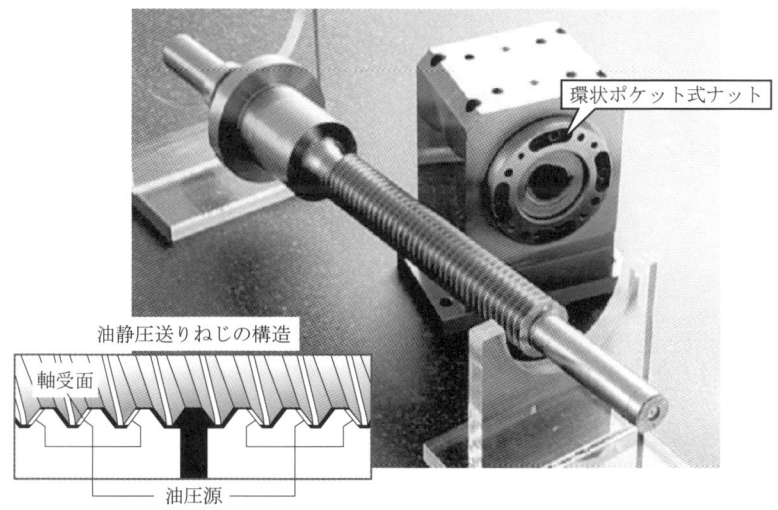
（c）油静圧ねじの例（株式会社不二越提供）

図 1.10　超精密加工機の駆動機構の例

しかし，ナットの回転摩擦トルクやねじ軸の振れ回りによる運動誤差が発生するので，高精密送りに応用する場合は対策が必要である．

ボールねじの問題を解決する要素として静圧ねじがある．静圧ねじはねじ軸とナットの間に流体（油・空気）を介在させ，摩擦がなくスムーズな送りが実現できる．非接触駆動を実現できる他の機構としては，リニアモータ送りが挙げられ，近年，高精密から超精密領域の位置決め・送り装置に多く採用されるようになった．図 1.10 に，超精密加工機に用いられている駆動機構の例を示しておく．

### 1.3.4　位置検出器（光学式エンコーダ）

位置決め・送り制御には，モータや被駆動体の位置・速度情報が必要である．最近では，制御に必要な速度信号は位置信号を微分して得ている．したがって，位置検出器の精度と応答性はシステムの性能を決定する重要なファクターである．

位置検出器は，検出原理によって磁気式と光学式，検出対象の運動によってリニアタイプとロータリタイプにわけられる．精密位置決め・送りに使用されている代表的な位置検出器は，光学式エンコーダとレーザ干渉計である．ここでは，精密位置決め・送りに多く使用されている光学式エンコーダ（エンコーダと略する）について述べる．

#### (1) 検出原理

エンコーダには回転角度検出用の**ロータリエンコーダ**と直線位置検出用の**リニアエンコーダ**があるが，いずれも検出原理は同じであり，スケールと検出ヘッドで構成される．スケール上には図 1.11 (a) に示すように金属を蒸着して格子パターンが生成されている．この格子の間隔は格子ピッチとよばれている．図 1.11 (b) は，光学式エンコーダ（投影走査方式）の位置検出の原理図である．光源・コンデンサーレンズ・走査板スリットによって生成された投光パターンは，スケール上のスリットで透過・遮蔽される．スケール（または検出ヘッド）移動による透過光の強度変化は，受光素子 A，B により正弦波・余弦波状の電気信号に変換され，これらの信号から A 相・B 相パルスが生成される．

回転（移動）方向が反転すると，A 相に対する B 相の位相も反転するので，方向が弁別できる．また，論理回路によって，パルス数を ×1，×2，×4 にすることができる．実際はアップダウンカンタとよばれる方向弁別機能付きの電気回路でカウントすることで，相対的な角度・位置変化を検出する．このように，角度・位置の変化分に対してパルスを出力する方式を**インクリメンタル方式**という．

インクリメンタル方式では角度・位置の絶対値は検出できない．したがって，スケール上に原点検出用のスリットを設けておき，この透過光からパルスを生成して原点信号としている．この信号を Z 相信号という．これに対して，角度・位置の絶対値と検出信

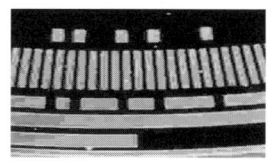

（a）格子パターンの例

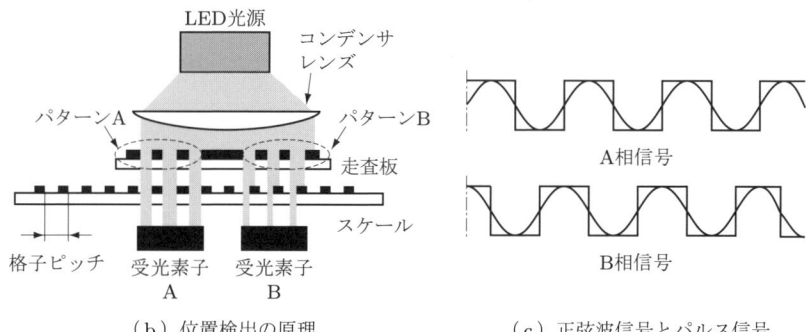

（b）位置検出の原理　　　　　　（c）正弦波信号とパルス信号

図 **1.11**　エンコーダの位置検出原理

号が 1 対 1 に対応するエンコーダはアブソリュートエンコーダという．**アブソリュート方式**では，スリットパターンが角度・位置と 1 対 1 で対応する工夫がされている．

### (2) 分解能

エンコーダが検出できる最小角度または最小位置変化が**分解能**（resolution）であり，ロータリエンコーダの場合は 1 回転あたりの出力パルス数で表現される．高分解能化のためには，さらに細かいピッチの格子に対して回折と干渉の原理を用いて正弦波信号を得ている（干渉走査方式）．

干渉走査方式では，1 格子ピッチの移動に対して $n_o$ 周期の正弦波信号が得られる．$n_o$ は光学的分割数といい，さらに高分解能を得るために，正弦波を電気的に分割する方法（内挿という）がとられる．格子ピッチを $g_p$，電気分割数を $n_e$ とすると，エンコーダ分解能 $r_e$ は次式で与えられる．

$$r_e = \frac{g_p}{n_o n_e} \tag{1.1}$$

この詳細については文献 [9] を参照されたい．

### (3) アッベの誤差

リニアエンコーダを用いる場合は，図 1.12（a）に示すようにスケールと検出ヘッドを駆動テーブルとベースの間に設置しなければならない．したがって，真に制御し

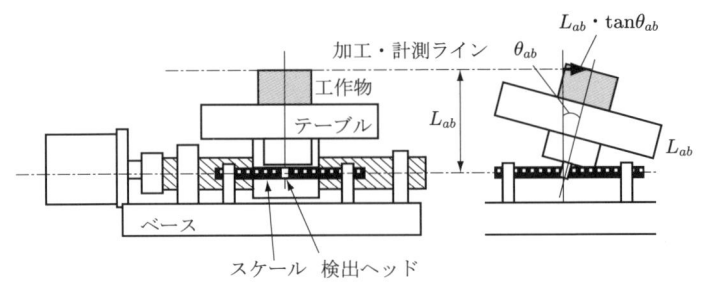

(a) リニアエンコーダの配置　　(b) 工作物を支えるテーブルが姿勢変化した場合

図 1.12　アッベの誤差

たいワーク上の作業点と制御のための位置検出軸との間にオフセット（距離）が生じる．テーブルが図 1.12 (b) に示すように角度 $\theta_{ab}$ の姿勢変化（ピッチング）をもつ場合，作業点の位置はスケールの検出位置に対して $L_{ab} \cdot \tan\theta_{ab} \simeq L_{ab} \cdot \theta_{ab}$ の誤差をもつことになり，この誤差を**アッベの誤差**（Abbe's error）という．

## 1.4　制御系の構成

軸ユニットの制御系と位置決め・送り系全体の構成を図 1.13 に示す．

### (1) 指令値生成部

制御装置は，まず動作プログラムを翻訳して情報処理を行い，指令値を生成して各軸サーボに分配する．制御装置の中で，このような機能を受け持つ部分は指令値生成

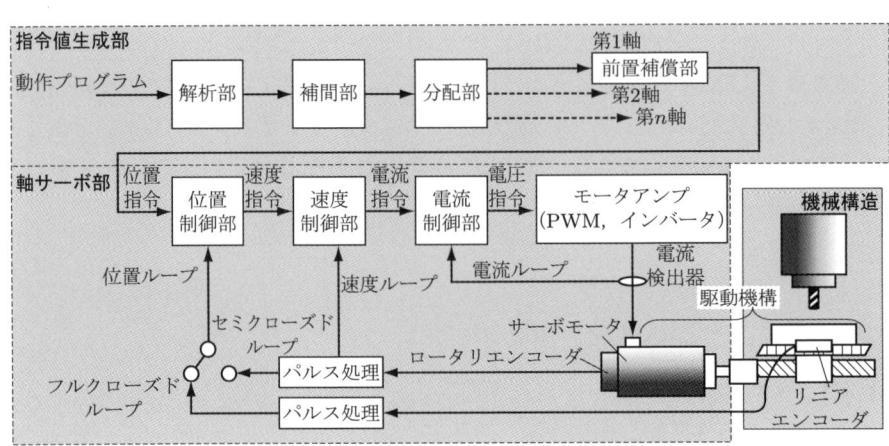

図 1.13　位置決め・送り系と軸ユニットの制御系

部とよばれる．指令値生成部は後続する軸サーボ部の前置処理やさまざまな位置補正も行っており，その処理はかなり複雑なものとなる．

### (2) 軸サーボ部

軸サーボ部は指令値生成部からの位置指令を入力として物理的なモータの動作制御を行う部分である．軸サーボ部は位置制御ループ，速度制御ループ，電流制御ループと3重の制御ループをカスケード接続しており，位置制御部，速度制御部，電流制御部，PWM（pulse width modulation）やリニアアンプのような電力変換部，エンコーダパルス処理部をもつ．

ボールねじ駆動機構を制御する場合，主に次の二つの位置制御方式が用いられる．

- セミクローズドループ制御（semi closed loop control）

    サーボモータの回転角度をロータリエンコーダで検出し，位置制御を行う方式である．リニアエンコーダが不要であり簡便である．駆動機構の特性が位置制御ループに含まれないので，位置ループのゲインを高くしやすい．その反面，駆動機構で発生する誤差がフィードバックできない．

- フルクローズドループ制御（full closed loop control）

    被駆動体の位置をリニアエンコーダで検出し，位置制御を行う方式である．制御したい工具先端点や，工作物の加工点の位置を検出するのは難しいので，現実的には工具や工作物を取り付けている駆動テーブルの位置を検出する場合が多い．駆動テーブルの位置が制御量になるので，高精度な位置決め・送りに向いている．

## 1.5 位置決め分解能・位置決め精度

### 1.5.1 位置決め分解能

位置決め空間内において，移動体は任意の座標値に位置決めできるわけではない．位置決め可能な座標は離散的である．分解能は，この離散的な座標間隔に関連した量であり，主に次の三つの分解能が用語として使われている．

① 指令値もしくはアクチュエータの分解能：指令値として与えることができる最小設定単位．
② 位置検出の分解能：センサが検出できる最小距離．
③ 位置決め分解能：位置決め装置またはアクチュエータにある幅の入力を与え，この幅を小さくしていくと，やがては位置応答の幅は認識できなくなる．出力幅が認識できる入力幅の最小値が位置決め分解能である[3]．

## 例 1.2　ボールねじ位置決め装置の分解能

　図 1.14 は，あるボールねじ位置決め装置に 50 nm 幅のステップ状の位置指令を与えたときのテーブル応答の測定結果である．この位置決め装置の指令値の分解能は 1 nm であり，10 nm の分解能のリニアエンコーダを用いてフルクローズドループ制御を行っている．同図において位置ループゲインが高い場合には 50 nm のステップが観察されるが，位置ループゲインが低い場合には明確なステップが観察されない．すなわち，位置ループゲインを高く設定しないと 50 nm の位置決め分解能が得られないことがわかる．

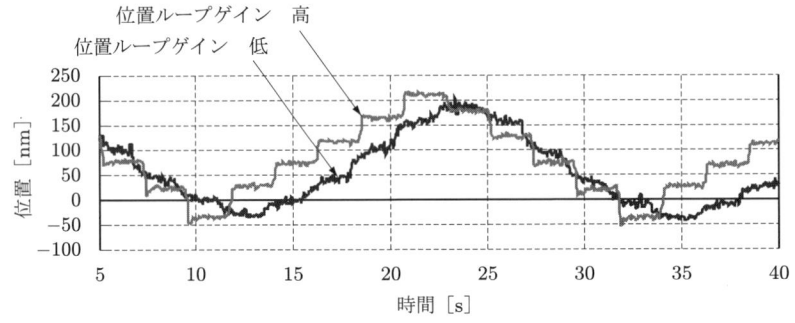

図 1.14　ステップ状の位置指令に対するボールねじ位置決め装置の応答

### 1.5.2　位置決め精度

　位置決め精度（positioning accuracy）は，JIS B 6192 で「不確かさ」（uncertainty）という概念を用いて定義されている[10]．ここでは，従来使用していた偏り・ばらつき・精度といった用語をあわせて説明する．

　図 1.15 に示すように，ある移動物体を $x$ 軸上の目標位置 $P_i$ へ正方向に位置決めする場合を考える．ただし，添字 $i = (1, \ldots, m)$ は特定の位置を表す番号である．位置決めを $n$ 回行ったとして，各位置決め時に移動体が停止した位置を $P_{ij}$（実際位置または実停止位置といい，添字 $j$ は第 $j$ 回目の位置決めを表す）とすると，$P_{ij}$ は同図に示すようにばらつくことが予想される．実際位置と目標位置との差を**位置偏差**といい，$x_{ij}$ で表す．

$$x_{ij}\uparrow = P_{ij} - P_i \tag{1.2}$$

ただし，$x_{ij}$ の上矢印は正方向へ位置決めすることを表し，負方向に位置決めする場合は下矢印とする．位置偏差は，図 1.15 に示すように正規分布すると仮定する．このとき，位置偏差の平均値と標準偏差は次式で表される．

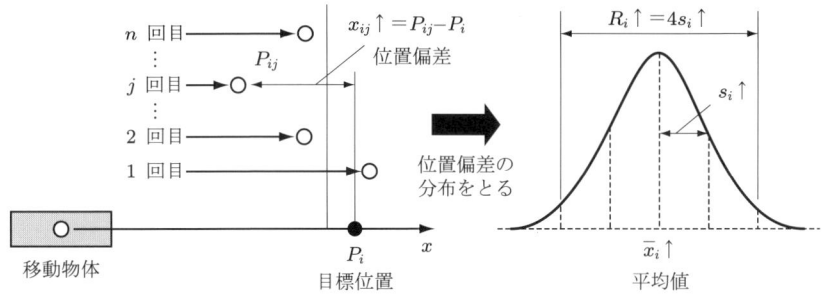

図 1.15 位置偏差（偏りとばらつき）

$$\bar{x}_i\uparrow = \frac{1}{n}\sum_{j=1}^{n} x_{ij}\uparrow \tag{1.3}$$

$$s_i\uparrow = \sqrt{\frac{1}{n-1}\sum_{j=1}^{n}(x_{ij}\uparrow - \bar{x}_i\uparrow)^2} \tag{1.4}$$

$\bar{x}_i\uparrow$ は平均一方向位置決め偏差，$s_i\uparrow$ は一方向位置決めの標準不確かさの推定値と定義されているが，簡単にいえば，偏りとばらつきである．実際の位置の大部分が存在する区間は**拡張不確かさ**という．拡張不確かさを

$$R_i\uparrow = 4s_i\uparrow \tag{1.5}$$

で表した量を**一方向位置決めの繰返し性**という．

実際の位置決めでは，図 1.16 に示すように制御軸上の各停止点を考慮して精度の評価を行わなければならない．JIS B 6192 では各点での位置偏差のばらつきの最大値

$$R\uparrow = \max[R_i\uparrow] \tag{1.6}$$

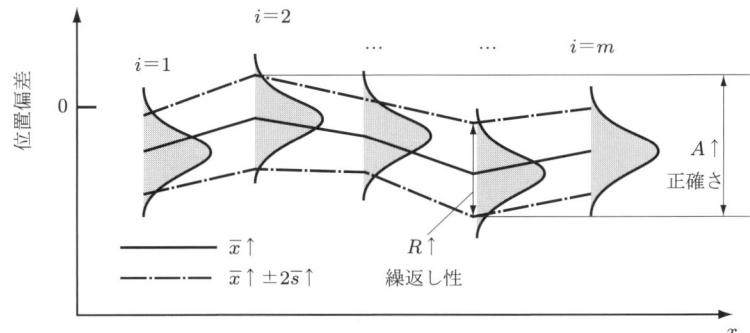

図 1.16 軸の一方向位置決めの繰り返し性と正確さ

は，軸の一方向位置決めの繰返し性と定義されている．また，

$$A\uparrow = \max[\bar{x}_i\uparrow + 2s_i\uparrow] - \min[\bar{x}_i\uparrow - 2s_i\uparrow] \tag{1.7}$$

と定義される量を**軸の一方向位置決めの正確さ**という．

以上が不確かさをベースにした JIS B 6192 での定義である．これに対して，JIS B 0182 では式 (1.5) で $R_i\uparrow = 6s_i\uparrow$ とした値を**繰返し位置決め精度**といい，式 (1.7) で $2s_i$ を $3s_i$ とした量を**位置決め精度**という．

位置決め装置によっては正負の両方の向きからの位置決め精度を考慮しなければならない場合がある．この場合の位置決め精度は，両方向位置決めの繰返し性，正確さ，軸の反転値といった指標で評価されるが，その詳細については JIS B 6192 を参照されたい．

## 1.6 運動精度

指令経路に対する被駆動体の運動軌跡の近さの度合いが**運動精度**（motion accuracy）である．運動精度は，その原因から静的精度と動的精度にわけられる．

**静的精度**とは，無負荷状態かつ低速で送り軸を運動させたときの運動の正確さである．たとえば，送り軸を直線運動させたときの真直度や直角度などは静的精度である．これらは，構成要素の幾何学的な正確さに依存するので，幾何精度（幾何誤差）ともいう．一方，**動的精度**とは，送り軸に作用する力や速度が変化した場合の運動の正確さである．

運動精度は，被駆動体上のある点での運動誤差で表現される．運動誤差の代表的な測定器には，図 1.17 (a) に示す DBB（Double Ball Bar）測定器と (b) に示す交差格子測定器（Kreuzgitter-Messgerät：KGM と略す）がある．

DBB 測定器とは，二つのボールをつなぐバーに伸縮機構またはスライド機構を取り付け，伸縮量を読み取ることができるようにした装置である．この装置を用いると，

 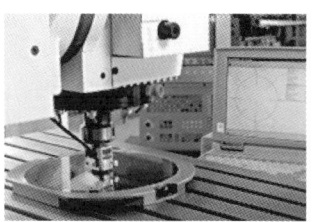

（a）DBB測定器　　　　　（b）交差格子測定器（KGM）

図 **1.17**　代表的な運動誤差測定器（ハイデンハイン株式会社提供）

工具・テーブル間の円弧補間運動の誤差を測定することができ，測定された誤差軌跡は，さまざまな誤差診断に活用することができる[11]．また，JIS B 6194（ISO 230-4）には円運動精度試験の規格[12]があり，NC工作機械の精度試験として採用されている．

KGMは光学式の2次元エンコーダであり，測定ヘッドと2次元格子プレートで構成される．KGMを用いると，2次元平面内の任意の指令経路に対して輪郭運動誤差が測定できる[13]．また，非接触であるので，高速な輪郭運動誤差測定が可能である．

これらの運動誤差測定法において，輪郭運動誤差は最も近い指令軌跡への垂線の長さと定義されている．輪郭運動誤差の測定結果を指令軌跡と共に表示することで，輪郭運動のどこに，どのような誤差が存在するかを解析することができる．図1.18は，ある加工機の輪郭運動誤差をKGMを用いて測定した結果であるが，制御ゲインを適正に調整することにより，輪郭運動精度が改善することが一目でわかる．

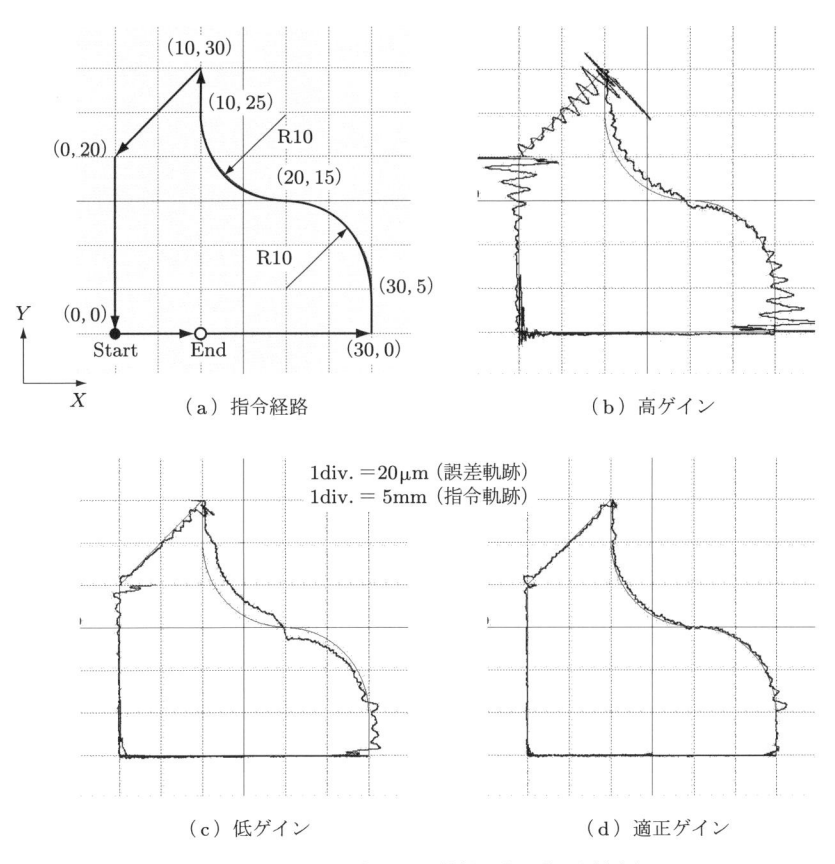

図 **1.18** KGMを用いた輪郭運動誤差の測定例

## 1.7 位置決め・送り系の設計

位置決め・送り系の設計で検討される仕様は次の通りである．

- 自由度（制御軸数）
- 作業空間の広さ（ストローク）
- 位置決め精度
- 運動精度
- 位置決め時間（タクト・送り速度・加速度）
- 速度の安定性
- 剛性

異なった仕様を同じ装置に要求されることもあるが，実際の制御装置では制御系の構成は同じにしておき，目的にあわせて各制御モードを切り換えて対応している．異なる目的の機械でも軸ユニットは似たような構成をもっているが，用途によって重視される仕様が異なる．実際の事例を見ていくことにする．

### 例 1.3　NC 工作機械（複合加工機）[14]

NC 工作機械の基本は 3 軸制御のマシニングセンタと，2 軸制御の NC 旋盤であり，設計にあたっては先に述べたすべての仕様を検討しなければならない．マシニングセンタの送り系を例にとると，1 軸の位置決め精度が $5\,\mu m$，総合精度で $10\,\mu m$，最高送り速度は $50 \sim 60\,m/min$ の仕様の加工機が主流となっている．また，送り系には切削力に負けない剛性も必要である．

NC 工作機械は近年多軸化が進んでいる．図 1.19 は，旋削とミリングが 1 台の機械で行える多軸制御加工機であり，複合加工機とよばれている．この機械は旋盤構造をもち，第 1・第 2 主軸は旋削主軸であるとともに位置決め機能（$C1$, $C2$ 軸制御）をもつ．また，通常の旋盤がもつ $XZ$ の制御軸に $Y$ 軸を加えた大型のミル主軸を備えている．機械全体として，制御軸数と作業スペースの確保を両立しながら，低重心設計が行われており，駆動機構には剛性が高いボールねじ送りが使用されている．このような多軸制御加工機では運動精度は $30\,\mu m$ 程度であったが，近年では $10\,\mu m$ まで向上している．

1.7 位置決め・送り系の設計　17

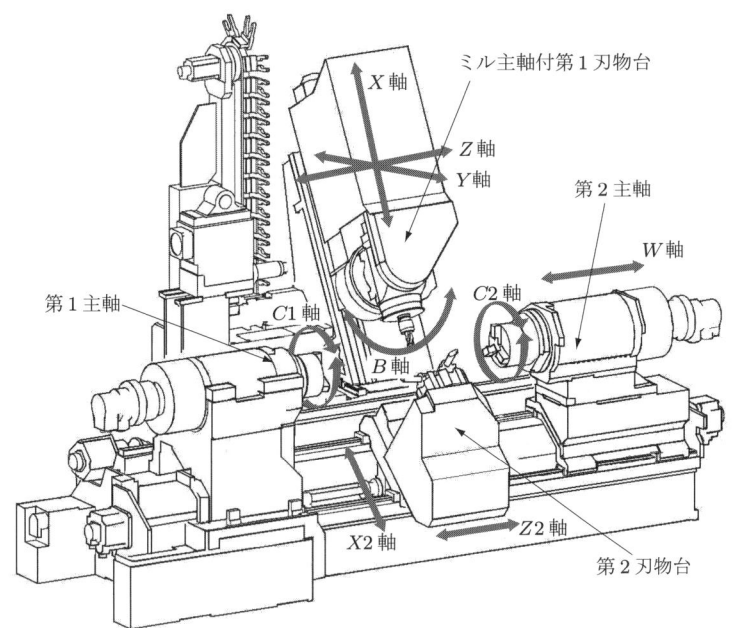

図 1.19　複合加工機の制御軸構成（ヤマザキマザック株式会社提供）

## 例 1.4　半導体露光装置[15], [16]

　半導体デバイスの製造工程は，大きくはシリコン基板内に素子を作り込むウェハ製造工程と，ウェハから半導体素子を切り離して組立・配線・パッケージ・検査を行う工程にわかれ，前者は前工程，後者は後工程とよばれている．露光装置は前工程の主要設備であり，回路パターン（露光スリット）を縮小投影レンズを通して縮小コピーし，シリコンウェハ上に繰り返し転写する．回路パターンはレチクルとよばれるガラス基板に描かれる．

　昔は，レチクルは固定し，シリコンウェハをステージでステップ送りしながら，転写を繰り返すステップ＆リピート方式が採用されていた．しかし，現在では，より広い解像度と露光エリアに対応するため，図 1.20 に示すレチクルとウェハを移動しながら露光するステップ＆スキャン方式が採用されている．回路パターンは，縮小投影レンズにより 1/4 の像となる．このためレチクルステージはウェハステージに対して，4 倍のスピードで動かなければならない．

　製造工程において何層も露光され，高い重ね合わせ精度を得るためには，レチクルステージとウェハステージの同期精度が要求される．この同期精度は ± 数 nm，スキャン速度は約 2 m/s，最大加速度は約 60 m/s$^2$ が必要とされ，位置決め系にはたいへん厳しい仕様が必要となる．このため，露光装置のレチクルステージの駆動には，非接触駆動であるリニアモータと空気静圧案内の組み合わせが用いられている．また，作業点近くの位置検

出が行えるようにするためレーザ干渉計が用いられ，正確な位置計測のためにさまざまなキャリブレーションがなされている．半導体露光装置に用いられている位置決め系は，分解能×精度×スピードで位置決めの最高峰に位置するといえる．

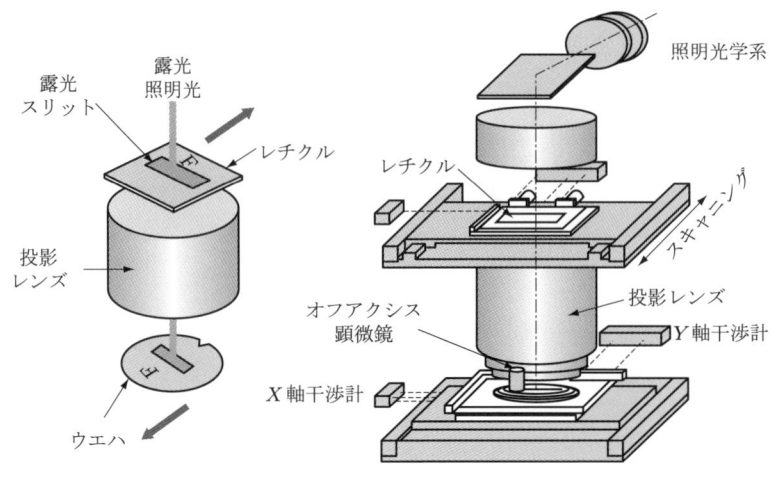

図 1.20　半導体露光装置の概観（株式会社ニコン提供）

## 例 1.5　ダイボンダ[17], [18]

　ダイボンダは半導体製造後工程の主要設備の一つである．図 1.21（a）に主要な後工程を示す．ダイシングはウェハ上に形成された半導体チップを個片に切り離す工程であり，切り離された半導体チップ（ダイという）はダイボンダによって帯状または短冊状の金属板（リードフレームという）にマウントされ，ワイヤーボンダによって配線される．

　ひとつのダイをマウントする時間（タクトタイム）はダイボンダの生産性を決定する．タクトタイムは 0.2 秒程度が要求され，各軸には約 $200\,\mathrm{m/s^2}$ 以上の加速度が必要になる．吸着ヘッドはまさに目にもとまらぬスピードで運動し，$20\,\mu\mathrm{m}$ 程度の位置決め精度でダイをマウントするので，残留振動の抑制が大きな課題となる．このため，ダイボンダでは移動物体の軽量化と高剛性化を徹底的に追及している．

　図 1.21（b）にダイボンダの位置決め機構例を示す．図中の $YZ$ 軸はダイのピックアンドプレースという過酷な繰り返し運動を強いられるので，移動物体の重心が駆動中心，すなわちボールねじ駆動機構の中心になるように設計されている．これはモーメントにより発生する振動を低減する効果がある．また，軽量化のためにモータが移動物体に含まれないような工夫もされており，ボールねじ駆動機構をうまく使うことで，目標仕様を満足している．

1.7 位置決め・送り系の設計

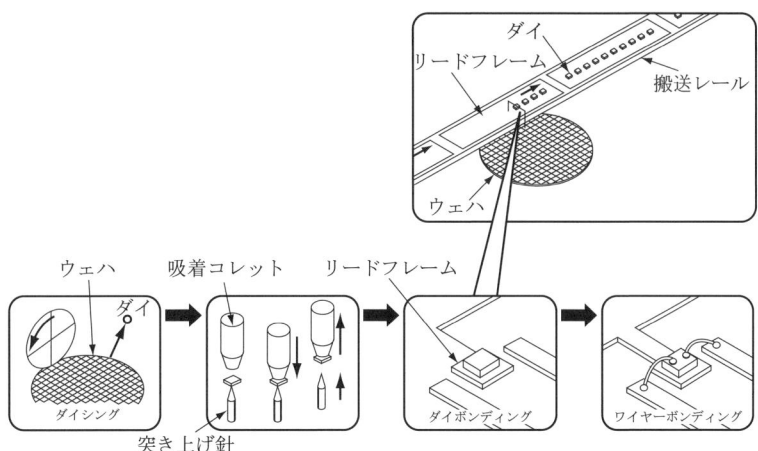

（a）半導体デバイス組立工程

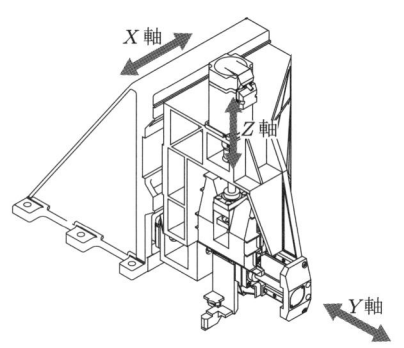

（b）ダイボンダの位置決め機構

図 1.21 半導体後工程とダイボンダの位置決め機構例
　　　　（キヤノンマシナリー株式会社提供）

# 第2章 動的なシステムのモデル化

位置決め・送り制御系の設計と制御を行うためには，制御理論に関する基礎知識が必要となる．このため，本章と次章では最低限必要な知識をピックアップして解説することとする．本章では特に制御対象と制御系をどのようにモデル化するかについて述べる．制御理論に精通している読者は本章と次章をスキップしていただいて結構である．

## 2.1 フィードフォワード制御系とフィードバック制御系

位置決め・送り制御では，目標の性能を満足するためにフィードフォワード制御 (feedforward control) とフィードバック制御 (feedback control) という二つの制御方式を巧みに使い分けている．前者は**開ループ制御** (open loop control)，後者は**閉ループ制御** (closed loop control) ともよばれる．

両者の特徴について図 2.1 を用いて説明する．まず，制御系への入出力と構成要素を以下に説明する．

- **制御対象** (controlled object)：軸サーボ系ではモータなどのアクチュエータを含む駆動機構を表す．制御対象はさまざまな物理量で捉えることができる．制御の目的を代表する量が**制御量** (controlled variable) である．軸サーボ系では，被駆動体の速度や位置が制御量となる．
- **指令値** (command) または**目標値** (reference)：制御量がこうあって欲しいという値である．制御理論の教科書では目標値と書かれているが，実務現場では指令値とよぶことが多いので，本書でも指令値とよぶ．制御の目的によって位置，速度，トルク（電流）などが指令値となる．
- **操作量** (manipulated variable)：制御量を効率よく変化させることができる制御対象への入力である．操作量はアクチュエータの種類や制御系の構成法によって

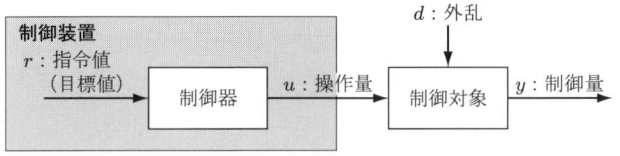

(a) フィードフォワード（開ループ）制御

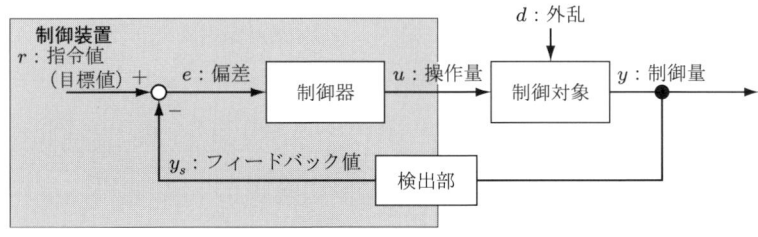

(b) フィードバック（閉ループ）制御

図 2.1　フィードフォワード制御とフィードバック制御

さまざまな定義ができる．本書ではモータをアクチュエータとして用いる制御系を扱うのでモータ電流やトルク・推力が操作量となる．

- 外乱（disturbance）：制御量に影響を与える外的因子である．外的とは制御系からみて外という意味であり，機構に内在する摩擦なども外乱と位置づけられる．
- フィードバック信号（feedback signal）：検出部で変換された制御量の信号である．解析においては検出部は理想的に 1 として扱われ，フィードバック信号も制御量と扱われることが多い．
- 偏差（error）：指令値からフィードバック信号をひいた値である．

図 2.1 (a) のフィードフォワード制御では，制御器は制御量を参照せず，制御対象の応答を予測して指令値から操作量を決定する．これに対して，図 2.1 (b) のフィードバック制御では，制御器は偏差をもとに制御対象に与える操作量を決定する．

フィードフォワード制御は，制御量を検出するセンサが不要であり，応答が速く，制御装置も簡単で安価である．これに対して，フィードバック制御はセンサが必要で，応答に遅れが生じ，制御装置が複雑になるが，外乱と制御対象の変化に対応できる．

### 例 2.1　簡単な実験

図 2.2 に示すような実験装置を考える．定規に平行におかれたばねは一端が固定され，他端には矢印がついており，この矢印が指す目盛り位置を $y$ とする．自然長で矢印は目盛りの 0 mm を指しているとする．このばねの一端を指で引っ張って，矢印が目盛り $r$ を指

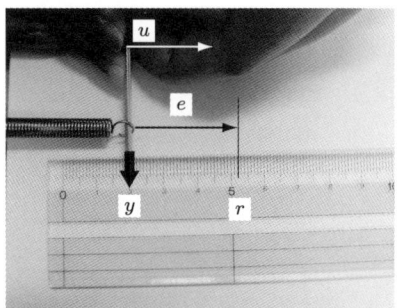

図 2.2 簡単な位置決め

すように制御するという制御目的が与えられたとする．ただし，図中の $u$ は手または指が矢印を動かすために加える力であり，$e = r - y$ である．

この実験を行うと，おそらく皆さんは，目盛りを見ながら矢印の位置 $y$ が $r$ を指すように，すなわち $e$ が 0 になるように指（または手）を動かすであろう．次に，目を閉じて同じことを試みてもらおう．今度は，皆さんは指に感じる力，すなわち $u$ が $r$ を指したときに感じた力になるように動かすであろう．また，目盛りの $2r$ を指すようにといわれた場合は，指に感じる力が倍の力になるように動かすであろう．

制御方式でいえば，目で見て行う制御がフィードバック制御であり，目を閉じ行う制御がフィードフォワード制御ということになる．

## 2.2 ブロック線図

制御理論では図 2.3 に示すように，制御対象や制御器を入出力のあるブラックボックスととらえ，**ブロック線図**（block diagram）で表現することが多い．ブロック線図は物理現象の原因と結果の関係，情報の入力から出力への処理，エネルギーの変換などの関係を信号の流れ線図で表示したものである．

ブロック線図の基本単位は図 2.3（a）に示すように，

① ブロック：矩形で囲まれた部分
② 入力：ブロックへの矢印
③ 出力（または応答）：ブロックから出る矢印

で表される．ブロックの矩形の中には，同図（b）に示すように処理の名称や，同図（c）に示すように数式記号などが記入されるが，いずれも入力と出力の関係を表し，その関係で記述される要素を**伝達要素**という．

ブロック線図はシステムの説明に便利な道具であるので，抽象的に使用される場合もある．しかし，実際に解析やシミュレーションを行う場合は，明確に数式化したものでなければならない．

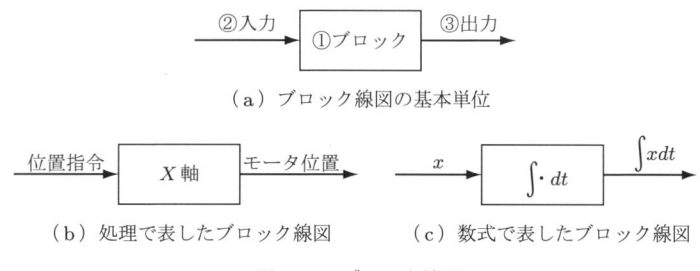

(a) ブロック線図の基本単位

(b) 処理で表したブロック線図　　(c) 数式で表したブロック線図

図 2.3　ブロック線図

システム全体をブロック線図で構成するには，システム内の個々のプロセス，制御器，変換器を伝達要素として定義し統合しなければならない．このとき，ある信号は他の信号と加減算され，新たな信号として活用される．また，ある信号は複数のブロックの入力となる．これらは，図 2.4 に示すように，加算点と引き出し点で表現される．引き出し点は分岐を表しているのではなく，同じ信号が矢印の方向に流れるということを表している点に注意されたい．

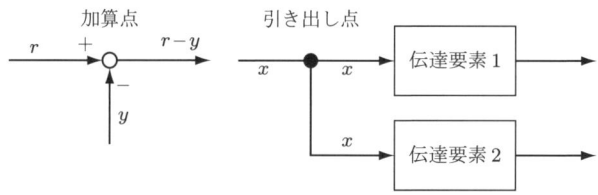

図 2.4　加算点と引き出し点

## 2.3　動的なシステムのモデル

図 2.5 に示すようにシステムへの入力を $u(t)$，出力を $y(t)$，システムがもつ変換機能を $y(t) = L[u(t)]$ とおく．

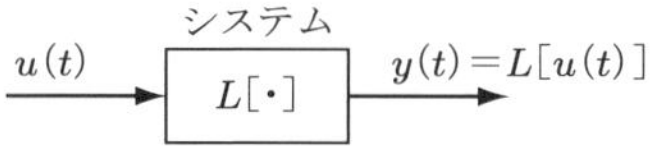

図 2.5　システムと入出力

まず，**静的なシステム**（static system）とは，ある時間の出力がその時間の入力と1対1で対応するシステムである．これに対して，ある時間の出力が，その時間の入力だけでなく過去の入力の履歴で決まるシステムを**動的なシステム**（dynamic system）という．これをイメージで示したのが図 2.6 である．

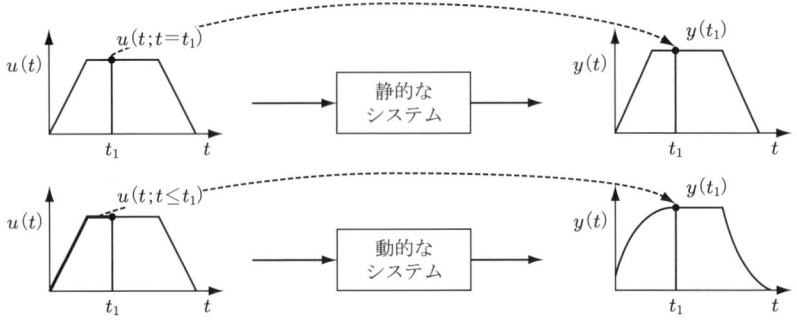

図 **2.6** 静的なシステムと動的なシステム

いま，入力が次式のように分解できたとする．

$$u(t) = \sum_{i=1}^{n} a_i u_i(t) \tag{2.1}$$

このとき，次式の変換が可能なシステムを**線形システム**（linear system）という．

$$y(t) = L\left[u(t)\right] = L\left[\sum_{i=1}^{n} a_i u_i(t)\right] = \sum_{i=1}^{n} a_i L\left[u_i(t)\right] \tag{2.2}$$

上式の関係を図 2.7 に示しておく．入力を分解して個別に出力を計算したとき，全体の出力が個々の出力の和になることは**重ね合わせの性質**（superposition property）

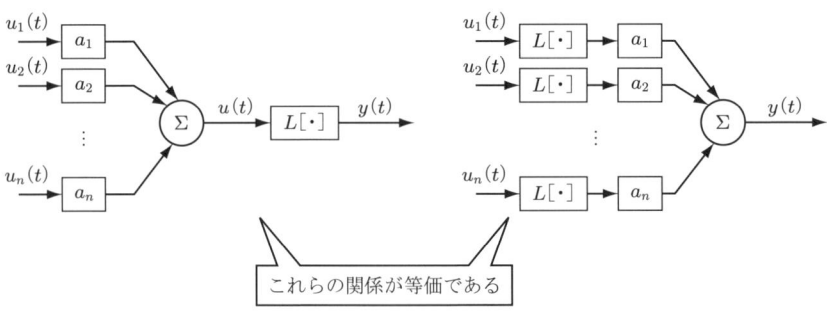

図 **2.7** 線形システムの概念図

とよばれる．

**時不変**（time invariant）とは，入力値の時間が遅れた場合，出力も同じ時間だけ遅れる性質であり，次式で表される．

$$L[u(t-\tau)] = y(t-\tau) \tag{2.3}$$

システムが線形かつ時不変であるシステムは，**線形時不変システム**（linear time invariant system，略してLTIシステム）とよばれる．線形時不変システムは，次式に示す定数係数の線形微分方程式でモデル化される．

$$y^{(n)} + a_{n-1}y^{(n-1)} + \cdots + a_1\dot{y} + a_0 y = b_{n-1}u^{(n-1)} + \cdots + b_1\dot{u} + b_0 u \tag{2.4}$$

動的なシステムを先に述べた定義で律儀にモデル化しようとすると，過去の入力履歴を覚えるための記憶要素が膨大に必要になってしまうが，微分方程式を用いればコンパクトにシステムをモデル化できるのである．

### 例 2.2　質点駆動系のモデル

図 2.8 に示すように，質点 $m$ として理想化された位置決めテーブルがあったとする．テーブルはガイドで支持され，アクチュエータにより $f_c$ の推力で 1 軸にのみ駆動され，その速度を $v$，変位を $x$ とする．また，テーブルは運動と反対方向に $f_d$ の抵抗（外乱）を受けるとする．

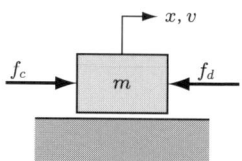

図 2.8　質点駆動系

テーブルの運動方程式から導かれる微分方程式は次式となる．

$$\dot{v} = \frac{1}{m}(f_c - f_d) \tag{2.5}$$
$$\dot{x} = v \tag{2.6}$$

このシステムへの入力は推力 $f_c$ と抵抗 $f_d$ であり，これらは独立である．テーブルに $f_c$ のみが入力されたときの速度を $v_1$，$f_d$ のみが入力されたときの速度を $v_2$ とすると，式 (2.5) は次の 2 式に分解できる．

$$\dot{v}_1 = \frac{1}{m}f_c \tag{2.7}$$

$$\dot{v}_2 = -\frac{1}{m}f_d \tag{2.8}$$

上式の解を重ね合わせて得られる応答が式 (2.5) の解となっていることは明らかである．次に，$f_d$ がモデル化できる場合を考えよう．図 2.9 に示すようにテーブル速度と変位に比例した抵抗がテーブルに作用しているとする．

$$f_d = cv + kx \tag{2.9}$$

ただし，$c$：粘性摩擦係数，$k$：ばね定数である．このとき，式 (2.5) に上式を代入すると次式を得る．

$$\dot{v} = -\frac{c}{m}v - \frac{k}{m}x + \frac{1}{m}f_c \tag{2.10}$$

すなわち，図 2.9 に示すシステムの運動を記述する微分方程式は式 (2.10) と式 (2.6) となる．

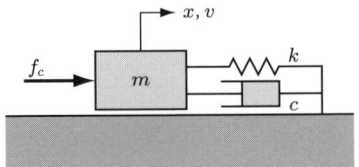

図 **2.9** ばねとダンパをもつ質点駆動系

## 2.4 伝達関数

### 2.4.1 伝達関数

動的なシステムも静的なシステムのように出力が入力と伝達要素の積で計算できればたいへん都合がよい．ラプラス変換を用いて入出関係を時間領域（$t$ 領域と略す）から $s$ 領域に変換すれば，これが可能となる．ラプラス変換の定義，基本関数のラプラス変換，ラプラス変換の性質については付録 A.1～2 を参照されたい．

図 2.10 に示すように，LTI システムへの入力を $u(t)$，出力を $y(t)$，それぞれのラプラス変換を $U(s)$, $Y(s)$ とおく．$s$ 領域で定義された入出力の比 $Y(s)/U(s)$ は**伝達関**

図 **2.10** ラプラス変換と伝達関数

数（transfer function）とよばれる．

ラプラス変換された関数や伝達関数は，複素数 $s = \sigma + j\omega$（本書では虚数単位を $j$ で表記する）の関数であり，通常 $s$ を引数として大文字で表記する．しかし，変数が多いと時間関数との対応がわかりにくくなるので，$s$ 領域での変数は小文字のまま扱われ，引数も省略されるケースが多い．本書でも必要に応じて使い分けることにする．

## 2.4.2 基本的な伝達要素と伝達関数

以下に，基本的な伝達要素とその伝達関数を表す．

① 比例要素

$$t\text{ 領域：} y(t) = Ku(t) \leftrightarrow s\text{ 領域：} Y(s) = KU(s)$$

伝達関数は定数 $K$ となり，$K$ は**ゲイン定数**，**比例ゲイン**または単に**ゲイン**とよばれる．

② 積分要素

$$t\text{ 領域：} y(t) = \int_0^t u(t)dt \leftrightarrow s\text{ 領域：} Y(s) = \frac{1}{s}U(s)$$

伝達関数は $1/s$ となり，これを**積分器**という．また，積分器の出力（この場合は $y(t)$）は**状態変数**（state variable）という．

③ 微分要素

$$t\text{ 領域：} y(t) = \dot{u}(t) \leftrightarrow s\text{ 領域：} Y(s) = sU(s) + u(0)$$

伝達関数は $s$ となり，これを**微分器**という．ただし，微分器を制御器内に実現するには入力の将来の情報を必要とする．また，センサ信号を微分器に入力すると，高周波でのノイズ成分が増幅されるために，実際の微分は近似的になる．

### 例 2.3　質点駆動系のブロック線図

例 2.2 の図 2.8 のモデルを積分器とブロック線図の基本単位を用いて表現する．式 (2.5)，(2.6) の両辺をラプラス変換すると，それぞれ

$$sV(s) + v(0) = \frac{1}{m}\{F_c(s) - F_d(s)\} \tag{2.11}$$

$$sX(s) + x(0) = V(s) \tag{2.12}$$

となる．上式より，$1/m, 1/s$ を伝達要素として，図 2.11 のようなブロック線図が得られる．初期値はブロック線図には通常描かないが，時間応答を求める際には考慮しなければ

ならない．たとえば，Simulink の積分器ブロックには初期値の設定項目がありデフォルト値は 0 なので，初期値が 0 ではない場合は忘れないように設定する．

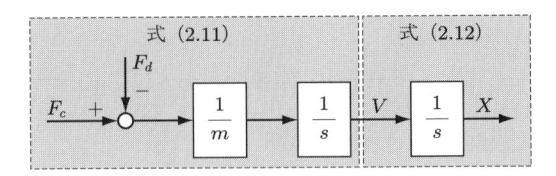

図 2.11　質点駆動系のブロック線図（抵抗が未知の場合）

図 2.9 のシステムをブロック線図で表現する場合は，式 (2.9) のラプラス変換：

$$F_d(s) = cV(s) + kX(s) \tag{2.13}$$

を図 2.11 に追加する．この結果を図 2.12 に示す．

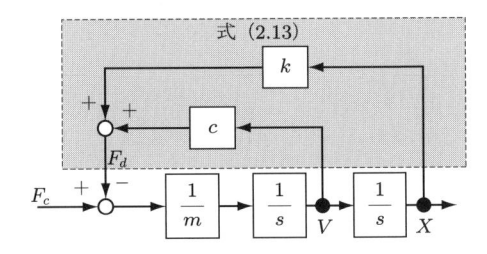

図 2.12　ばね・ダンパをもつ質点駆動系のブロック線図

## 2.5　ブロック線図の等価変換

ブロック線図の入力から出力の伝達関数を変化させず，ブロックや加算点，引き出し点を移動することを等価変換とよんでいる．

等価変換は，システムの構造を把握しやすくしたり，ある入力からある出力への伝達関数を計算する際に有用である．代表的な等価変換を付録 A.3 にまとめる．この中で，特に重要なフィードバック系の等価変換について述べておく．

まず，図 2.13 (a) に示すフィードバック系のブロック線図が，同図 (b) に変換できることを示す．同図 (a) より次の関係式が導かれる．

$$e = r - G_2 y \tag{2.14}$$

$$y = G_1 e \tag{2.15}$$

2.5 ブロック線図の等価変換　29

(a) フィードバック系　　(b) (a)の等価変換

(c) 単一フィードバック系　　(d) (c)の等価変換

(e) ブロックの移動　　(f) 単一フィードバック系の
　　　　　　　　　　　　　ブロック化

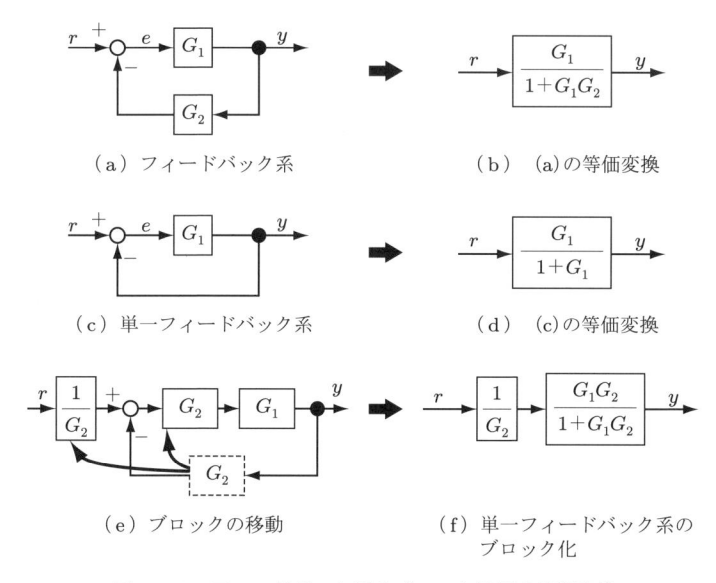

図 **2.13** フィードバック系のブロック線図の等価変換

式 (2.14) を式 (2.15) に代入し，$e$ を消去して整理すると，

$$y = \frac{G_1}{1 + G_1 G_2} r \tag{2.16}$$

となり，同図 (b) のブロック線図が得られる．$G_2 = 1$ とおいたフィードバック系を単一フィードバック系（同図 (c)）といい，このときの入出力関係は

$$y = \frac{G_1}{1 + G_1} r \tag{2.17}$$

となる（同図 (d)）．この変換は後に多用するので是非記憶されたい．式 (2.14) を

$$e = G_2 \left( \frac{1}{G_2} r - y \right) \tag{2.18}$$

のように変形する．これは同図 (e) のようにフィードバックパスにある $G_2$ を移動することに対応する．この単一フィードバック系を同図 (f) のようにブロック化し，二つのブロックを結合すると同図 (b) が得られることがわかる．つまり，付録 A.3 のすべての等価変換を覚える必要はない．

次に，図 2.14 (a) に示すフィードバック制御系のブロック線図で $r$ から $y$ へと $d$ から $y$ への伝達関数を等価変換を用いて求める．$r$ に対する応答成分を $y_1$，$d$ に対する応答成分を $y_2$ とすると，それぞれの入出力関係は同図 (b), (c) のようになり，等

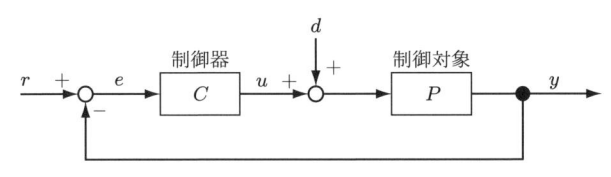

(a) フィードバック制御系のブロック線図

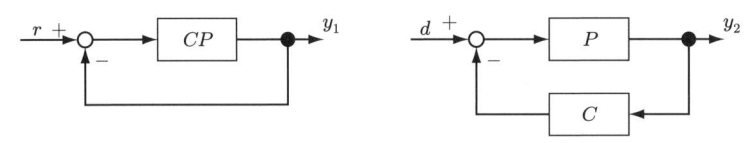

(b) $r$ に対する応答を表すブロック線図　　(c) $d$ に対する応答を表すブロック線図

図 **2.14**　フィードバック系の等価変換

価変換を用いて次式を得る.

$$\frac{y_1}{r} = \frac{PC}{1+PC} \tag{2.19}$$

$$\frac{y_2}{d} = \frac{P}{1+PC} \tag{2.20}$$

重ね合わせの原理から $y = y_1 + y_2$ なので，$r$ から $y$，$d$ から $y$ への伝達関数は，それぞれ式 (2.19), (2.20) となる．この伝達関数も後に用いるので記憶してほしい．

## 2.6　伝達関数の一般形と1次・2次系

図 2.10 に示す LTI システムの伝達関数の一般系を求める．2.3 節で述べたように，LTI システムは式 (2.4) の微分方程式で記述され，この両辺をラプラス変換すると次式を得る．

$$D_p(s)Y(s) = N_p(s)U(s) + IC(s) \tag{2.21}$$

ただし，

$$D_p(s) = s^n + a_{n-1}s^{n-1} + \cdots + a_1 s + a_0 \tag{2.22}$$

$$N_p(s) = b_{n-1}s^{n-1} + \cdots + b_1 s + b_0 \tag{2.23}$$

であり，$IC(s)$ は微分方程式の初期値で決まる $s$ の多項式である．式 (2.21) で $U(s) = 0$ としたときの応答

$$Y_{ZIR}(s) = \frac{IC(s)}{D_p(s)} \tag{2.24}$$

を**零入力応答**（zero input response）という．また，式 (2.21) で $IC(s) = 0$ としたときの応答

$$Y_{ZSR}(s) = \frac{N_p(s)}{D_p(s)} U(s) \qquad (2.25)$$

を**零状態応答**（zero state response）という．上式の入出力関係から得られる

$$G(s) = \frac{N_p(s)}{D_p(s)} = \frac{b_{n-1}s^{n-1} + \cdots + b_1 s + b_0}{s^n + a_{n-1}s^{n-1} + \cdots + a_1 s + a_0} \qquad (2.26)$$

が伝達関数の一般系である．

分母多項式 $D_p(s)$ を**特性多項式**（characteristic polynomial），$D_p(s)$ における $s$ の最高べき数 $n$ を**システムの次数**（order）という．

$D_p(s) = 0$ を**特性方程式**（characteristic equation）とよび，その解を**極**（pole）または**根**（root）という．すべての極が互いに異なる場合を**単極**といい，同じ極がある場合それらの極を**重極**という．

また，$N_p(s) = 0$ となる $s$ を**零点**(zero)という．伝達関数 $G(s)$ の極が $\{p_1, p_2, \ldots, p_n\}$，零点が $\{z_1, z_2, \ldots, z_{n-1}\}$ であるとすると，伝達関数 $G(s)$ は次のように因数分解された形式で表現することができ，これを**零極ゲイン**（zero-pole-gain, ZPK）モデルとよぶ．

$$G(s) = K \frac{(s-z_1)\cdots(s-z_{n-1})}{(s-p_1)(s-p_1)\cdots(s-p_n)} \qquad (2.27)$$

$n = 1$ の系は **1 次遅れ系**（first-order lag system）といい，$n$ が 2 以上の系を $n$ 次系という．次に示す 1 次遅れ系と **2 次系**（second-order system）の伝達関数はともに使用頻度が多い．

**1 次遅れ系**：　$G_{10}(s) = \dfrac{K}{Ts + 1}$ \qquad (2.28)

ただし，$T$ は**時定数**（time constant）という．

**2 次系**：　$G_{20}(s) = \dfrac{\omega_n^2}{s^2 + 2\zeta\omega_n s + \omega_n^2}$ \qquad (2.29)

ただし，$\zeta$ は**減衰比**（damping ratio），$\omega_n$ は**固有角周波数**（natural angular frequency）という．

### 例 2.4　1 次遅れ系と 2 次系の例

1 次遅れ系の例：例 2.2 の図 2.9 の質点駆動モデルで $k=0$ とした場合のテーブル推力からテーブル速度への伝達関数を求める．微分方程式として式 (2.10) で $k=0$ とおいて次式を得る．

$$\dot{v} + \frac{c}{m}v = \frac{1}{m}f_c$$

$v$ の初期値を 0 とし，上式の両辺をラプラス変換すると

$$sV + \frac{c}{m}V = \frac{1}{m}F_c \tag{2.30}$$

したがって，$F_c$ から $V$ への伝達関数を $G_{v0}(s)$ とすると

$$G_{v0}(s) = \frac{1/m}{s+c/m} = \frac{1/c}{(m/c)s+1} \tag{2.31}$$

となり，これは 1 次遅れ系の伝達関数である．

2 次系の例：図 2.9 の質点駆動モデルで $k \neq 0$ としたときのテーブル推力からテーブル変位への伝達関数を $G_{x0}(s)$ とおき，これを求める．式 (2.10) に $v=\dot{x}$ を代入して次式を得る．

$$\ddot{x} + \frac{c}{m}\dot{x} + \frac{k}{m}x = \frac{1}{m}f_c \tag{2.32}$$

$x$ と $\dot{x}$ の初期値を 0 とおいて，上式の両辺をラプラス変換して $G_{x0}(s)$ を求めると，

$$G_{x0}(s) = \frac{1/m}{s^2+(c/m)s+(k/m)} \tag{2.33}$$

となり，これは 2 次系の伝達関数である．

### 例 2.5　MATLAB 上での伝達関数モデルの定義

MATLAB 上で伝達関数モデルを定義する場合は，`tf` という関数を用いる．例 2.4 で求めた伝達関数 $G_{x0}(s)$ で $m=1, c=3, k=2$ とした場合の伝達関数

$$G_{x0}(s) = \frac{1}{s^2+3s+2} \tag{2.34}$$

を定義してみよう．以下に示す MATLAB の操作はヘルプファイル，マニュアル，サイバネットの HP などを参照されたい．若干だけ補足しておくと，'>>' は入力コマンドラインを表し，その下には実行結果を示す．紙面の都合で実行結果を一部省略している（コマンドの最後に；（セミコロン）がついているもの）．

まず，式 (2.34) の分子多項式，分母多項式の係数を $s$ の降べきの順でベクトル Np, Dp として定義する．

```
>>Np=[1]
Np =
     1
>>Dp=[1 3 2]
Dp =
     1     3     2
```

このベクトルを引数として MATLAB 関数に渡すことでさまざまなシミュレーションができる．しかし，モデルが増えてくると `Np` と `Dp` を別々に管理する手間が増える．この問題を解決してくれるのが，control toolbox の LTI モデルである．LTI モデルとはモデルの構造とパラメータをあわせもったオブジェクトである．

伝達関数を LTI モデルで作成する場合は，次に示すように `tf` コマンドを用いる．

```
>> sysTF=tf(Np,Dp)

Transfer function:
      1
---------------
s^2 + 3 s + 2
```

上記は TF モデルといい，LTI モデルの一形態である．また，ZPK モデルを定義する場合は，`zpk` という関数を用いる．`zpk` 関数で $G_{x0}(s)$ を定義するために，代数方程式の解を求める `roots` コマンドを用いて零点と極を次のように求めておく．

```
>>Z=roots(Np)
Z =
   Empty matrix: 0-by-1
>>P=roots(Dp)
P =
    -2
    -1
```

定義した Z と P を用いて，次のコマンドで ZPK モデルを定義する．

```
>> sysZPK=zpk(Z,P,1)

Zero/pole/gain:
      1
-----------
(s+2) (s+1)
```

ただし，$K=1$ とした．`zpk` 関数を用いて TF モデルを ZPK モデルに直接変換することも可能である．その逆は `tf` 関数を用いる．

```
>> sysZPK=zpk(sysTF);
>> sysTF=tf(sysZPK);
```

LTI モデルはさまざまな数値を格納するプロパティという属性をもつ．プロパティは get（LTI モデル）で表示できる．興味のある方は，マニュアルを参照して頂きたい．

## 2.7 状態空間モデル

動的システムのモデルには，**状態空間**（state space, SS）モデルとよばれる形式がある．入力が $u$，出力が $y$ のシステムの状態空間モデルは次式で表現される．

$$\dot{\boldsymbol{x}} = \boldsymbol{A}\boldsymbol{x} + \boldsymbol{B}u \tag{2.35a}$$
$$y = \boldsymbol{C}\boldsymbol{x} + Du \tag{2.35b}$$

式 (2.35a) は**状態方程式**（state equation），式 (2.35b) は**出力方程式**（output equation）とよばれる．$\boldsymbol{x}$ は次に示す $n \times 1$ の列ベクトルで，状態ベクトルという．

$$\boldsymbol{x} = \begin{bmatrix} x_1 \\ x_2 \\ \vdots \\ x_n \end{bmatrix} \tag{2.36}$$

ベクトルの要素 $x_i$ $(i = 1, \ldots, n)$ がシステムの状態変数である．また，$\boldsymbol{A}$ は $n \times n$ 定数行列，$\boldsymbol{B}$ は $n \times 1$ 定数列ベクトル，$\boldsymbol{C}$ は $1 \times n$ 定数行ベクトル，$D$ はスカラ定数である．

### 例 2.6 質点駆動モデルの状態空間表現

図 2.9 の質点駆動モデルの状態空間表現を導く．まず，式 (2.10), (2.6) より

$$\dot{v} = -\frac{c}{m}v - \frac{k}{m}x + \frac{1}{m}f_c \tag{2.37}$$
$$\dot{x} = v \tag{2.38}$$

という関係があるので，これらの式を状態ベクトル $\boldsymbol{x} = [v \ x]^T$（$T$ はベクトルの転置）を用いてマトリックス表示すると，次の状態方程式を得る．

$$\begin{bmatrix} \dot{v} \\ \dot{x} \end{bmatrix} = \begin{bmatrix} -\dfrac{c}{m} & -\dfrac{k}{m} \\ 1 & 0 \end{bmatrix} \begin{bmatrix} v \\ x \end{bmatrix} + \begin{bmatrix} \dfrac{1}{m} \\ 0 \end{bmatrix} f_c \tag{2.39}$$

また，出力が変位であるとすると出力方程式は次式となる．

$$y = \begin{bmatrix} 0 & 1 \end{bmatrix} \begin{bmatrix} v \\ x \end{bmatrix} \tag{2.40}$$

したがって，状態空間モデルの各行列・ベクトルは

$$\boldsymbol{A} = \begin{bmatrix} -\dfrac{c}{m} & -\dfrac{k}{m} \\ 1 & 0 \end{bmatrix}, \ \boldsymbol{B} = \begin{bmatrix} \dfrac{1}{m} \\ 0 \end{bmatrix}, \ \boldsymbol{C} = \begin{bmatrix} 0 & 1 \end{bmatrix}, \ D = 0 \tag{2.41}$$

となる．

## 例 2.7　MATLAB 上での状態空間モデルの定義

例 2.6 の状態空間（SS）モデルを MATLAB 上で定義する．パラメータは式 (2.34) の伝達関数を作成した際に用いたものと同じとする．

まず，SS モデルの $(\boldsymbol{A}, \boldsymbol{B}, \boldsymbol{C}, D)$ を定義する．

```
>> A=[-3 -2; 1 0];B=[1; 0];C=[0 1]; D=0;
```

次に ss コマンドを用いて SS モデルを定義する．

```
>> sysSS=ss(A,B,C,D)
a =
       x1  x2
   x1  -3  -2
   x2   1   0
b =
       u1
   x1   1
   x2   0
c =
       x1  x2
   y1   0   1
d =
       u1
   y1   0

Continuous-time model.
```

SS モデルは TF モデルや ZPK モデルに変換可能である．

```
>>sysTF1=tf(sysSS);
>>sysZPK1=ZPK(sysSS);
```

を実行し，実行結果が例 2.5 で求めた sysTF, sysZPK と同じになることを確認されたい．

## 2.8 伝達関数モデルと状態空間モデルの関係

伝達関数モデルと状態空間モデルは微分方程式から導出されるのでお互い変換が可能である．伝達関数

$$G(s) = \frac{Y(s)}{U(s)} = \frac{N_p(s)}{D_p(s)} = \frac{b_{n-1}s^{n-1} + \cdots + b_1 s + b_0}{s^n + a_{n-1}s^{n-1} + \cdots + a_1 s + a_0} \tag{2.42}$$

から状態空間モデルを導出してみると，その関係やシステムの内部構造が理解できる．まず，$W(s)$ という新たな変数を導入して，式 (2.42) の分母・分子多項式に乗じて，次の 2 式に分離する．

$$U(s) = D_p(s)W(s) = s^n W(s) + a_{n-1}s^{n-1}W(s) + \cdots + a_1 s W(s) + a_0 W(s) \tag{2.43}$$

$$Y(s) = N_p(s)W(s) = b_{n-1}s^{n-1}W(s) + \cdots + b_1 s W(s) + b_0 W(s) \tag{2.44}$$

ここで，状態変数 $X_i(s)\,(i = 1, \ldots, n)$ を

$$X_i(s) = s^{i-1} W(s) \tag{2.45}$$

と定義して次式を得る．

$$
\begin{aligned}
X_1(s) &= W(s) \\
X_2(s) &= sW(s) & &= sX_1(s) = X_2(s) \\
&\vdots \\
X_n(s) &= s^{n-1}W(s) & &= sX_{n-1}(s) = X_n(s) \\
X_{n+1}(s) &= s^n W(s) & &= sX_n(s) = -a_{n-1}X_n(s) - \cdots - a_0 X_1(s) + U(s)
\end{aligned}
\tag{2.46}
$$

上式において，左の枠中は式 (2.45) を具体的に書き下したものであり，最後の式の右辺に式 (2.43) を代入している．一方，式 (2.44) を状態変数で書き下すと次式を得る．

$$Y(s) = b_{n-1}X_n(s) + \cdots + b_1 X_2(s) + b_0 X_1(s) \tag{2.47}$$

式 (2.46) を右枠の部分と式 (2.47) をマトリックスとベクトルで表記し，次式を得る．

## 2.9 SLK モデルを用いた MATLAB 上でのモデリング

$$s\boldsymbol{X}(s) = \begin{bmatrix} 0 & 1 & 0 & \cdots & 0 \\ 0 & 0 & 1 & \cdots & 0 \\ \vdots & \vdots & \vdots & \ddots & \vdots \\ 0 & 0 & 0 & \cdots & 1 \\ -a_0 & -a_1 & -a_2 & \cdots & -a_{n-1} \end{bmatrix} \boldsymbol{X}(s) + \begin{bmatrix} 0 \\ 0 \\ \vdots \\ 0 \\ 1 \end{bmatrix} U(s) \quad (2.48)$$

$$Y(s) = \begin{bmatrix} b_0 & b_1 & b_2 & \cdots & b_{n-1} \end{bmatrix} \boldsymbol{X}(s) + [0]U(s) \quad (2.49)$$

ただし，$\boldsymbol{X}(s) = [X_1\ X_2\ \cdots\ X_n]^T$ は状態ベクトルである．上式を逆ラプラス変換で時間領域に変換すると状態方程式と出力方程式となっていることがわかる．特に，この形式は可制御正準系（control canonical form）という．

一方，$(\boldsymbol{A}, \boldsymbol{B}, \boldsymbol{C}, D)$ で定義される状態空間モデルから伝達関数への変換は次式で表される．

$$\frac{Y(s)}{U(s)} = \boldsymbol{C}(s\boldsymbol{I} - \boldsymbol{A})^{-1}\boldsymbol{B} + D \quad (2.50)$$

ただし，$\boldsymbol{I}$ は $n \times n$ の単位行列である．上式は，式 (2.48) からマトリックス演算で $\boldsymbol{X}(s)$ を求め，式 (2.49) に代入することで求めることができる．

#### 例 2.8　MATLAB 上での状態空間モデルと伝達関数モデルの変換

MATLAB 上でモデルを状態空間モデルから伝達関数モデルに変換したいときは例 2.7 でも示したように `>>tf`（LTI モデル名）とする．逆に，伝達関数表現から状態空間表現に変換したいときは，以下のように `>>ss`（LTI モデル名）とすればよい（実行結果は例 2.7 と同様であるので省略）．

```
>>sysSS=ss(sysTF);
```

## 2.9　SLK モデルを用いた MATLAB 上でのモデリング

MATLAB/Simulink を用いた動的なシステムのモデリング法は次の二つに大別される．

① Simulink 上でブロック線図を用いてモデルを定義する方法．このモデルを SLK モデルとよぶ．

② MATLAB 上で LTI モデルを定義する方法．

SLK モデルではシステムを視覚的にとらえることができ，Simulink 上で簡単に時間応答を計算が行えるが，より複雑な計算を行う場合，MATLAB のもつ高度な関数が使用できれば便利である．このとき，MATLAB 上でモデルを再定義するのは手間がかかる．MATLAB/Simulink では，双方で定義したモデルが変換可能であり，その関係について図 2.15 にまとめておく．

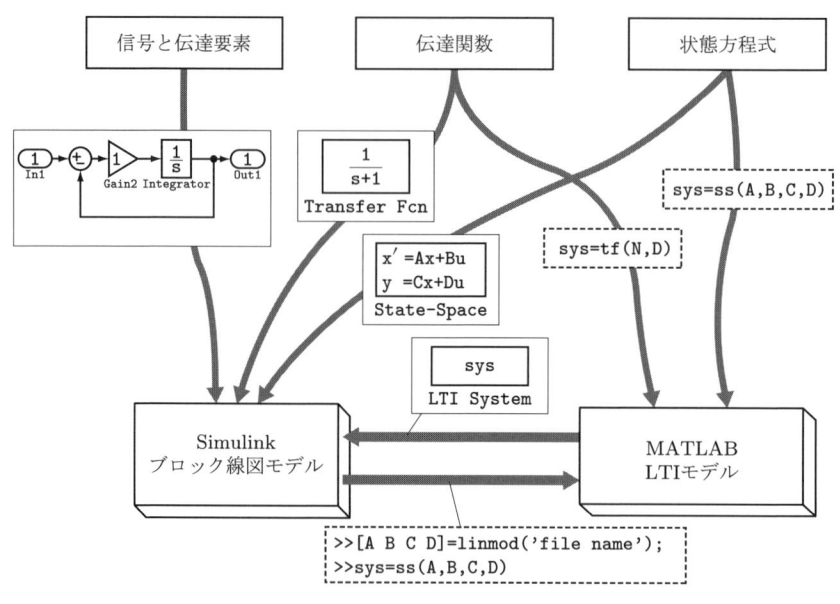

図 **2.15** モデル変換マップ

### 例2.9　SLK モデルの MTALAB 上への変換（linmod 関数）

図 2.16 に示すような SLK モデルがすでに定義されており，このファイル名が example1.mdl であったとする．ただし，モデルにはいくつかのパラメータが含まれている．このモデルを MATLAB 上の状態空間モデルに変換するコマンドを以下に示す．ただし，各ラインの % 以下はコメントであり実行には関係ないので，入力しなくてよい．

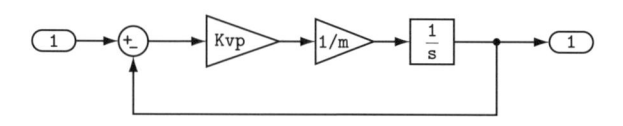

図 **2.16**　SLK モデルの例（example1.mdl）

```
>>Kvp=1;m=1; % simulink 内のパラメータを定義する．しないとエラーとなる．
>>[A B C D]=linmod('example1'); % 状態空間表現の行列を取得する．
>>sysSS=ss(A,B,C,D); % LTI モデルを定義する．
```

## 2.10 SISO系とMIMO系

これまで，主に入出力数がそれぞれ 1 であるシステムを扱ってきた．このようなシステムを **SISO** (single input single output) 系とよぶが，実際のシステムは 2 以上の入力，2 以上の出力をもつ場合が多い．このようなシステムを **MIMO** (multi input multi output) 系とよぶ．

$\tilde{m}$ 入力，$\tilde{l}$ 出力の MIMO 系は次式で示すように $\tilde{m} \times \tilde{l}$ 伝達関数行列で表現できる．

$$\tilde{l} \left\{ \begin{bmatrix} Y_1(s) \\ \vdots \\ Y_{\tilde{l}}(s) \end{bmatrix} = \overbrace{\begin{bmatrix} G_{11}(s) & \cdots & G_{1\tilde{m}}(s) \\ \vdots & \ddots & \vdots \\ G_{\tilde{l}1}(s) & \cdots & G_{\tilde{l}\tilde{m}}(s) \end{bmatrix}}^{\tilde{m}} \begin{bmatrix} U_1(s) \\ \vdots \\ U_{\tilde{m}}(s) \end{bmatrix} \right\} \tilde{m} \quad (2.51)$$

また，同じシステムを状態空間で表現すれば，次式のようになる．
状態方程式：

$$n \left\{ \begin{bmatrix} \dot{x}_1 \\ \dot{x}_2 \\ \vdots \\ \dot{x}_n \end{bmatrix} = \overbrace{\begin{bmatrix} \boldsymbol{A} \end{bmatrix}}^{n} \begin{bmatrix} x_1 \\ x_2 \\ \vdots \\ x_n \end{bmatrix} + \overbrace{\begin{bmatrix} \boldsymbol{B} \end{bmatrix}}^{\tilde{m}} \begin{bmatrix} u_1 \\ u_2 \\ \vdots \\ u_{\tilde{m}} \end{bmatrix} \right\} \tilde{m} \quad (2.52)$$

出力方程式：

$$\tilde{l} \left\{ \begin{bmatrix} y_1 \\ \vdots \\ y_{\tilde{l}} \end{bmatrix} = \overbrace{\begin{bmatrix} \boldsymbol{C} \end{bmatrix}}^{n} \begin{bmatrix} x_1 \\ \vdots \\ x_n \end{bmatrix} + \overbrace{\begin{bmatrix} \boldsymbol{D} \end{bmatrix}}^{\tilde{m}} \begin{bmatrix} u_1 \\ \vdots \\ u_m \end{bmatrix} \right\} \tilde{m} \quad (2.53)$$

SISO 系の状態空間モデルと比べると，MIMO 系では入力と出力がベクトルとなり，状態方程式の $\boldsymbol{B}$ が $n \times \tilde{m}$ 行列，$\boldsymbol{D}$ が $\tilde{l} \times \tilde{m}$ 行列となる．

## 例 2.10　フィードバック制御系のモデル化（MIMO 系）

図 2.17 に示す MIMO 系において，システムへの入力ポート 1：指令，ポート 2：外乱，システムの出力ポート 1：速度，ポート 2：制御力となっている．次のコマンドを実行して，伝達関数行列を求めてみる．

```
>>Kvp=1;m=1;[A B C D]=linmod('example2');sys=ss(A,B,C,D);tf(sys)
```

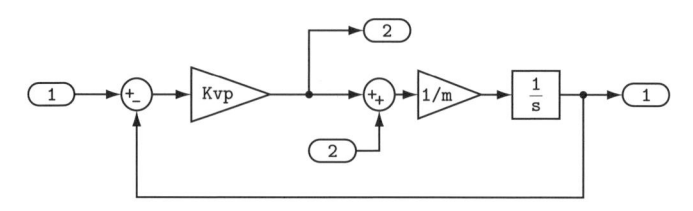

図 **2.17**　MIMO 系の SLK モデルの例（example2.mdl）

実行結果は図 2.18 のようになる．

なお，図中の入力ポート 1 から出力ポート 2 の伝達関数の零点が 0 にならないのは計算誤差があるからである．このように，シミュレーションには計算誤差があることを念頭においておく必要がある．

たとえば，極と零点が同じであるのに計算誤差で相殺されない場合（極と零点の相殺については，3.1.6 項で述べる）は，minreal（LTI モデル名）を実行されたい．この関数はモデル次数を低減するための関数であるが，初学者には難解であるのでここではふれない．くわしくは MATLAB の Control System Toolbox のマニュアルを参照頂きたい．

```
Transfer function from input 1 to output...
          1
 #1:    -----
        s + 1

        s + 1.57e-016
 #2:    -------------
            s + 1

Transfer function from input 2 to output...
          1
 #1:    -----
        s + 1

         -1
 #2:    -----
        s + 1
```

図 **2.18**　伝達関数行列の計算結果

# 演習問題

**2–1** 図 2.19 は，ダンパ $c_p$ をもつ質点 $m$ の速度制御系を表している．ただし，$v_m$：質点の速度，$v_r$：速度指令，$c_c$：速度ゲイン，$f_c$：推力であり，$v_m$ の初期値は 0 とする．このとき以下の問いに答えよ．
(1) 制御対象の微分方程式と制御式をそれぞれ示せ．
(2) (1) で求めた式をラプラス変換し，系全体のブロック線図を描け．
(3) $v_r$ から $v_m$ への伝達関数を求めよ．
(4) $m=1, c_p=0.1, c_c=0.9$ としたとき，時定数 $T$ とゲイン定数 $K$ を求めよ．

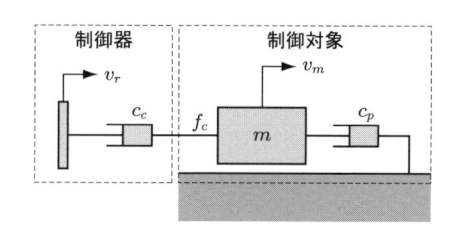

図 **2.19** 速度制御系

**2–2** 例 2.3 の図 2.12 のブロック線図を等価変換して $F_c$ から $X$ への伝達関数を求めよ．

**2–3** 図 2.14 (a) に示すブロック線図で，指令 $r$ と外乱 $d$ を入力ベクトルの要素，制御量 $y$ と操作量 $u$ を出力ベクトルの要素としたとき，その入出力関係を伝達関数行列を用いて次式のように表す．

$$\begin{bmatrix} y \\ u \end{bmatrix} = \begin{bmatrix} G_{yr} & G_{yd} \\ G_{ur} & G_{ud} \end{bmatrix} \begin{bmatrix} r \\ d \end{bmatrix}$$

行列内の伝達関数を $P, C$ で表現せよ．また，$P=1, C=1/s$ とおいたとき，各伝達関数を求め，例 2.10 で求めた伝達関数と同じかを確認せよ．

# 第3章 動的なシステムの解析法

制御系は入力に対する応答で評価される．入力には主に指令入力と外乱入力がある．応答の評価法には，時間応答法と周波数応答法があり，制御系の設計と解析を行うには，時間応答，周波数応答，極零マップ，根軌跡といった道具を駆使する必要がある．本章ではその基本と使用法について述べる．

## 3.1 時間応答

### 3.1.1 基本入力関数に対する応答

制御系の性能を評価するための入力関数には単位インパルス，単位ステップ，単位ランプ，正弦波関数，白色ノイズなどがある．この中で，表 3.1 に示す**単位インパルス，単位ステップ，単位ランプ関数**は特に基本的な入力関数であり，それぞれの入力に対するシステムの応答は**インパルス応答，ステップ応答**（または**インデシャル応答**），**ランプ応答**という．

単位インパルス関数はデルタ関数ともよばれており，$\delta(t)$ と表されることが多いので本書でもこれに従う．表 3.1 中では，単位ステップ関数の微分で単位インパルス関数を定義している．この定義からわかるように，単位インパルス関数は概念的なものであるので，実際にシステムに入力して応答を測定することはできない．しかし，インパルス応答はシステムの動特性を支配する重要な性質をもっているため，理論計算やシミュレーションにはよく用いられる．また，実験においても，インパルスライクな入力を用いてシステムの動特性を取得する方法は古くから用いられている．

単位ステップ関数は，時間 $t=0$ での変化率が無限大であるので，軸サーボ系が応答するにはかなり厳しい入力である．したがって，微小な移動指令以外にはあまり使用されない．しかし，シミュレーションにおいて，システムの限界性能や振動の有無を調べるには都合がよく，ステップ応答の評価規範は広く知られている．

表 3.1 基本的な入力関数

| 関数 | 図形表示 |
|---|---|
| 単位インパルス<br>$\delta(t) := \lim_{\Delta t \to 0} \left[ \dfrac{u_s(t) - u_s(t - \Delta t)}{\Delta t} \right]$<br>$\int_0^\infty \delta(t) d\tau = 1$ | |
| 単位ステップ<br>$u_s(t) := \begin{cases} 0 & (t < 0) \\ 1 & (t \geq 0) \end{cases}$ | |
| 単位ランプ<br>$u_r(t) := \begin{cases} 0 & (t < 0) \\ t & (t \geq 0) \end{cases}$ | |

　実際の軸サーボ系への指令値は第 5 章で述べるように，より高次の入力を組み合わせて生成されるが，システムの基本的な動特性を理解するためにインパルス応答とステップ応答は重要であり，本章ではこれらの応答をみていくことにする．

　なお，伝達関数と入力関数が簡単な場合，その応答はラプラス変換・逆ラプラス変換を用いて理論的に計算できるが，本章や次章で示す計算例では MATLAB 関数を用いて応答を数値的に求めている．これは理論計算が難しい現実のシステムに対処する練習の意味でそういう方針をとっているが，簡単な応答については理論計算と数値計算の対応をとることを心がけた方がよい．そのために本書では，理論計算の方法と計算結果とを付録 A.4 にまとめてあるので参照されたい．

### 例 3.1　1 次遅れ系の時間応答シミュレーション

　図 3.1 に示す 1 次遅れ系の時間応答をシミュレーションしてみよう．図 3.2 に MATLAB のプログラム例（M ファイル）を示す．M ファイルとは MATLAB のコマンドを通常のテキストファイル（拡張子が .m）に書いたファイルで，MATLAB のコマンドラインからファイル名を指定して実行できる．

　このプログラムでは，インパルス応答とステップ応答は `impulse` 関数と `step` 関数を用いて計算し，応答と対応する時間を変数に返しているが，この変数を省略すると，MATLAB は自動的に figure ウィンドウを開いてグラフに応答を表示する．また，ランプ応答に関しては，まず指令値のベクトルをつくり，`lsim` 関数を用いて応答を計算している．それぞれの応答を `plot` 関数を用いて figure ウィンドウに描いた結果を図 3.3 に示す．

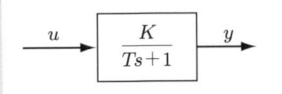

図 3.1　1 次遅れ系

```
t=0:0.01:7;%   時間の定義
K=0.9;T=1.0;%   ゲインと時定数の定義
G10=tf(K,[T 1]);%   LTI システムの定義
[y1 t1]=impulse(G10,t);%   インパルス応答を求める.
[y2 t2]=step(G10,t);%   ステップ応答を求める.
u=t;%   ランプ入力を定義
[y3 t3]=lsim(G10,t,u);%   ランプ応答を求める.
figure(1);%   応答を描く
subplot(311);plot(t, y1);ylabel('y');
legend('インパルス応答')
subplot(312);plot(t2,y2);ylabel('y');
legend('ステップ応答')
subplot(313);plot(t,u, '--g', t3, y3, 'b');
xlabel('t s'), ylabel('u, y');
legend('ランプ入力','ランプ応答')
```

図 **3.2**　時間応答を計算するための M ファイル（ex3_1.m）

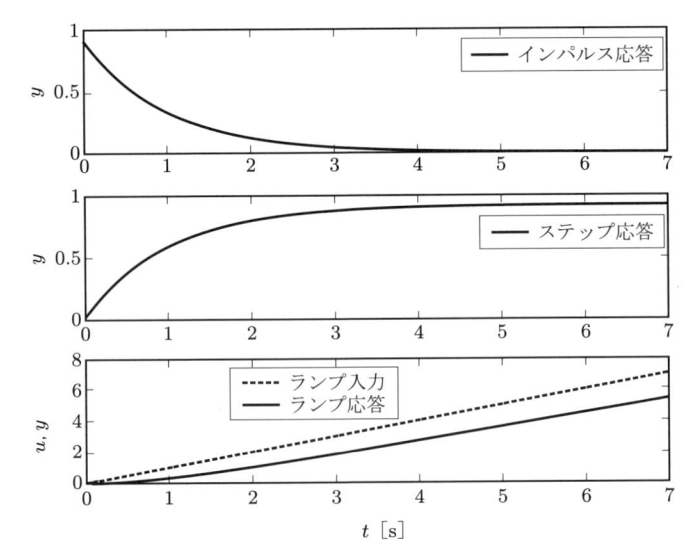

ブロック図: $u \to \dfrac{K}{Ts+1} \to y$

図 **3.3**　1 次遅れ系の時間応答のシミュレーション結果（$K = 0.9, T = 1.0$）

## 3.1.2　インパルス応答とコンボリューション

任意の入力に対する LTI システムの応答について考える．ただし，すべての初期値は 0 であるとする．図 3.4 (a) に示すように，伝達関数が $H(s)$ の LTI システムの入出力の間には $U(s) \times H(s) = Y(s)$ という関係があるが，同図 (b) の $t$ 領域の入出力にはどんな関係があるのであろうか．

3.1 時間応答

```
    U(s)  ┌──────┐  Y(s)         u(t)  ┌──────┐  y(t)
   ──────▶│ H(s) │──────        ──────▶│  ?   │──────
          └──────┘                     └──────┘
         （a）s 領域                   （b）t 領域
```

図 **3.4**　任意の入力に対する応答

入力が単位インパルス関数，すなわち $U(s) = 1$ のときの応答は $Y(s) = H(s)$ となる．これを逆ラプラス変換した関数を

$$y(t) = \mathcal{L}^{-1}[Y(s)] = \mathcal{L}^{-1}[H(s)] \equiv h(t) \tag{3.1}$$

とおく．これを図示すると図 3.5 のようになり，伝達関数の $t$ 領域での正体がインパルス応答であることがわかる．

```
     1    ┌──────┐  H(s)         δ(t)  ┌──────┐  h(t)
   ──────▶│ H(s) │──────        ──────▶│  ?   │──────
          └──────┘                     └──────┘
         （a）s 領域                   （b）t 領域
```

図 **3.5**　インパルス応答

単位インパルス関数には次の重要な性質がある．

$$u(\tau) = \int_{-\infty}^{\infty} \delta(t-\tau)u(\tau)dt \tag{3.2}$$

上式により入力 $u(t)$ から時刻 $\tau$ での値を取り出すことができる．線形システムの性質から，時刻 $\tau$ での入力に対するインパルス応答を $t$ 軸上で重ね合わせたものが全体の応答 $y(t)$ となる．すなわち，

$$y(t) = \int_0^t h(t-\tau)u(\tau)d\tau \tag{3.3}$$

である．この操作は**コンボリューション積分**（convolution integral）といい，$h(t)$ は重み関数とかグリーン関数ともいう．

### 例 3.2　1 次遅れ系のインパルス応答とステップ応答

図 3.1 の 1 次遅れ系のインパルス応答は付録 A.4 の式 (A.10) より

$$h(t) = \frac{K}{T}e^{-t/T} \tag{3.4}$$

となる（$K$：ゲイン定数，$T$：時定数）．単位ステップ入力 $u_s(t)$ に対する応答 $y_s(t)$ はコンボリューション積分を用いて次式で求められる．

$$y_s(t) = \int_0^t h(t-\tau)u_s(\tau)d\tau = \int_0^t \frac{K}{T}e^{-(t-\tau)/T}d\tau = K(1-e^{-t/T}) \tag{3.5}$$

図 3.6 は単位ステップ入力に対するコンボリューション積分を示している．入力 $u_s(\tau)$ に対するインパルス応答が $h(t-\tau)u_s(\tau)$ となり，これを $\tau$ に関して $0 \sim t$ まで積分すると $y_s(t)$ となる．

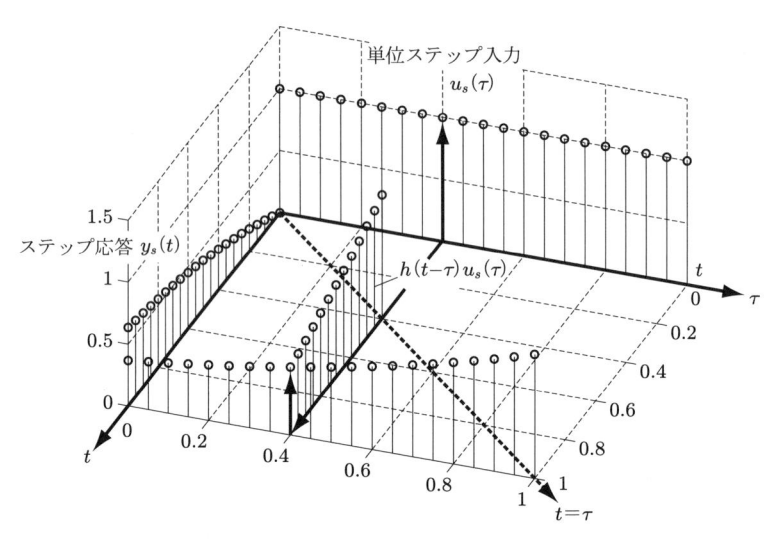

図 3.6 コンボリューション積分

### 3.1.3 過渡応答と定常応答

時間応答は過渡応答と定常応答に分類でき，それぞれ次のように定義される．

- 定常応答（steady state response）：全体の応答のうち，時間 $t \to \infty$ とともに 0 に近づいていかない応答成分である．
- 過渡応答（transient response）：全体の応答のうち，時間 $t \to \infty$ とともに 0 に収束する応答成分である．

上の定常応答の定義は少しわかりにくいかもしれないので補足すると，全体の応答関数を $y(t)$ としたとき，$t \to \infty$ では過渡応答成分が 0 になるので，それ以外の応答成分，つまり $\lim_{t\to\infty} y(t)$ が定常応答である．定常応答がある値に収束する場合にその値を定常値という．同様に，偏差（指令入力と出力の差）$e(t)$ に対して，$\lim_{t\to\infty} e(t)$ を定常偏差という．

定常値や定常偏差はラプラス変換の最終値定理（付録 A.2 ラプラス変換の性質 ⑥

参照）を用いて求めることができる．例として，大きさが $a_{m0}$（定数）のステップ関数：$U(s) = a_{m0}/s$ が伝達関数 $H(s)$ の LTI システムに入力された場合を考える（このような入力を DC 入力という）．応答の定常値を $y_{ss}$，定常偏差を $e_{ss}$ とすると，$y_{ss}$ と $e_{ss}$ はそれぞれ次式で求められる．

$$y_{ss} = \lim_{s \to 0} [sY(s)] = \lim_{s \to 0} [sU(s)H(s)] = \lim_{s \to 0} [a_{m0}H(s)] = a_{m0}H(0) \quad (3.6a)$$

$$e_{ss} = \lim_{s \to 0} [s\{U(s) - Y(s)\}] = \lim_{s \to 0} [a_{m0} - a_{m0}H(s)] = a_{m0}\{1 - H(0)\} \quad (3.6b)$$

$H(0) \neq 1$ の場合，システムは DC 入力に対して定常偏差をもつ．$H(0)$ は **DC ゲイン**とよばれ，システムの定常偏差の大きさを決める重要な評価値である．

### 例3.3　1次遅れ系のインパルス・ステップ応答波形

図 3.1 の 1 次遅れ系で $T = 1, K = 0.9$ としたときのステップ応答とインパルス応答の波形を図 3.7 に示す．インパルス応答はある値からスタートして $t \to \infty$ とともに 0 に収束するのに対して，ステップ応答は 0 から立ち上がり，徐々に定常値 $K$ に収束する．ステップ応答の微分がインパルス応答であるので，式 (3.4) で $t = 0$ とおいて求められた $K/T$ がステップ応答の接線の傾きとなる．したがって，時定数 $T$ が小さいほど，また，ゲイン定数 $K$ が大きいほど，過渡応答の立ち上がりが速くなる．$y(T) = K(1 - e^{-1}) = 0.632K$ であるので，時定数 $T$ はステップ応答の定常値の 63.2% に達するまでの時間である．つまり，定常値への収束時間を短くするには $T$ を小さくすればよい．

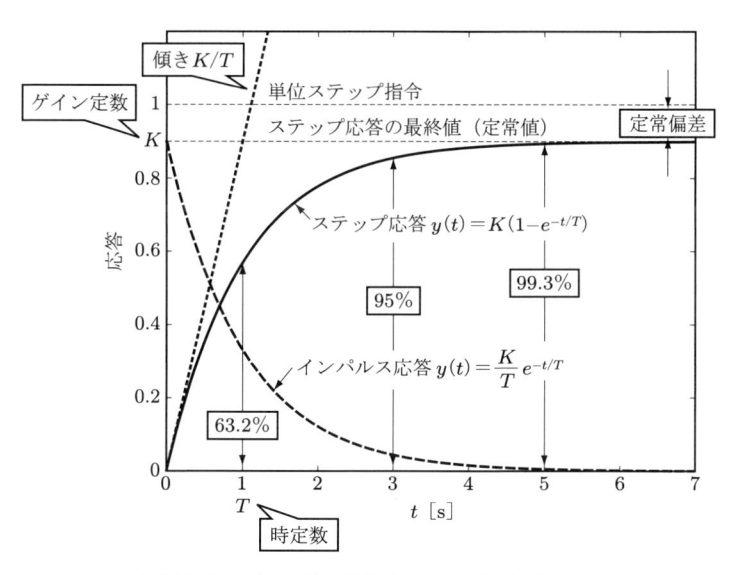

図 **3.7**　1次遅れ系のインパルス応答とステップ応答 ($T = 1, K = 0.9$)

## 3.1.4 極とインパルス応答

伝達関数 $H(s)$ の極を $p_i\,(i=1,\ldots,n)$ とし，部分分数展開すると

$$H(s) = \frac{k_1}{s-p_1} + \frac{k_2}{s-p_2} + \cdots + \frac{k_n}{s-p_n} \tag{3.7}$$

となる．ただし，$p_i$ は互いに異なるとしている．上式の右辺の各部分分数項を**モード**といい，上式を**モード展開**ともいう．インパルス応答を求めるため，式 (3.7) を逆ラプラス変換すると，

$$h(t) = k_1 e^{p_1 t} + k_2 e^{p_2 t} + \cdots + k_n e^{p_n t} \tag{3.8}$$

となる．ただし，極が複素数の場合は共役な極をもつ項の和が 2 次系のインパルス応答となる．上式の各項の応答形態は，複素平面上での極の位置によって図 3.8 のように分類できる．すなわち，

(a) 極が左半平面上に存在すれば，応答は時間の経過とともに 0
(b) 極が右半平面上に存在すれば，応答は時間の経過とともに発散
(c) 極が原点以外の虚数軸上に存在すれば，応答は持続振動

ただし，図中で複素共役な極は省略している．

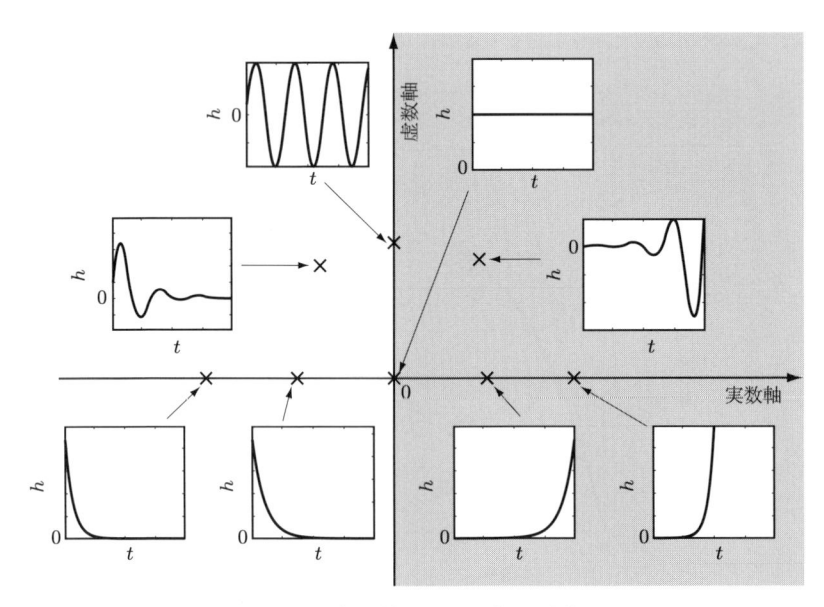

図 **3.8** 極の位置とインパルス応答

### 3.1.5 システムの安定性

制御系設計の最大の課題は安定なシステムをつくることである．安定性にはさまざまな定義があるが，ここでは次の安定性の定義を用いる．

> **安定性の定義**：システムが最初，静止状態にあり，指令または外乱がシステムに入力され，その指令または外乱がなくなった後にシステムが静止状態に戻る場合，そのシステムは安定であるという．

この安定性は前節で述べたインパルス応答により定義することができる．すなわち，時間 $t$ が無限に増加するにつれ，LTI システムのインパルス応答が 0 に収束する場合，そのシステムは安定である．

このとき，システムが安定であるための必要十分条件は，極の実数部がすべて負になることである．これを先に述べた複素平面上の極の位置と対応づけると，以下のようになる．

(a) 極がすべて左半平面上に存在すれば，システムは安定
(b) 極が一つでも右半平面上に存在すれば，システムは不安定
(c) 極の一部が虚数軸上にあり，残りがすべて左半平面上にあればシステムは限界安定

ただし，(c) の場合にはインパルス応答は発散しないが，システムは不安定なシステムに分類される．

### 3.1.6 代表極と零点

システムの応答は，入力とインパルス応答とのコンボリューション積分によって生成されるので，極は応答の速さ，安定性，振動特性に影響を与える．特に全体の応答に大きな影響を与えるのは，応答が遅かったり，振動的であったりする極であり，これらは，複素平面上では虚数軸に近い．このため虚数軸に最も近い実数極または共役複素極を**代表極**または**代表根**という．

代表極と同様に応答性に影響を与えるのが，虚数軸に近い零点である．零点は式 (3.7) の複数のモードの相互作用により発生する．

複素平面上で非常に近い極と零点の組を**ダイポール**という．極と零点の値が同じになると，互いにその特性を打ち消し合い，入出力特性から見えなくなる．このような現象を**極・零相殺**（pole-zero cancellation）という．

複素平面上に極と零点を描いた図を**極零マップ**といい，制御対象や制御系の動特性を理解するために重要なツールである．MATLAB では，LTI システムの極と零点を求めるための関数として `pzmap` が用意されている．MATLAB のコマンドラインから

```
>>pzmap（LTIモデル名）
```

と実行するとfigureウィンドウが開いて極零マップが描かれる．もしくは，

```
>>[P Z]=pzmap（LTIモデル名）
```

と実行すると，LTIシステムの極と零点が，それぞれ変数PとZに代入されるので，これを`plot`関数で複素平面上に描けばよい．

## 3.2 周波数応答

### 3.2.1 周波数応答の定義

動的なシステムの性能を評価するためのもう一つの重要な応答が周波数応答である．図3.9に示すように，伝達関数が$G(s)$である安定なLTIシステムに正弦波関数$U_0 \sin \omega t$が入力されたときの定常応答は正弦波関数$Y_0 \sin(\omega t + \phi)$となり，入出力の正弦波の振幅比と位相遅れはそれぞれ次式となる（付録A.4（4）参照）．

$$\frac{Y_0}{U_0} = |G(j\omega)| \tag{3.9}$$

$$\phi = \angle G(j\omega) \tag{3.10}$$

ただし，$|G(j\omega)|$を**ゲイン**，$\angle G(j\omega)$を**位相**（角）という．$\omega$ [rad/s] は**角周波数**（angular frequency）であり，**周波数**（frequency）を$f$ [Hz] とすると$f = 2\pi\omega$の関係がある．角周波数を簡便に周波数とよび，単位で区別する場合が多く，本書でもこれに従う．

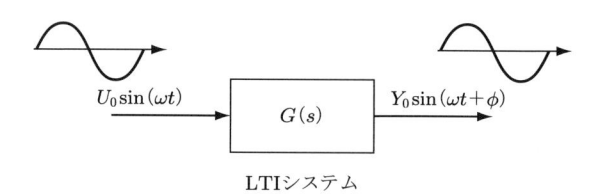

図 **3.9** 正弦波入力に対する応答

$G(s)$において，$s = j\omega$としたときの関数$G(j\omega)$を，**周波数伝達関数**（frequency transfer function）という（簡単に周波数応答という場合もある）．$G(j\omega)$は複素数であり，ゲインと位相を用いると

$$G(j\omega) = |G(j\omega)| e^{j\angle G(j\omega)} \tag{3.11}$$

と表される．

LTI システムの場合，周波数伝達関数はゲインと位相は周波数のみに依存し，入力振幅の大きさには依存しない．この機能を，図 3.10 に示す"てこ"にたとえると，ゲインは"てこ比"となる．てこ比は振幅によっては変化しないからである．ただし，この"てこ"は入力の周波数によって支点の位置が変化する．また，棒に粘弾性の性質があると考えると，出力側で応答が遅れる．これが位相のイメージである．

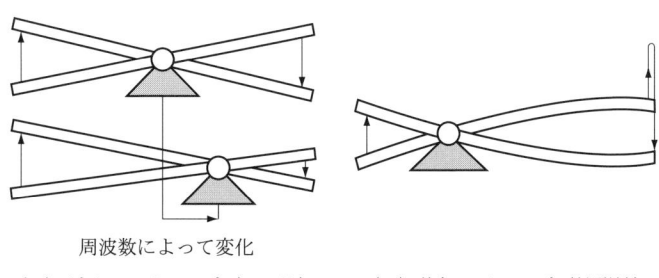

周波数によって変化

（a）ゲインのイメージ（てこ比）　　（b）位相のイメージ（粘弾性）

図 **3.10**　ゲインと位相の説明

### 3.2.2　周波数伝達関数の表示法

周波数伝達関数の表示法にはさまざまあり，代表的なものはベクトル軌跡とボーデ線図である．

#### (1)　ベクトル軌跡

伝達関数 $G(j\omega)$ は複素数であるので．実数部と虚数部を用いて

$$G(j\omega) = \text{Re}[G(j\omega)] + j\text{Im}[G(j\omega)] \tag{3.12}$$

と表すことができる．ただし，ゲイン・位相と実数部・虚数部の関係を次式に示す．

$$|G(j\omega)| = \sqrt{\{\text{Re}\,[G(j\omega)]\}^2 + \{\text{Im}\,[G(j\omega)]\}^2} \tag{3.13a}$$

$$\angle G(j\omega) = \tan^{-1} \frac{\text{Im}\,[G(j\omega)]}{\text{Re}\,[G(j\omega)]} \tag{3.13b}$$

$\omega$ を $0\sim\infty$ まで変化させて複素平面上に対応する $G(j\omega)$ をプロットして結んだ線を**ベクトル軌跡**（vector locus）という．なお，似たような図に**ナイキスト軌跡**（またはナイキスト線図，Nyquist locus/diagram）というものがある．ナイキスト軌跡は $\omega$ を $-\infty\sim\infty$ まで変化させたときの複素ベクトル軌跡である．

## (2) ボーデ線図

ベクトル軌跡を用いると周波数伝達関数の全体像を1枚の図で把握できる．しかし応答性を評価したいときは，ゲインと周波数および位相と周波数の関係をプロットした線図のほうが便利であり，このような線図を周波数応答線図という．特に，横軸に周波数を対数目盛でとり，縦軸にゲインのデシベル値

$$20 \log_{10} |G(j\omega)| \, [\text{dB}]$$

をとった周波数応答線図を**ボーデ線図**（Bode diagram）という．ただし，上式の表記は長いため簡単に $|G(j\omega)|_{\text{dB}}$，またはゲインと表記する．一方，位相 $\angle G(j\omega)$ [° または degree] は，そのまま表示する．

LTIシステムは入力信号の周波数成分を選択的にパスするフィルタリングの機能をもち，図 3.11 に示すようにボーデ線図からこの機能を把握できる．

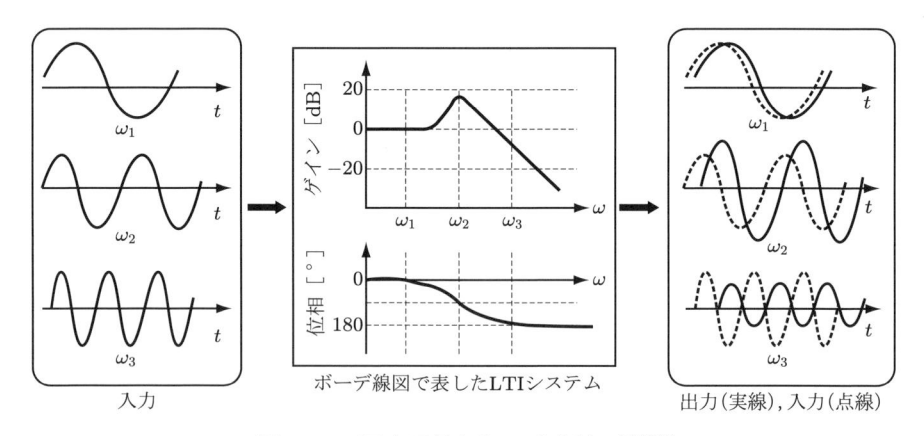

図 **3.11** LTIシステムのフィルタリング機能

### 3.2.3 周波数応答の性質

周波数伝達関数は次のような性質をもっている．
性質1：$G(s) = G_1(s)G_2(s)$ のとき，

$$|G(j\omega)| = |G_1(j\omega)| \, |G_2(j\omega)| \tag{3.14}$$

$$|G(j\omega)|_{\text{dB}} = |G_1(j\omega)|_{\text{dB}} + |G_2(j\omega)|_{\text{dB}} \tag{3.15}$$

$$\angle G(j\omega) = \angle G_1(j\omega) + \angle G_2(j\omega) \tag{3.16}$$

となる．つまり，伝達要素の直列結合で構成されるシステムについては，ボーデ線図上で各要素のゲインと位相を加算すれば，全体システムのゲインと位相が求められる．

性質 2：$G_1(s)G_2(s) = 1$ のとき，

$$|G_2(j\omega)| = 1/|G_1(j\omega)| \tag{3.17}$$

$$|G_2(j\omega)|_{\mathrm{dB}} = -|G_1(j\omega)|_{\mathrm{dB}} \tag{3.18}$$

$$\angle G_2(j\omega) = -\angle G_1(j\omega) \tag{3.19}$$

である．あるシステム伝達関数の分母と分子を入れかえたシステムを逆システムというが，逆システムのボード線図を求めるには，元のシステムのゲインと位相の符号を反転させればよい．

性質 3：$G(s) = G_1(s) + G_2(s)$ のとき，

$$G(j\omega) = \mathrm{Re}[G_1(j\omega) + G_2(j\omega)] + j\mathrm{Im}[G_1(j\omega) + G_2(j\omega)] \tag{3.20}$$

である．つまり，並列結合で構成されるシステムついては，各構成要素のベクトル軌跡を周波数ごとに加算すれば全体システムのベクトル軌跡が得られる．

基本要素のボード線図やベクトル軌跡にはパターンがある．これらを覚えておき，ここで述べた性質を適用すると高次のシステムの解析が容易となる．

### 3.2.4 基本伝達要素の周波数応答

比例要素 $K$，微分器 $s$，積分器 $1/s$ の周波数伝達関数はそれぞれ $K, j\omega, 1/j\omega = -j/\omega$ となる．図 3.12 (a), (b) は，各ボード線図とベクトル軌跡をプロットしたものである．ただし，比例要素のゲインは $K = 1$ としている．

比例要素のゲインは 0 dB，位相は 0° である．微分器と積分器は互いに逆システムなので，ゲインと位相はそれぞれ 0 dB と 0° のラインに対して対称となる．また，ともに $\omega = 1$ でゲインは 0 dB となり，微分器の位相は 90°，積分器のゲインは $-90°$ である．周波数の対数目盛で 10 倍の間隔を 1 デカード（decade，略して dec）というが，積分要素のゲインは 1 デカードに対して 20 dB 右下がりの直線，微分要素は反対に 20 dB 右上がりの直線となる．このようなゲインの推移を $\pm 20$ dB/dec と表現する．

微分要素（微分器×微分ゲイン）と比例要素の和を **PD 要素** という．PD 要素 $Ts+1$ と 1 次遅れ要素 $1/(Ts+1)$ の周波数伝達関数を求める．周波数伝達関数はそれぞれ次式のように近似できる．

PD 要素 $Ts+1$

$\omega T \ll 1$ で $j\omega T + 1 \simeq 1$

$\omega T \gg 1$ で $j\omega T + 1 \simeq j\omega T$

(a) ボーデ線図

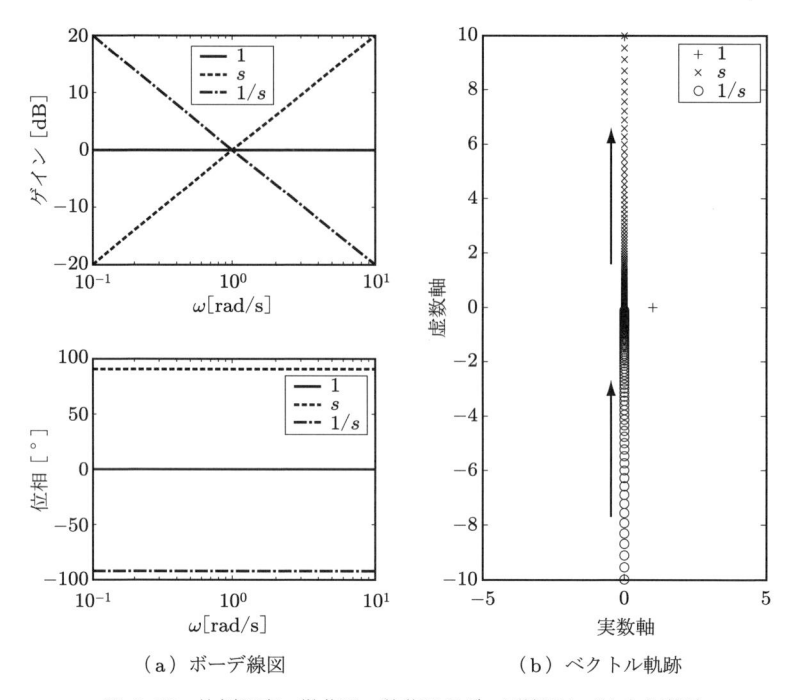

(b) ベクトル軌跡

図 **3.12** 比例要素，微分器，積分器のボーデ線図とベクトル軌跡

1次遅れ要素 $1/(Ts+1)$

$$\omega T \ll 1 \text{ で } \frac{1}{j\omega T + 1} \simeq 1$$

$$\omega T \gg 1 \text{ で } \frac{1}{j\omega T + 1} \simeq \frac{1}{j\omega T}$$

つまり，PD 要素，1次遅れ要素は低域ではともに比例要素，高域では PD 要素は微分要素，1次遅れ要素は積分要素の周波数特性に漸近する．図 3.13 に両要素のボーデ線図とベクトル軌跡を示すので，上記の特性を確認されたい．

PD 要素と 1 次遅れ要素も互いに逆システムなので，どちらかのボーデ線図の特徴を理解しておけば，もう一方のボーデ線図も理解できる．ここでは，1 次遅れ要素 $1/(Ts+1)$ のボーデ線図の特徴を以下にまとめておく．

① ゲインは，低域で 0 dB，高域で $-20$ dB/dec の傾斜の直線に漸近する．両直線の交点を折点，周波数 $\omega = 1/T$ を**折点周波数**といい，折点周波数でのゲインは $-20\log_{10}\sqrt{2} \simeq -3$ dB である．

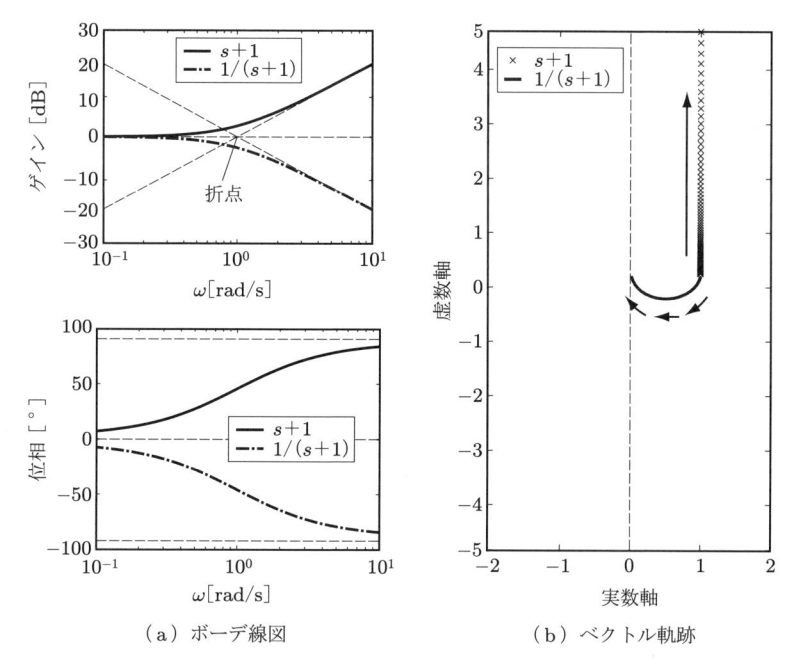

**図 3.13** PD 要素と 1 次遅れ要素のボーデ線図とベクトル軌跡

② 位相は $\omega \to 0$ で $0°$，$\omega \to \infty$ で $90°$ に漸近し，折点周波数 $1/T$ で $45°$ となる．

折点を境に低域側と高域側の漸近線でゲインと位相を近似することを**折線近似**という．代表的な伝達要素のボーデ線図の折線近似を知っていれば，それらを組み合わせて全体のボーデ線図の予想ができる．逆に，望みの特性を得るために必要な伝達関数も予測できる．

### 例 3.4　ボーデ線図とベクトル軌跡の描き方

MATLAB には，ボーデ線図を描くために bode 関数，ベクトル軌跡（ナイキスト線図）描くために nyquist 関数がある．図 3.14 は，図 3.12 を描くために使用した M ファイルである．bode (LTI モデル名)，nyquist (LTI モデル名) と指定すると，それぞれ線図まで描かれるが，図 3.14 に示すように変数を指定するとゲインと位相，実部と虚部を求めることができ，plot，semilogx などの関数を使って図をカスタマイズできる．

```
macro_txt={'tf(1,1);','tf([1 0],[1]);','tf([1],[1 0]);'}
macro_txt2={'1','s','1/s'}
w=logspace(-1,1, 100)
Linespec={'-k','--r','-.g'};
Plotspec={'+k','xr','og'}
for ii=1:length(macro_txt)
    eval(['sys=',macro_txt{ii}]);
    [mg ph]=bode(sys,w);%bode(sys,w) とするとボーデ線図を描く．
    [re,im]=nyquist(sys,w); %nyquist(sys,w) とするとベクトル軌跡を描く
    figure(1);
    ax1=subplot(221),semilogx(w, 20*log10(mg(:)),Linespec{ii});hold on;
    ax2=subplot(223),semilogx(w, ph(:), Linespec{ii});hold on;
    ax3=subplot(122);plot(re(:),im(:),Plotspec{ii}); hold on

end
axes(ax1);legend(macro_txt2{:});title('(a) ボーデ線図')
    xlabel('\omega rad/s'); ylabel(' ゲイン dB');
axes(ax2);legend(macro_txt2{:});
    xlabel('\omega rad/s'); ylabel(' 位相   ° ');
axes(ax3);legend(macro_txt2{:});title('(b) ベクトル軌跡')
    xlabel(' 実数軸');Ylabel(' 虚数軸');
    axis([-5 5 -10 10])
```

図 **3.14** ボーデ線図とベクトル軌跡を描くための M ファイル（ex3_4.m）

## 3.3 2 次系の応答

2 次系は制御系の設計と解析に重要な役割をもつ．これは，2 次系の応答には，1 次遅れ系では観察されない振動やオーバシュート（行き過ぎ，overshoot）といった現象が含まれるためである．これらの現象は複素平面上での伝達関数の極の位置によって分類することができる．

2 次系の伝達関数：

$$G_{20}(s) = \frac{\omega_n^2}{s^2 + 2\zeta\omega_n s + \omega_n^2} \quad (\zeta \geq 0, \; \omega_n > 0) \tag{3.21}$$

の極，すなわち特性方程式 $s^2 + 2\zeta\omega_n s + \omega_n^2 = 0$ の根は

$$p_1 = -\zeta\omega_n + \omega_n\sqrt{\zeta^2 - 1}, \qquad p_2 = -\zeta\omega_n - \omega_n\sqrt{\zeta^2 - 1} \tag{3.22}$$

となる．ただし，$\zeta$：減衰比，$\omega_n$：固有角周波数であり，$p_1$ と $p_2$ は $\zeta > 1$ のとき異なる実数極，$\zeta = 1$ のとき重極，$1 > \zeta \geq 0$ のとき共役複素極をとる．

図 3.15　2 次系 $\dfrac{\omega_n^2}{s^2+2\zeta\omega_n s+\omega_n^2}$ の極の位置

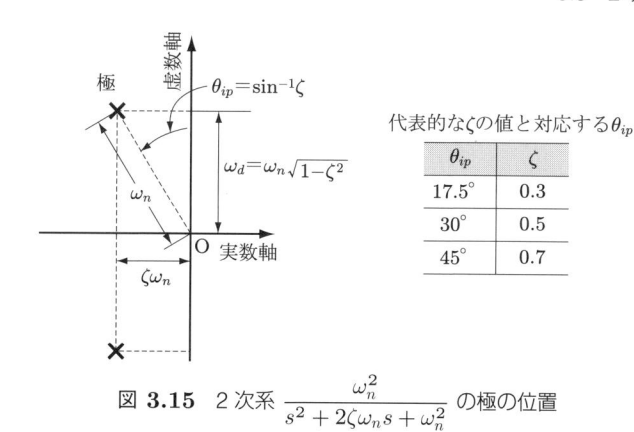

代表的な $\zeta$ の値と対応する $\theta_{ip}$

| $\theta_{ip}$ | $\zeta$ |
| --- | --- |
| $17.5°$ | 0.3 |
| $30°$ | 0.5 |
| $45°$ | 0.7 |

図 3.15 は $1>\zeta\geq 0$ の場合の複素平面上での極の配置を示しているが，極は実数軸に対称で，原点から見て $\omega_n$ の距離をもち，虚数軸からの方向角 $\theta_{ip}$ は $\sin^{-1}\zeta$ となっている．

図 3.16 は $\omega_n=1$ とし，$\zeta$ を変化させて極の位置をプロットした図である．$\zeta$ が小さくなると極は虚数軸に近くなることがわかる．

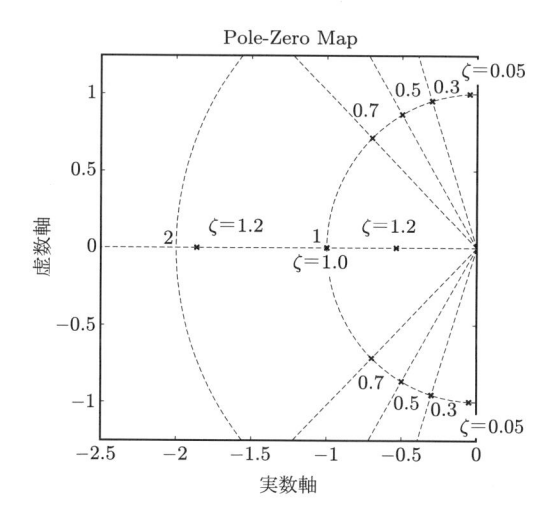

図 3.16　2 次系の極（図の表示法は例 3.5 参照）

図 3.17 は 2 次系のステップ応答のシミュレーション結果である（理論計算結果は付録 A.4(3) に示しておく）．この図に示すように応答波形は $\zeta>1$ で非振動的，$1>\zeta\geq 0$ で振動やオーバシュートを含む．

最後に周波数伝達関数は次式となる．

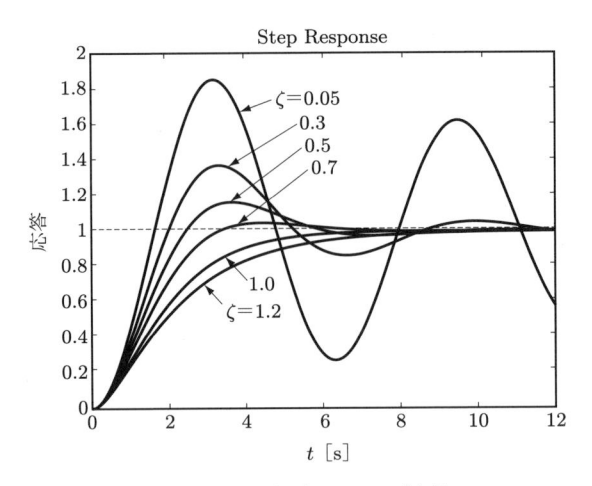

図 3.17 2次系のステップ応答

$$G_{20}(j\omega) = \frac{\omega_n^2}{-\omega^2 + 2\zeta\omega_n\omega j + \omega_n^2} = \frac{\omega_n^2}{(\omega_n^2 - \omega^2) + j(2\zeta\omega_n\omega)}$$
$$= \frac{1}{\left\{1 - \left(\frac{\omega}{\omega_n}\right)^2\right\} + j\left(2\zeta\frac{\omega}{\omega_n}\right)} \tag{3.23}$$

したがって，ゲインと位相はそれぞれ次式で求められる．

$$|G_{20}(j\omega)| = \frac{1}{\sqrt{\left\{1 - \left(\frac{\omega}{\omega_n}\right)^2\right\}^2 + 4\zeta^2\left(\frac{\omega}{\omega_n}\right)^2}} \tag{3.24}$$

$$\angle G_{20}(j\omega) = -\tan^{-1}\frac{2\zeta\dfrac{\omega}{\omega_n}}{1 - \left(\dfrac{\omega}{\omega_n}\right)^2} \tag{3.25}$$

周波数を $\omega/\omega_n$ として横軸にとると，図 3.18 に示すボーデ線図が得られる．

2次系のボーデ線図の特徴は以下の通りである．

① $\omega \ll \omega_n$ でゲインは 0 dB，位相は 0° に漸近する．
② $\omega \gg \omega_n$ でゲインは $-40$ dB/dec の直線に漸近し，位相は 180° に漸近する．
③ $\omega = \omega_n$ では，ゲインは $20\log_{10}\left(\dfrac{1}{2\zeta}\right)$ dB，位相は $-90°$ である．

図中でゲインが 0 dB を越える周波数では，正弦波の入力振幅より出力振幅が大きく

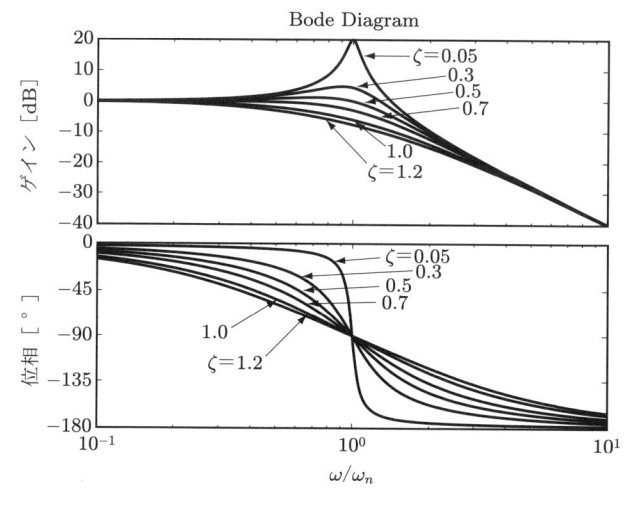

図 **3.18** 2 次系のボーデ線図

なる．この振幅が最大となる周波数を**共振周波数**（resonance frequency）といい，そのときのゲインの値を**共振ピーク**（resonance peak）という．

## 3.4 応答の評価指標

制御系の特性は代表極によって近似できることが多い．したがって，2 次系および 1 次遅れ系の応答と設計パラメータの関係を把握しておけば，制御系設計のおおよその指針をたてることができる．応答の評価にはステップ応答と周波数応答が用いられることが多く，応答の評価指標と設計パラメータの関係の詳細は文献 [19] に示されている．本書では主要な評価指標のみを以下に示しておく．

### (1) 2 次系の場合

ステップ応答の評価指標を図 3.19 中に示す．詳細については以下の通りである．

① **立ち上がり時間** $T_r$：応答が最終値の 10% から 90% に達する時間である．$T_r$ は $\zeta$ と $\omega_n$ によって変化する．$\zeta = 0.5$ のとき，$T_r$ は次式で近似できる．

$$T_r \simeq \frac{1.8}{\omega_n} \tag{3.26}$$

② **最大オーバシュート量** $M_p$ と**オーバシュート時間** $T_p$：$M_p$ は応答が目標値を超えて最大となるときの値と最終値との差，$T_p$ はオーバシュートが最大になるときの時間である．$M_p$ と $T_p$ は $0 \leq \zeta < 1$ の範囲では次式となる．

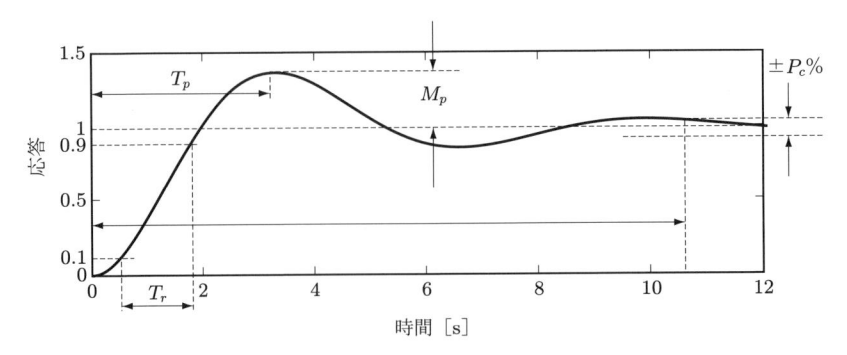

図 **3.19** ステップ応答の評価指標

$$M_p = 1 + \exp\left(\frac{-\zeta\pi}{\sqrt{1-\zeta^2}}\right) \tag{3.27}$$

$$T_p = \frac{\pi}{\omega_d} = \frac{\pi}{\omega_n\sqrt{1-\zeta^2}} \tag{3.28}$$

③ **静定時間** $T_s\,(\pm P_c\%)$：応答が最終値の $\pm P_c\%$ に入るまでの時間である．$\pm 2\%$, $\pm 1\%$ の場合は次式となる．

$$T_s\,(\pm 2\%) = \frac{4}{\zeta\omega_n}, \quad T_s\,(\pm 1\%) = \frac{4.6}{\zeta\omega_n} \tag{3.29}$$

周波数応答については図 3.20 中に示す指標で評価される．

④ **共振ピーク** $M_r$ **と共振周波数** $\omega_p$：$M_r$ はゲインの最大値，$\omega_p$ はそのときの周波数であり，$0 < \zeta \leq 1/\sqrt{2}$ のとき，それぞれ次式となる．

$$\omega_p = \omega_n\sqrt{1-2\zeta^2} \tag{3.30}$$

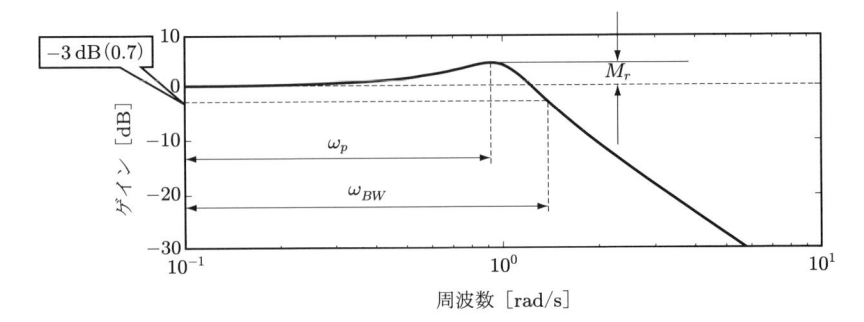

図 **3.20** 周波数応答の評価指標

$$M_r = \frac{1}{2\zeta\sqrt{1-\zeta^2}} \tag{3.31}$$

⑤ 帯域幅 $\omega_{BW}$：ゲインが $-3\,\mathrm{dB}$ となる周波数であり，次式で計算される．

$$\omega_{BW} = \omega_n\sqrt{1 - 2\zeta^2 + \sqrt{2 + 4\zeta^4 - 4\zeta^2}} \tag{3.32}$$

上式は，$\zeta = 1/\sqrt{2}\,(\simeq 0.707)$ のとき $\omega_n$ となる．

## (2) 1次遅れ系の場合

1次遅れ系の応答には，2次系で示したようなオーバシュートやゲインピークはない．1次遅れ系の伝達関数を

$$G_{10}(s) = \frac{1}{Ts+1} = \frac{\sigma_0}{s + \sigma_o} \tag{3.33}$$

とした場合，立ち上り時間 $T_r$，静定時間 $T_s$，帯域幅 $\omega_{BW}$ は次式で計算できる．

$$T_r = \frac{2.2}{\sigma_0} \tag{3.34}$$

$T_s$：式 (3.29) で $\zeta\omega_n = \sigma_0$ とする． (3.35)

$$\omega_{BW} = \sigma_0 \tag{3.36}$$

## (3) 望ましい極の位置

先に述べた2次系の設計指標を見ると，ステップ応答の立ち上がり時間，オーバシュートや振動，静定時間は減衰比 $\zeta$ と固有角周波数 $\omega_n$ によりデザインができることがわかる．これは極の位置により過渡応答のデザインができることを意味し，それぞれの設計指標への制約は以下のように極の配置に反映される．

① 立ち上がり時間への制約：固有角周波数 $\omega_n$ をある値以上にする→原点からの距離をある値以上にする．
② オーバシュートや振動への制約：減衰比 $\zeta$ をある値以上にする→虚数軸からの方向角 $\theta_{ip}$ をある値以上にする．
③ 静定時間への制約：$\zeta\omega_n$ をある値以上にする→実数部をある値以上にする．

これらの制約を複素平面上の領域で表示すると図 3.21 のハッチング部のようになり，望ましい過渡応答を得るためには，この領域に極を配置しなければならない．ただし，零点も応答に影響するので，実際の議論は複雑となるが，まず基本はそうであると理解されたい．

一方，周波数応答は定常応答であるが，過渡応答に影響を与えるパラメータは，周

波数応答線図の評価指標にも影響を与えている．これは周波数伝達関数は伝達関数を虚数軸上（$s=j\omega$）で評価した値だからである．図 3.22 はこれを 1 次遅れ系の例で説明した図であるが，この説明は読者に考えて頂きたい．

周波数応答は，過渡応答と定常応答に関する情報だけでなく制御要素と制御系の特徴を反映する情報を提供してくれる．このことは，3.6 節で述べる周波数応答法をベースにした設計法の基礎となっている．

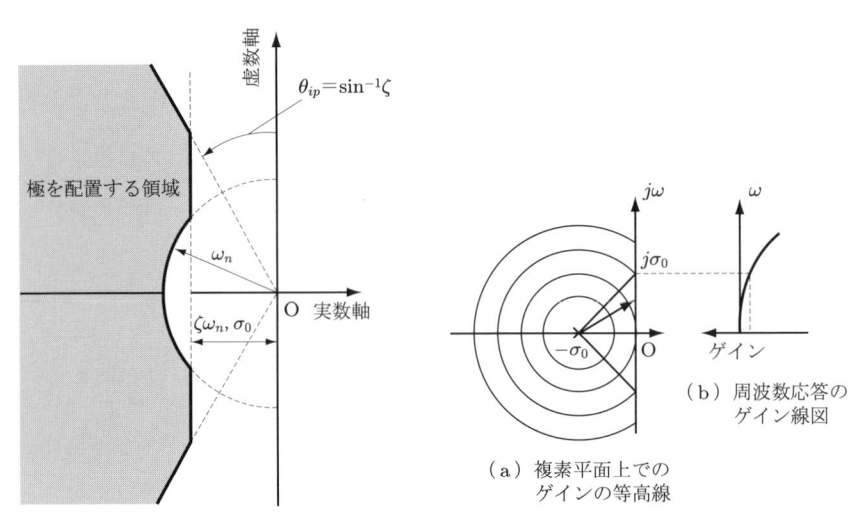

図 3.21 望ましい極の位置（まとめ）　　図 3.22 1 次遅れ系極の位置とゲイン線図の関係

## 3.5 根軌跡を用いたフィードバック制御系の解析

制御系の解析を行うときに，しばしば，"あるパラメータを変化させたとき時間応答はどう変化するのか？" という問題に遭遇する．実際に，時間応答をシミュレートしてもよいが，応答の変化を "予想" できれば便利である．このニーズに応えるために，制御理論では**根軌跡法**（root locus method）という道具が準備されている．根軌跡とは，図 3.23 に示すゲイン $K$ の比例フィードバック制御系について，ゲイン $K$ を 0 から無限大まで変化させたときの閉ループ極の動き，すなわち特性方程式

$$1 + KP(s) = 0 \tag{3.37}$$

の根の動きをプロットしたものである．

伝達関数から根軌跡を描き制御系の設計を行う手順を根軌跡法という．根軌跡を描

## 3.5 根軌跡を用いたフィードバック制御系の解析

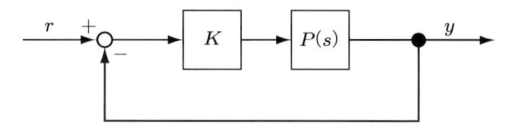

図 **3.23** 比例フィードバック制御系

くには MATLAB 上で

```
>>rlocus(LTI モデル名)
```

と実行すればよい．また，ゲイン $K$ を変化させて，`pzmap` 関数で閉ループ系の極と零点を求め，これを `plot` 関数で複素平面上に表示してもよい．このとき以下の点に注意する．

① `rlocus` 関数で指定するのは開ループシステムであり，求められるのは閉ループシステムの極である．
② `pzmap` 関数を用いる場合，指定するのは閉ループシステムである．

MATLAB を使えば簡単に根軌跡が求められるので，古典的な根軌跡法を用いることは少ないであろう．しかし，根軌跡法の考え方や手順には極の動きを検討する上で重要な事項を含んでいる．特に重要な根軌跡の性質については付録 A.5 にまとめておくので参照されたい．

### 例 3.5  2 次系の根軌跡

伝達関数 $G_{20}(s) = \omega_n^2/(s^2 + 2\zeta\omega_n s + \omega_n^2)$ をもつ 2 次系の減衰係数 $\zeta$ が変化したときの極の動きを根軌跡法の考え方を用いて求めてみる．$G_{20}(s)$ の特性方程式

$$s^2 + 2\zeta\omega_n s + \omega_n^2 = \left(s^2 + \omega_n^2\right) + 2\left(\zeta\omega_n s\right) = 0$$

の両辺を $\left(s^2 + \omega_n^2\right)$ でわると

$$1 + \zeta \frac{2\omega_n s}{s^2 + \omega_n^2} = 0$$

となる．上式は式 (3.37) で $K = \zeta$, $P(s) = 2\omega_n s/(s^2 + \omega_n^2)$ とおいた形式であり，根軌跡法が応用できる．たとえば，$\omega_n = 1$ の場合，次のように MATLAB コマンドを実行すると根軌跡がプロットできる（結果は図 3.16 となる）．

```
>> sysP=tf([2 0],[1 0 1]); K=0:0.2:1.2; rlocus(sysP,K)
```

## 3.6 周波数応答法を用いたフィードバック制御系の解析

### 3.6.1 フィードバック制御系と入出力

制御系の設計に必要なテクニックはおおよそ次の三つである．

① 指令や外乱に対する制御系の応答をシミュレートして評価する．
② 指令や外乱の特性に対して適切な仕様を決定し，制御器を設計する．
③ 構成要素の制御系全体への影響を解析する．

周波数応答法には，この主要なテクニックが集約されている．周波数応答法を用いた設計では，まず理想の閉ループ応答をイメージし，そのために開ループ応答はどうあるべきかという考え方が基本となる．

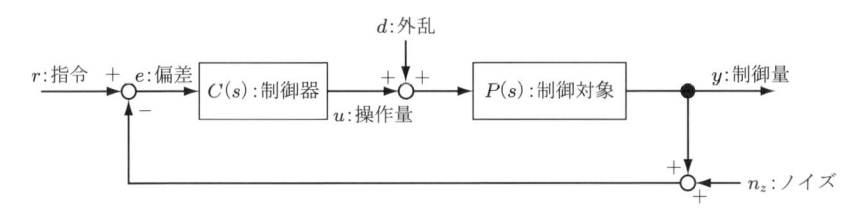

**図 3.24** フィードバック制御系と入出力

図 3.24 のフィードバック制御系の設計を例に，重要な入出力関係とその仕様について説明する．その前に，基礎となる伝達関数を定義しておく．

$$G_L(s) = P(s)C(s) \tag{3.38}$$

$$T(s) = \frac{P(s)C(s)}{1+P(s)C(s)} = \frac{G_L(s)}{1+G_L(s)} \tag{3.39}$$

$$S(s) = \frac{1}{1+P(s)C(s)} = \frac{1}{1+G_L(s)} \tag{3.40}$$

$G_L(s)$ は図 3.24 のフィードバックループを切って，ループを一巡したときの伝達関数であり，**開ループ伝達関数**（一巡伝達関数）という．$T(s)$ は**相補感度関数**，$S(s)$ は**感度関数**といい，両者には

$$T(s) + S(s) = 1 \tag{3.41}$$

の関係がある．また，$|G_L(j\omega)|$ を**ループゲイン**といい，ループゲインが大きいと $T(s)$ は 1 に近づき，$S(s)$ は小さくなる．

## 3.6.2 指令値応答性とノイズ感度

図 3.24 中の指令値 $r$ から制御量 $y$，指令値 $r$ から偏差 $e$ への伝達関数はそれぞれ次式となる．

$$G_{yr}(s) = T(s) \tag{3.42}$$

$$G_{er}(s) = S(s) \tag{3.43}$$

$T(s)$ が 1 に近づけば指令値応答性が高くなり，$S(s)$ が小さくなれば偏差は小さくなるが，これらは同じ仕様である．指令値応答性を高めるには $T(s)$ の帯域幅を広げればよい．

次に，ノイズ $n_z$ から $y$ への伝達関数は次式となる．

$$G_{yn}(s) = -T(s) \tag{3.44}$$

すなわち，ノイズ感度を低くするためには $T(s)$ を小さくしなければならず，先の仕様と矛盾する．ここで，$r$ と $n_z$ を周波数成分で比べてみると，前者は低域の周波数成分，後者は高域の周波数成分を多く含む．したがって，$T(s)$ のゲインは低域では 1 (0 dB)，高域では小さくすることで，この矛盾を解決する．さらにステップ指令に対する定常偏差を 0 にするためには，3.1.3 項で述べたように $T(s)$ の DC ゲインを 0 dB にする必要がある．

以上の仕様をまとめると図 3.25 (a) のようになる．また，この仕様を開ループ伝達関数 $G_L(s)$ の仕様に置き換えると

① DC ゲインは $\infty$
② 高域でのループゲインは低く抑える
③ 低域〜中域のゲインを引き上げる

となり，これを図示すると図 3.25 (b) のようになる．なお，図中の $\omega_{gc}$ はゲインが

(a) 相補感度関数の仕様  (b) 開ループ伝達関数の仕様

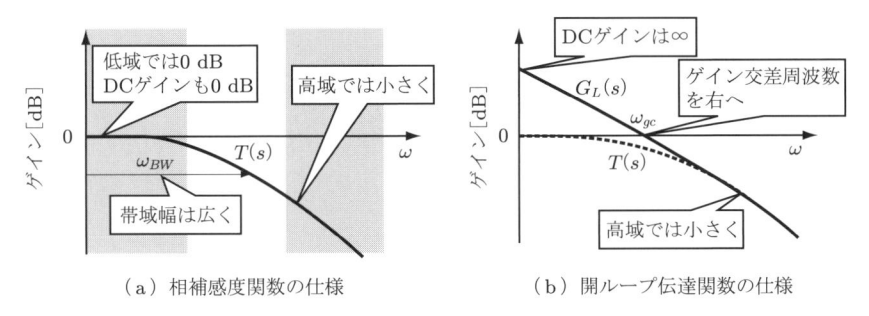

図 **3.25** 指令値応答性とノイズ感度に関する仕様

0 dB と交差する周波数であり，ゲイン交差周波数という．上記 ③ の仕様は，"ゲイン交差周波数を右に移動する" ということができる．また，上記 ① の仕様を満たすには，$G_L(s)$ は $1/s$（積分器）を 1 個以上もつ必要がある（詳細については付録 A.7 を参照のこと）．

### 3.6.3 外乱抑制

図 3.24 のフィードバック制御系において，外乱 $d$ から制御量 $y$ への伝達関数は次式で表される．

$$G_{yd}(s) = S(s)P(s) \tag{3.45}$$

つまり，感度関数 $S(s)$ または制御対象 $P(s)$ のゲインが小さければ，外乱に対する感度は小さくなる．通常，外乱は低域の成分の影響が問題となり，制御対象は高域で応答が下がるので，外乱の存在する低域で $S(s)$ のゲインを低く設定することが外乱抑制の仕様となる．

これを開ループ伝達関数の仕様に翻訳すれば，外乱の存在する低域でループゲインを大きくすることに相当する．以上の仕様を図 3.26 に示す．

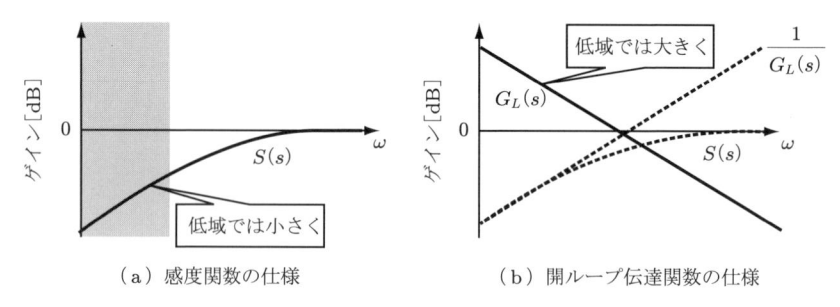

図 3.26　外乱抑制に関する仕様

次に，外乱に対する定常偏差を考える．ステップ外乱 $d(s) = d_0/s$ に対する定常偏差は

$$\lim_{t \to \infty} e(t) = \lim_{s \to 0} s \frac{d_0}{s} G_{yd}(s) = \frac{d_0 P(0)}{1 + P(0)C(0)} = \frac{d_0}{1/P(0) + C(0)} \tag{3.46}$$

となり，定常偏差が 0 になるには $C(0) = \infty$ か $P(0) = 0$ でなければならない．通常，制御対象の DC ゲインが 0 となる保証はないので，$C(0) = \infty$ となる必要がある．これは制御器の伝達関数が少なくとも積分器をひとつもたなければならないことを意味する．

### 3.6.4 安定性を含めたループゲインの総合仕様

フィードバック制御系の設計では，必ず安定性を確保する必要がある．制御系の安定判別法については，付録 A.6 にまとめておくので参照されたい．

周波数応答法で閉ループ系の安定性を確保するためには開ループ周波数伝達関数にゲイン余裕と位相余裕が必要となる．また，制御対象の特性変化が安定性に影響を与えないようにするため，開ループ周波数伝達関数の交差周波数付近でのゲインと位相の変化が大きくないことが望ましい．

ここまでに述べたことをまとめて，望ましい開ループ系の仕様のイメージを描くと図 3.27 のようになる．ただし，サーボ系の設計においては，ゲイン余裕は $10\sim20\,\mathrm{dB}$ 程度，位相余裕は $40°\sim60°$ 程度がよいとされている．

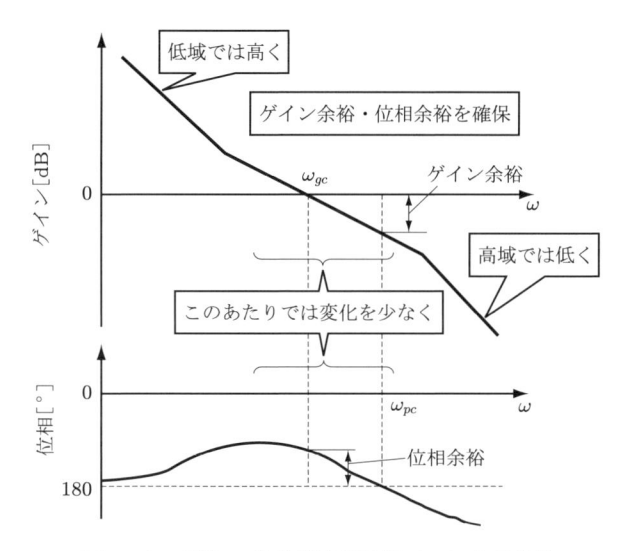

図 **3.27** 開ループ周波数伝達関数 $G_L(j\omega)$ の仕様

## 3.7 時間遅れの影響

制御系には必ず時間遅れが存在する．これは制御器の演算遅れであったり，検出のサンプリング遅れであったりする．図 3.28 (a) に示すように，$t$ 領域で入力に対して出力が $T_d\,[\mathrm{s}]$ 遅れる入出力関係をもつ要素は**時間遅れ要素**とよばれる．時間遅れ要素は非線形要素であるので注意を要する．

付録 A.2 のラプラス変換の性質より，時間遅れ要素の $s$ 領域の入出力関係は図 3.28 (b) のようになり，その伝達関数は次式となる．

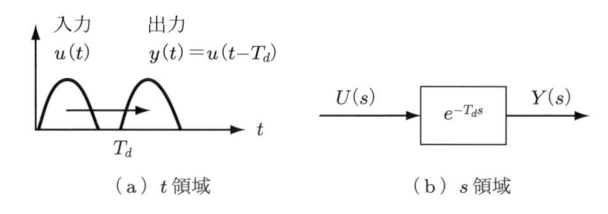

**図 3.28** 時間遅れ要素

$$G_{td}(s) = e^{-T_d s} \tag{3.47}$$

また，時間遅れ要素の周波数伝達関数を求めると次式となる．

$$G_{td}(j\omega) = e^{-j\omega T_d} = \cos(\omega T_d) + j\sin(\omega T_d) \tag{3.48}$$

上式より，時間遅れ要素のゲインは 0 dB で，位相は

$$\angle G_{td}(j\omega) = -\omega T_d \,[\text{rad}] = -\frac{180}{\pi}\omega T_d \,[°] = -360 f T_d \,[°] \tag{3.49}$$

となることがわかる．

時間遅れ要素のベクトル軌跡とボーデ線図を図 3.29 に示す．時間遅れ要素の位相は周波数に比例して遅れるため，時間遅れ要素がフィードバックループに存在すると，制御系の安定性に影響を与える．

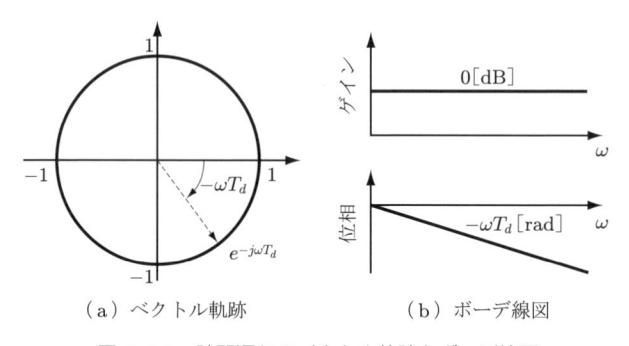

**図 3.29** 時間遅れのベクトル軌跡とボーデ線図

時間遅れ要素を含むシステムの周波数応答を求める方法について述べておく．周波数応答を正確に求めるには，まず時間遅れ要素以外の伝達要素の周波数伝達関数からゲインと位相を求め，次に位相だけを式 (3.49) を用いて遅らせればよいが，この方法は煩雑な場合がある．

これに対して，パデ（pade）近似を用いると時間遅れ要素を代数的な伝達関数として扱うことができる．$e^{-T_d s}$ のパデ近似の例を表 3.2 に示す．

表 3.2　$e^{-T_d s}$ のパデ近似の例

| | |
|---|---|
| 1 次 | $\dfrac{1 - T_d s/2}{1 + T_d s/2}$ |
| 2 次 | $\dfrac{1 - T_d s/2 + (T_d s)^2/12}{1 + T_d s/2 + (T_d s)^2/12}$ |
| 3 次 | $\dfrac{1 - T_d s/2 + (T_d s)^2/10 - (T_d s)^3/120}{1 + T_d s/2 + (T_d s)^2/10 + (T_d s)^3/120}$ |

### 例 3.6　Simulink の時間遅れ要素の線形化

Simulink の時間遅れ要素（transport delay）を `linmod` 関数を用いて MATLAB 上で線形化する場合にもパデ近似が用いられている．図 3.30 に示す時間遅れ要素をクリックすると，パラメータウィンドウが開き，近似次数を「極の次数：線形化用」で設定することができる．例として $T_d = 1$ms の時間遅れ要素を近似次数を 2～5 で線形化し，ゲイン・位相を計算した結果を理論計算値とあわせて図 3.31 に示す（M ファイルは省略する）．

図 3.30　時間遅れ要素（time_delay.mdl）

図 3.31　パデ近似した時間遅れ要素のゲイン，位相，位相誤差

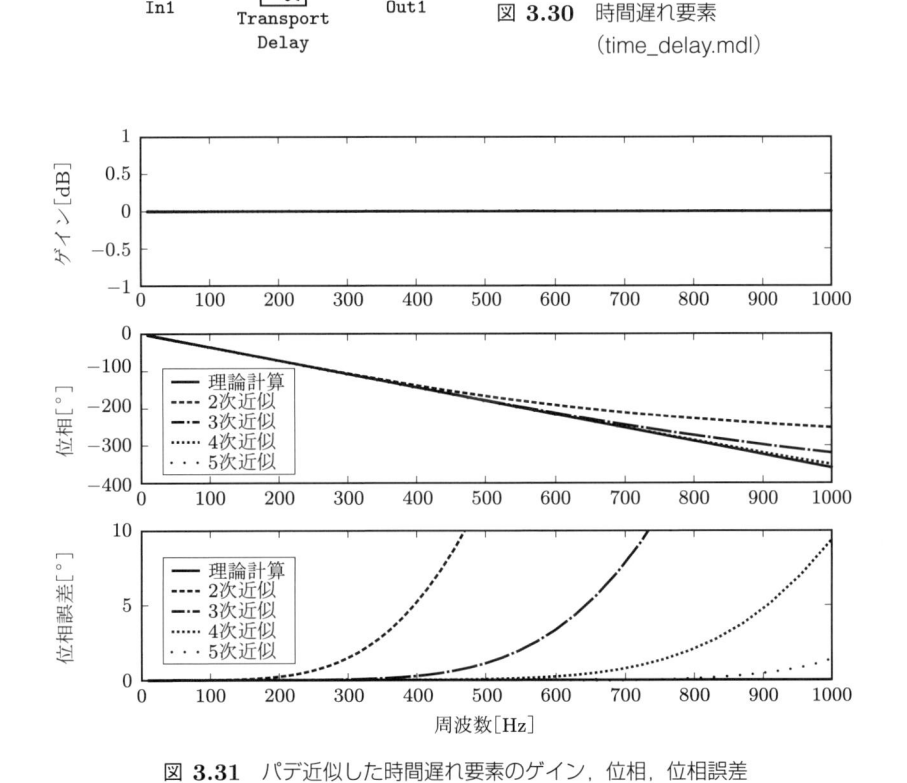

図 3.31 より，近似次数を高くすると近似モデルの位相誤差が小さくなることがわかる．しかし，次数を高くすると，モデル全体の次数も高くなるので，解析対象の制御帯域での位相誤差が顕著にならない程度の次数を選定する．

## 演習問題

**3–1** 例 3.1 の応答を Simulink を用いて求めよ．

**3–2** 次式を図 3.6 を用いて説明せよ．

$$y(t) = \int_0^t h(\tau) u_s(t-\tau) d\tau$$

**3–3** 次のゲインのデシベル値を求めて表を完成せよ．

| $\lvert G(j\omega)\rvert$ | $\lvert G(j\omega)\rvert_{\mathrm{dB}}$ |
|---|---|
| 10 | |
| 1 | |
| $1/\sqrt{2}$ | |
| $1/2$ | |
| $1/10$ | |

**3–4** 次の伝達関数のボーデ線図を折線近似で推定せよ．

$$G_{310}(s) = \frac{K(s+z_1)}{s^2(s+p_1)}$$

ただし，$K = 0.1, p_1 = 10, z_1 = 0.1$ とする．

# 第4章 軸サーボ系の基本構成

本章では，位置決め・送り装置に広く用いられているカスケード型の軸サーボ系の基本構成について述べる．そして，軸サーボ系のマイナーループである速度制御系とメジャーループである位置制御系の特性について述べる．特に，速度制御系に PI 制御と I-P 制御を用いた場合の軸サーボ系の制御特性について比較する．

## 4.1 カスケード型制御系の基本構成

軸サーボ系の設計目標を，"指令値から応答までの伝達関数が 1，外乱から応答までの伝達関数が 0 となること"と設定し，質点 $m$ の位置制御系を設計してみよう．ただし，$x_m, v_m : m$ の位置と速度，$f_c : m$ への推力，$f_d :$ 外乱（抵抗），$x_r : m$ への位置指令とする．

最も簡単な制御は，微分器 2 個をフィードフォワードする制御である．この場合，図 4.1 に示すように位置指令 $x_r$ から質点の位置応答 $x_m$ までの伝達関数は 1 になり，指令値応答性は理想的に見えるが，この制御系には次の問題点がある．

- 外乱は抑制できない．
- $m$ の正確な値を知る必要がある．
- 微分操作が 2 回あるので，指令値の生成に制約が生じる．

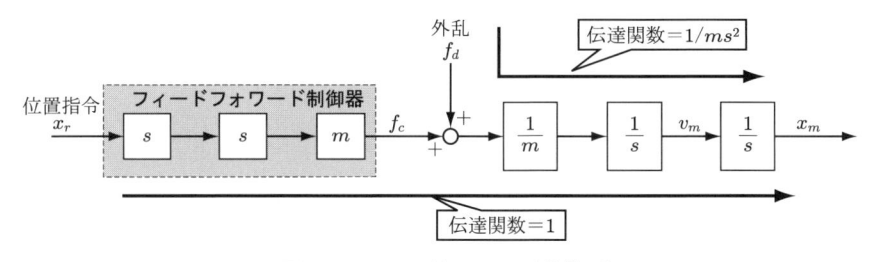

図 4.1 フィードフォワード制御系

これらの問題を解決するにはフィードバック制御を用いなければならない．そこで，もっとも簡単なフィードバック制御系として図 4.2 に示す比例制御器を用いた位置制御系を考える．ただし，図中の $K_{pp}$ は位置比例ゲインである．

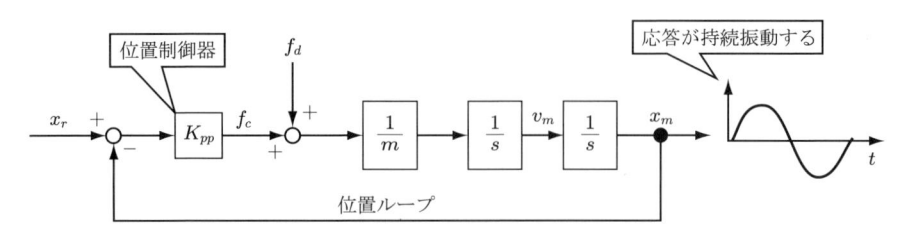

**図 4.2** 比例制御器を用いた位置制御系

しかし，この系の応答は持続的に振動してしまう．そこで，図 4.3 に示すように位置ループの内部に速度ループを構成する．ただし，図中の $K_{vp}$ は速度比例ゲインである．このような制御系を**カスケード**（cascade）**型制御系**という．カスケードとは「連続した」とか「縦つなぎ」という意味をもつ．また，カスケード型制御系において，外側のフィードバックループを**メジャーループ**，内側のフィードバックループを**マイナーループ**という．

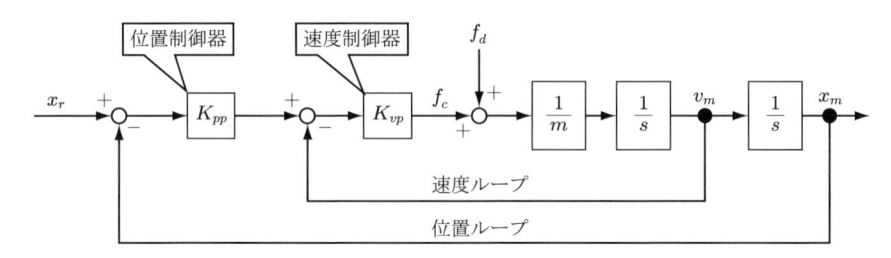

**図 4.3** 速度ループをマイナーループにもつ位置制御系

図 4.3 に示すシステムにおいて，位置指令 $x_r$ から応答 $x_m$ までの伝達関数は

$$\frac{x_m}{x_r} = \frac{K_{vp}K_{pp}}{ms^2 + K_{vp}s + K_{vp}K_{pp}} \tag{4.1}$$

となり，式 (2.29) の 2 次系に当てはめると，

$$\omega_n = \sqrt{\frac{K_{vp}K_{pp}}{m}} \tag{4.2}$$

$$\zeta = \frac{1}{2}\sqrt{\frac{K_{vp}}{m \cdot K_{pp}}} \tag{4.3}$$

となる．すなわち，$K_{vp}$ を大きくすれば振動は減衰し，$K_{vp}K_{pp}$ を大きくすれば応答が速くなる．

一方，制御の教科書には図 4.4 に示すように PD 制御器を用いた制御系が登場することが多い．ただし，図中の $k_p$ は比例ゲイン，$k_D$ は微分ゲイン（微分時間）を表す．PD 制御系を力学的に表示すると図 4.5 のようになる．

図 4.4 のブロック線図を等価変換すると図 4.6 のようになる．図 4.3 と図 4.6 を比べると，カスケード型の制御系に対して，位置指令から速度ループへのフィードフォワード部を加えたのが PD 制御系であることがわかる．

図 4.6 に示すカスケード型制御系は次の利点をもつ．

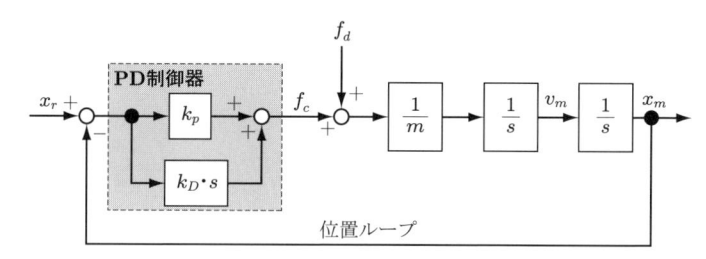

図 **4.4** PD 制御系

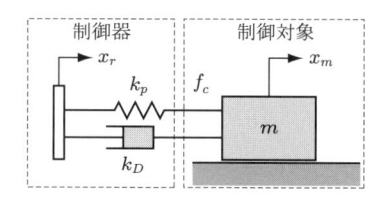

図 **4.5** PD 制御系の力学的表示

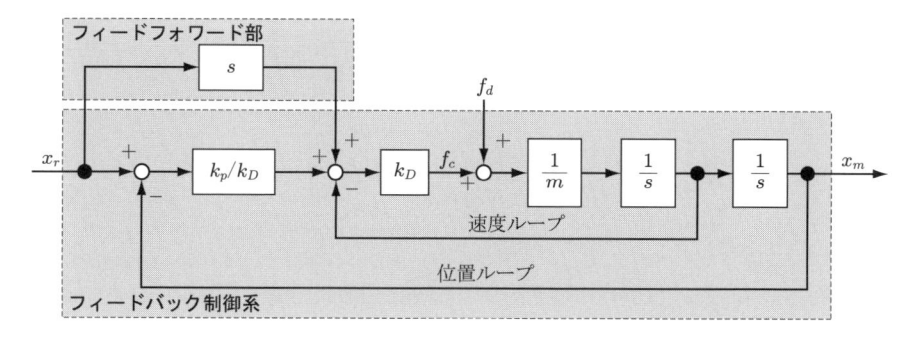

図 **4.6** 図 4.4 のブロック線図の等価変換（カスケード型表現）

① マイナーループの応答を高めることで，制御系全体の性能を向上できる．
② 各ループで異なった制御周期を使えるので，制御装置のリソースを有効に使える．
③ 各ループは簡単なフィードバック制御系であるので解析がしやすい．

一方で次のような欠点ももつ．

④ 制御系全体をある型にはめているので，最適性を追求するのは難しい．
⑤ 制御対象が複雑になると，制御パラメータの調整が難しくなる．

カスケード型制御系にはこのような限界もあるが，位置決め・送り装置の制御系の主流を占めているので，本書でもこの制御方式をベースとして，

速度制御系→位置制御系→フィードフォワード制御系

の順に解説を進める．

## 4.2 速度比例制御

図 4.7 に，比例制御（proportional control，P 制御）を用いた速度制御系のブロック線図を示す．速度比例制御器は，速度指令 $v_r$ と速度応答 $v_m$ の差に速度比例ゲイン $K_{vp}$ を乗じて制御力 $f_c$ を発生させる．比例制御は最も簡単であり，"ゲインを大きくすれば，指令値応答特性と外乱抑制特性がよくなるが，より大きな制御力が必要となる"というフィードバック制御系の基本性能を理解しやすい．

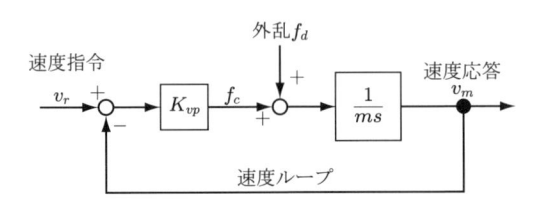

図 4.7　速度比例制御系

図 4.7 に示す制御系の開ループ伝達関数は次式で表される．

$$G_{Lv}(s) = \frac{K_{vp}/m}{s} = \frac{\omega_{vc}}{s} \tag{4.4}$$

ただし，$\omega_{vc} = K_{vp}/m$ は開ループ系のゲイン交差周波数であり，閉ループ系では帯域幅となる．$v_r$ から $v_m$ への閉ループ伝達関数は

$$G_{vr}(s) = \frac{K_{vp}/m}{s + K_{vp}/m} = \frac{\omega_{vc}}{s + \omega_{vc}} \tag{4.5}$$

$f_d$ から $v_m$ への閉ループ伝達関数は

$$G_{vd}(s) = \frac{1/m}{s + K_{vp}/m} = \frac{1}{m}\frac{1}{s + \omega_{vc}} \tag{4.6}$$

である．上記の伝達関数より以下の考察ができる．

- 安定性：$K_{vp} > 0$ ならば，閉ループ極 $-\omega_{vc}$ は複素左半平面の実軸上に存在するのでフィードバック系は安定である．
- 指令値応答：$K_{vp}\uparrow$ または $m\downarrow$ で $\omega_{vc}\uparrow$，つまり応答性が向上する．応答性が向上するとともに閉ループ極 $-\omega_{vc}$ は実軸上を原点から $-\infty$ へ移動する．また，$G_{vr}(0) = 1$ なので，単位ステップ指令に対する定常偏差は $K_{vp}$ と $m$ に関係なく 0 である．
- 外乱抑制：$\omega_{vc}\uparrow$ または $m\uparrow$ ならば外乱抑制効果が大きくなる．単位ステップ外乱に対する定常応答は $1/K_{vp}$ となり，これを 0 にしたければ $K_{vp}$ を無限大にしなければならない．

**例 4.1** 速度比例制御系のステップ応答と周波数応答

図 4.7 の速度比例制御系の速度指令と外乱に対する速度応答と速度指令に対する制御力の応答（時間応答と周波数応答）をシミュレートする．速度指令と外乱入力にはそれぞれ単位ステップ関数を用いる．特に，質量 $m$ を一定とし，位置比例ゲイン $K_{vp}$ を大きく（ハイゲイン化）したときの応答の変化を調べてみよう．シミュレーションに用いた SLK モデルと M ファイルの例を図 4.8 に示しておく．

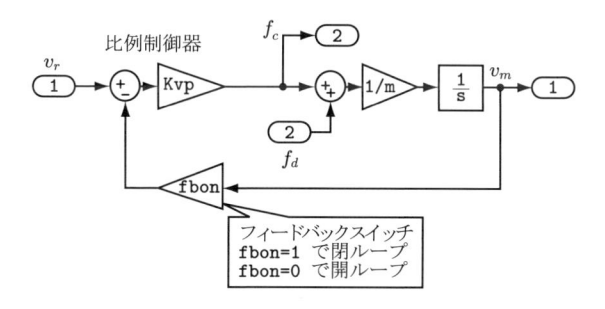

（a）速度比例制御系のSLKモデル（Pcontrol.mdl）

図 **4.8** シミュレーションに用いた SLK モデルと M ファイル

```
slkname='Pcontrol';
fbon=1;
macro_txt={'Kvp=1;m=1;',...
           'Kvp=2;m=1;',...
           'Kvp=4;m=1;'}

tmax=4;t=0:0.05:tmax; % 時間
w=logspace(-1,1); %角周波数
Linespec={'-k','--r',':b'};

for ii=1:length(macro_txt);

    eval(macro_txt{ii});%パラメータの設定
    [A B C D]=linmod(slkname);
    sys=ss(A,B,C,D);

    y=step(sys,t);%ステップ応答を求める.
    [mg ph]=bode(sys,w);%周波数応答を求める.
    mg=permute(mg,[3 1 2]);%ベクトルの配列を y と同じようにする.
    ph=permute(ph,[3 1 2]);

    figure(1);plot(t,y(:,1,1),Linespec{ii});hold on;
    title('(a) 時間応答') ;xlabel('t s');ylabel(' 応答');axis([0 tmax 0 1.2])
    figure(2);
    semilogx(w, 20*log10(mg(:,1,1)), Linespec{ii});hold on;
    title('(b) 周波数応答') ;xlabel('\omega   rad/s'); ylabel(' ゲイン dB');
    axis([0.1 10 -20 5]);

    %以下省略
    %y(:, 出力番号, 入力番号), mg(:, 出力番号, 入力番号) で同様にプロットする.
end
```

(b) M ファイル (ex4_1.m)

図 **4.8** シミュレーションに用いた SLK モデルと M ファイル (つづき)

以下に各応答の計算結果を示す.

① 速度指令に対する速度応答を図 4.9 に示す.比例ゲインが大きくなるにつれ,時間応答(過渡応答)は速くなる(同図(a)).これに対応して制御の帯域幅が広がる(同図(b)).

4.2 速度比例制御　77

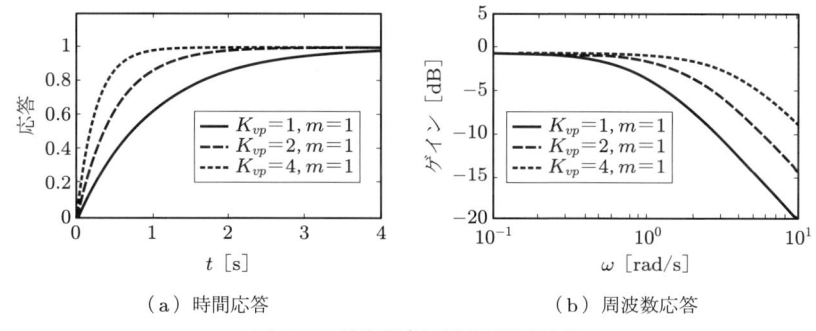

**図 4.9** 速度指令に対する速度応答
（a）時間応答　（b）周波数応答

② 外乱に対する速度応答を図 4.10 に示す．比例ゲインが大きくなるにつれ，時間応答（過渡応答）は速くなり，定常応答は小さくなる（同図 (a)）．これに対応して周波数応答のゲインが小さくなる（同図 (b)）．しかし，定常偏差は 0 にはならない．

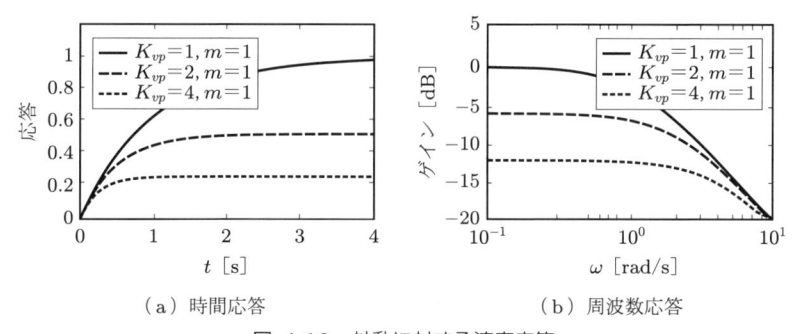

**図 4.10** 外乱に対する速度応答
（a）時間応答　（b）周波数応答

③ 速度指令に対する制御力の応答を図 4.11 に示す．比例ゲインが大きくなるにつれ時間応答（過渡応答）は速くなるが，指令開始時に瞬発的に大きな制御力が必要になる（同図 (a)）．これに対応して，周波数応答の高域部分でのゲインが大きくなる（同図 (b)）．

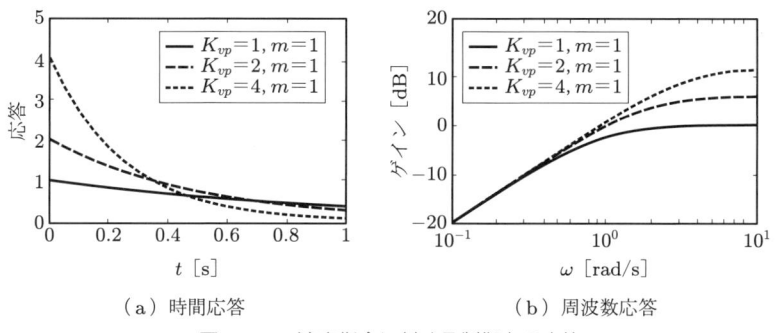

**図 4.11** 速度指令に対する制御力の応答
（a）時間応答　（b）周波数応答

## 4.3 速度PI制御系とI-P制御系

速度比例制御の問題はステップ外乱に対して定常偏差が残ってしまうことである．この問題は，定常状態では制御力が外乱とつりあった状態になることに起因する．図 4.7 で速度偏差を $e_v(t)$ とすると，この状態では次式が成立している．

$$K_{vp} \cdot e_v(t) = f_c(t) = f_d(t) \tag{4.7}$$

この平衡状態を崩すために，速度偏差に比例した変化率をもつ制御力をつくる．

$$K_{vi} \cdot e_v(t) = \frac{df_c(t)}{dt} \tag{4.8}$$

この両辺を積分すると次式を得る．

$$K_{vi} \cdot \int e_v(t)\,dt = f_c(t) \tag{4.9}$$

これは制御器に**積分**（Integral，略してI）動作をもたせることを意味し，$K_{vi}$ を積分ゲインという．制御器に積分器が含まれると，3.6.3項で述べたようにステップ外乱に対する定常偏差は0となる．しかし，I動作だけでは制御系の位相特性が悪くなるので，実際にはP動作と併用しなければならない．

P動作とI動作をあわせた制御器には，**PI制御器**と**I-P制御器**があり，それぞれを用いた速度制御系を図 4.12 (a)，(b) に示す．

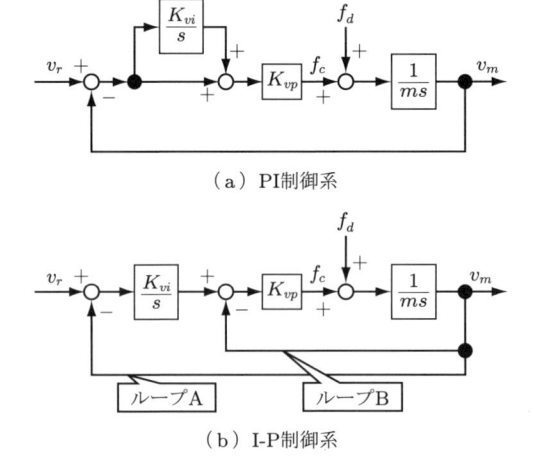

（a）PI制御系

（b）I-P制御系

図 **4.12** 速度制御系のブロック線図

図 4.12 (a) の PI 制御系ではフィードバックループはひとつであるのに対して，同図 (b) の I-P 制御系では二つのフィードバックループがあることがわかる．同図 (b) 中のループ A は速度偏差から制御力を発生するループであり，ループ B は速度を直接フィードバックするループである．「I-P」という名前にはこれが反映されており，「-」（ハイフン）の前は偏差に対する制御動作，後ろは制御量に対する制御動作を表している．

両制御系の差を伝達関数から考察してみる．PI 制御系の開ループ伝達関数は

$$G_{L1}(s) = K_{vp} \cdot \left(1 + \frac{K_{vi}}{s}\right) \cdot \frac{1}{ms} = \frac{\omega_{vc}(s + K_{vi})}{s^2} \tag{4.10}$$

である．I-P 制御系については，ループ B をつないだ状態でループ A を切った場合，開ループ伝達関数は次式となる．

$$G_{L2}(s) = \frac{K_{vi}}{s} \cdot \frac{\omega_{vc}}{s + \omega_{vc}} \tag{4.11}$$

また，指令から応答への閉ループ伝達関数は，それぞれ次式となる．

$$G_{vr}^{PI}(s) = \frac{K_{vp}s + K_{vi}K_{vp}}{ms^2 + K_{vp}s + K_{vi}K_{vp}} = \frac{\omega_{vc}(s + K_{vi})}{s^2 + \omega_{vc}s + \omega_{vc}K_{vi}} \tag{4.12}$$

$$G_{vr}^{I-P}(s) = \frac{K_{vi}K_{vp}}{ms^2 + K_{vp}s + K_{vi}K_{vp}} = \frac{\omega_{vc}K_{vi}}{s^2 + \omega_{vc}s + \omega_{vc}K_{vi}} \tag{4.13}$$

外乱から応答への閉ループ伝達関数は両制御系で同じであり，次式となる．

$$G_{vd}(s) = \frac{s}{ms^2 + K_{vp}s + K_{vi}K_{vp}} = \frac{1}{m} \cdot \frac{s}{s^2 + \omega_{vc}s + \omega_{vc}K_{vi}} \tag{4.14}$$

$G_{vr}^{I-P}(s)$ を標準 2 次系で表すと，減衰比と固有角周波数はそれぞれ，

$$\zeta = \frac{1}{2}\sqrt{\frac{\omega_{vc}}{K_{vi}}} \tag{4.15}$$

$$\omega_n = \sqrt{\omega_{vc}K_{vi}} \tag{4.16}$$

となる．両制御系とも閉ループ極は同じで

$$p_1, p_2 = -\frac{\omega_{vc} \pm \sqrt{\omega_{vc}^2 - 4\omega_{vc}K_{vi}}}{2} = \omega_n\left(-\zeta \pm j\sqrt{1 - \zeta^2}\right) \tag{4.17}$$

である．上式より $\zeta \geq 1$，つまり $K_{vi} < \omega_{vc}/4$ であれば，$p_1, p_2$ が実数軸の極となることがわかる．

一方，$G_{vr}^{PI}(s)$ と $G_{vr}^{I\text{-}P}(s)$ の分子多項式が異なるので，両制御系の零点には違いが生じる．PI 制御系の零点は $-K_{vi}$ と無限遠に 1 個，I-P 制御系は無限遠に 2 個存在する．このため両制御系の積分ゲイン $K_{vi}$ の役割が大きく異なる．

ステップ指令に対する PI 制御系の応答は次式のように変形できる．

$$\frac{1}{s}G_{vr}^{PI}(s) = \frac{1}{s}\frac{\omega_{vc}(s+K_{vi})}{s^2+\omega_{vc}s+\omega_{vc}K_{vi}} = \frac{1}{K_{vi}}G_{vr}^{I\text{-}P}(s) + \frac{1}{s}G_{vr}^{I\text{-}P}(s) \tag{4.18}$$

つまり，PI 制御系のステップ応答は，① $G_{vr}^{I\text{-}P}(s)$ のインパルス応答を $K_{vi}$ でわった量と② $G_{vr}^{I\text{-}P}(s)$ のステップ応答との和になる．この ① の影響で，非振動的な極をもつ条件でも，PI 制御系の応答はオーバシュート気味になる．

### 例 4.2　PI, I-P 制御系の SLK モデル

図 4.13 は両制御系を扱える SLK モデルである．図中で Kff というパラメータを 0 にすれば I-P 制御系となり，1 にすれば PI 制御系となる．また，fbon1 と fbon2 はフィードバックスイッチであり，必要に応じて 0 か 1 を設定する．

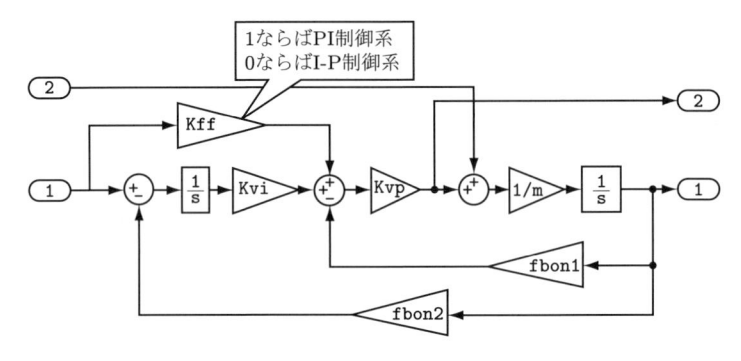

図 4.13　PI, I-P 制御系の SLK モデル（PIandI_P.mdl）

### 例 4.3　PI, I-P 制御系の根軌跡

図 4.13 の SLK モデルを用いて，両制御系の根軌跡を求める M ファイルの例を図 4.14 に示す．

```
clear ; close all; clc
m=1;Kvp=4;Kvi=1;%パラメータの設定
slkname='PIandI_P';%slk モデルの指定

%PI 制御器
Kff=1;fbon1=0;fbon2=0;
[A B C D]=linmod(slkname);
sys=ss(A,B,C,D);
figure(1), rlocus(sys(1,1));hold on

%I-P 制御器
Kff=0;fbon1=1;fbon2=0
[A B C D]=linmod(slkname);
sys=ss(A,B,C,D);
figure(2), rlocus(sys(1,1));hold on
```

図 **4.14** 根軌跡を求める M ファイル（ex4_3.m）

PI 制御系において，積分ゲイン $K_{vi}=1$ として $\omega_{vc}$ を増加させたときの根軌跡は図 4.15 のようになる．すなわち，極 $p_1$, $p_2$ は原点から出発し，$K_{vi} > \omega_{vc}/4$ では $(-K_{vi}, 0)$ を中心とする半円上を移動し，$K_{vi} = \omega_{vc}/4$ のとき実数軸上で重根となり，$K_{vi} < \omega_{vc}/4$ では分離して実軸上を $-\infty$ と零点 $(-K_{vi}, 0)$ へ向かう．$\omega_{vc}$ を大きくすると図中の極 $p_2$ は零点 $(-K_{vi}, 0)$ とダイポールとなるので，応答は極 $p_1$ に支配されて速くなる．

I-P 制御系において，$\omega_{vc} = 4$ として $K_{vi}$ を増加させたときの極の軌跡は図 4.16 のようになる．すなわち，$K_{vi} < \omega_{vc}/4$ では $p_1$ は $-\omega_{vc}$ から右へ，$p_2$ は原点から左へと実軸上を移動し，$K_{vi} = \omega_{vc}/4$ で重根となる．$K_{vi} > \omega_{vc}/4$ の場合，$p_1$ と $p_2$ は，$\pm j\infty$ の方向へ移動するので，減衰が小さくなっていく．

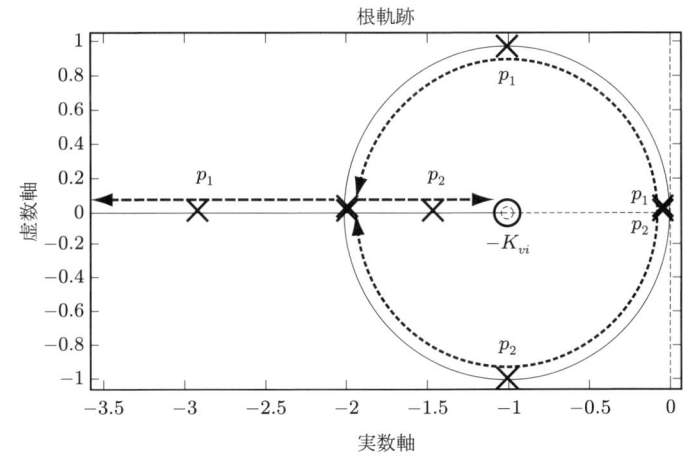

図 **4.15** PI 制御系の根軌跡の例

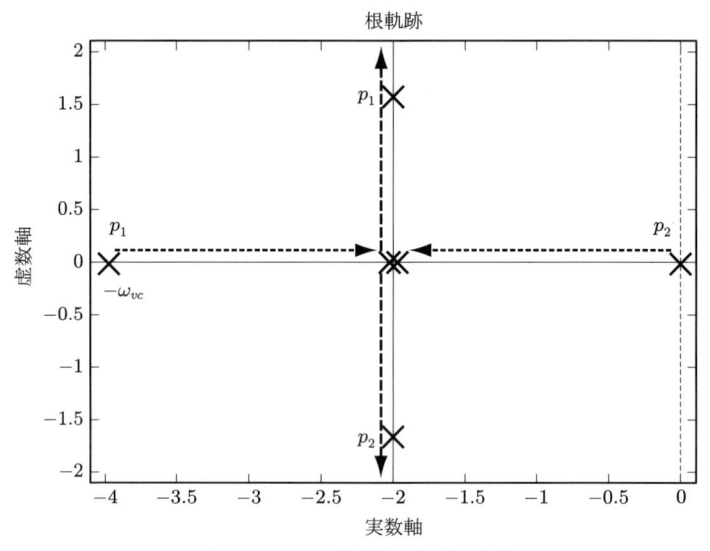

図 **4.16** I-P 制御系の根軌跡の例

### 例 4.4　応答の比較

PI 制御系と I-P 制御系の応答の比較を行う．図 4.13 の SLK モデルにおいて，`fbon1` = `fbon2` = 1，質量 $m = 1$，速度比例ゲイン $K_{vp} = 4$ とし，積分ゲイン $K_{vi}$ を変化させたときの指令と外乱に対する速度応答をシミュレートする（M ファイルについては省略する）．以下にシミュレーション結果をまとめる．

① 両制御系のステップ速度指令する時間応答を図 4.17 に示す．両制御系とも $K_{vi}$ の増加とともに速度応答が速くなるが，同じ $K_{vi}$ 設定では I-P 制御系は PI 制御系に比べて応答が遅く，オーバシュートが小さいことがわかる．

② 図 4.18 に速度指令に対する両制御系の周波数応答（ゲイン線図）を示す．PI 制御系は I-P 制御系に比べて帯域幅が広く，共振ピーク $M_p$ も大きいことがわかる．

③ ステップ外乱に対する速度応答は両制御で同じであり，これを図 4.19 に示す．$K_{vi}$ を大きくするにしたがって応答は速く 0 に収束するようになる．

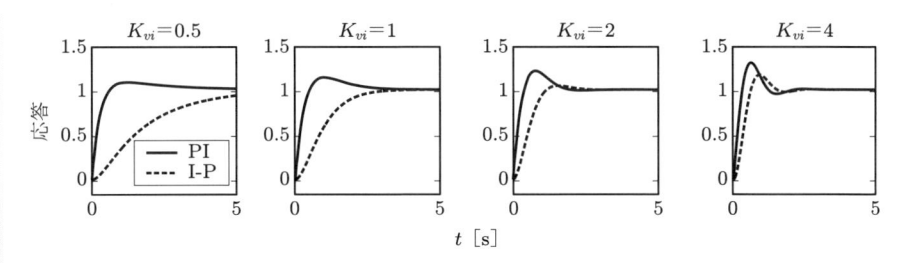

図 **4.17** PI, I-P 速度制御系のステップ速度指令に対する時間応答

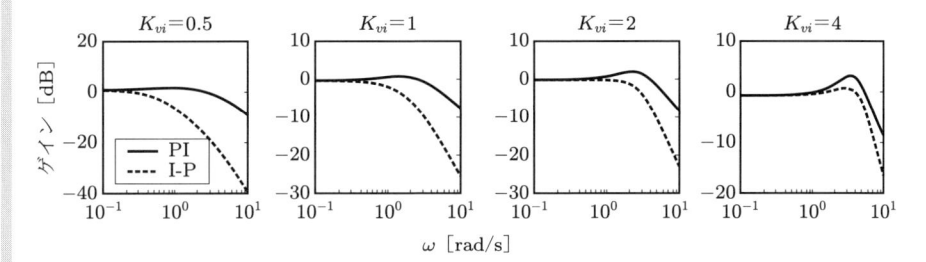

図 **4.18** PI, I-P 速度制御系の周波数応答（指令値から応答まで）

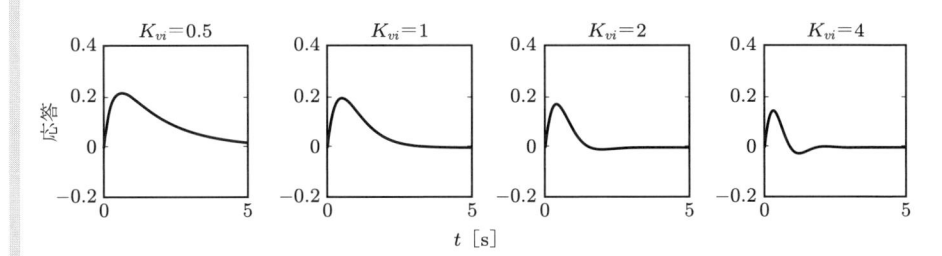

図 **4.19** PI, I-P 速度制御系のステップ外乱に対する時間応答

以上より，両速度制御系については次のような選択指針が得られる．

- 速度指令に対するオーバシュートを抑えつつ外乱抑制を行いたい場合は I-P 制御系が有利である．
- 速度指令に対する応答を速くしたい場合は PI 制御が有利である．

## 4.4 位置制御系

### 4.4.1 位置制御系の構成と伝達関数

前節で述べた速度制御系をマイナーループとして，図 4.20 に示すように位置制御系を構成する．ただし，図中の $K_{ff}$ は例 4.2 で述べたように I-P 速度制御系と PI 速度制御系を切り換えるパラメータである．位置制御系全体は，$K_{ff}=0$ の場合は位置 P-速度 I-P 制御系（P-I-P 制御と略す），$K_{ff}=1$ の場合は位置 P-速度 PI 制御（P-PI 制御と略す）となる．

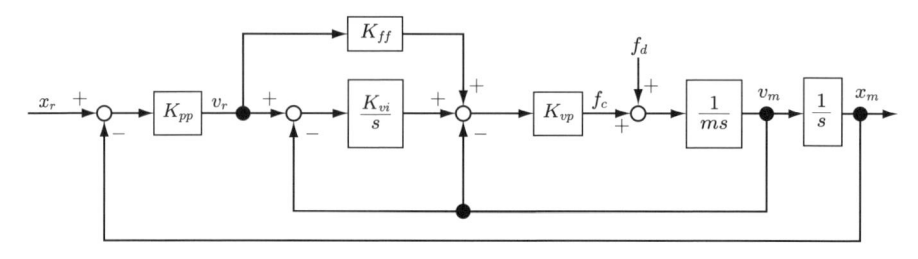

図 **4.20** 位置制御系のブロック線図

位置制御系の開ループ伝達関数は

$$G_{Lp}(s) = \frac{K_{pp}}{s} \cdot \frac{\omega_{vc}(K_{ff}s + K_{vi})}{s^2 + \omega_{vc}s + \omega_{vc}K_{vi}} \tag{4.19}$$

であり，指令および外乱から応答への閉ループ伝達関数は，それぞれ

$$G_{xr}(s) = \frac{\omega_{vc}(K_{ff}s + K_{vi})K_{pp}}{s^3 + \omega_{vc}s^2 + \omega_{vc}(K_{ff}K_{pp} + K_{vi})s + \omega_{vc}K_{vi}K_{pp}} \tag{4.20}$$

$$G_{xd}(s) = \frac{1}{m} \cdot \frac{s}{s^3 + \omega_{vc}s^2 + \omega_{vc}(K_{ff}K_{pp} + K_{vi})s + \omega_{vc}K_{vi}K_{pp}} \tag{4.21}$$

である．上式より，閉ループ伝達関数の極の位置に速度制御系の違いが反映されることがわかる．また，指令から応答への伝達関数においては，P-PI 制御系には実軸上に零点 $(-K_{vi}, 0)$ があるが，P-I-P 制御系にはない（速度制御系単体で考察したときと同様である）．P-I-P 制御系の場合は零点がないため極の配置から時間応答を予想しやすい．

### 4.4.2 3 次系の極配置

P-I-P 制御系について応答性がよいとされる極配置をもつ条件を求めてみる．

## (1) 3重極の場合

位置制御系の伝達関数

$$G_{xr}^{I\text{-}P}(s) = \frac{\omega_{vc}K_{vi}K_{pp}}{s^3 + \omega_{vc}s^2 + \omega_{vc}K_{vi}s + \omega_{vc}K_{vi}K_{pp}} \tag{4.22}$$

で, $K_{pp} = \beta_1\omega_{vc}$, $K_{vi} = \beta_2\omega_{vc}$ とおくと次式を得る.

$$G_{xr}^{I\text{-}P}(s) = \frac{\beta_1\beta_2\omega_{vc}^3}{s^3 + \omega_{vc}s^2 + \beta_2\omega_{vc}^2 s + \beta_1\beta_2\omega_{vc}^3} \tag{4.23}$$

この式が3重極 $-\gamma\omega_{vc}$ をもつ次の伝達関数と等しいと仮定する.

$$G_{31}(s) = \frac{(\gamma\omega_{vc})^3}{(s+\gamma\omega_{vc})^3} \tag{4.24}$$

式 (4.23) と式 (4.24) の分子の定数と分母多項式の係数をそれぞれ比較して, $\beta_1 = 1/9$, $\beta_2 = 1/3$, $\gamma = 1/3$ を得る. このときのゲイン比は次のようになる.

$$K_{pp} : \omega_{vc} : K_{vi} = \frac{1}{9} : 1 : \frac{1}{3} = 1 : 9 : 3 \tag{4.25}$$

## (2) 振動極と実軸上の極が垂直に並ぶ場合

3次系の一般系:

$$G_{30}(s) = \frac{p_r\omega_n^2}{(s+p_r)(s^2+2\zeta\omega_n s+\omega_n^2)} \tag{4.26}$$

について, ステップ応答がオーバシュートを起こさない条件は

$$p_r \leq \zeta\omega_n \tag{4.27}$$

であることがわかっている[32]. これを踏まえて, 低周波では追従性がよく, 広域ではゲインが低くできるパラメータとして $\zeta = 1/\sqrt{2}$, $\omega_n = \sqrt{2}p_r$ と設定する方法が提案されている[33]. このときの3次系の伝達関数を $G_{32}(s)$ とすると

$$G_{32}(s) = \frac{2p_r^3}{(s+p_r)(s^2+2p_r s+2p_r^2)} = \frac{2p_r^3}{s^3+3p_r s^2+4p_r^2 s+2p_r^3} \tag{4.28}$$

となり, 式 (4.23) と比較すると, $\beta_1 = 1/6$, $\beta_2 = 4/9$ となり, 次のゲイン比を得る.

$$K_{pp} : \omega_{vc} : K_{vi} = \frac{1}{6} : 1 : \frac{4}{9} = 1 : 6 : \frac{8}{3} \tag{4.29}$$

**例 4.5** 位置制御系の根軌跡と時間応答

位置比例ゲイン $K_{pp}$ を変化させたときのP-I-P制御系とP-PI制御系の根軌跡とステッ

プ応答をシミュレートする．このとき速度制御器のゲインも変化させ，ゲイン比の違いによる応答の違いを見てみる．図 4.21 にシミュレーションに用いる SLK モデルを示す．図中の `pfb_on` は位置フィードバックループをオンオフするスイッチであり，根軌跡を `rlocus` 関数で用いるときに `pfb_on = 0` とし，時間応答を求めるときは `pfb_on = 1` とする（シミュレーションに用いた M ファイルについては省略する）．

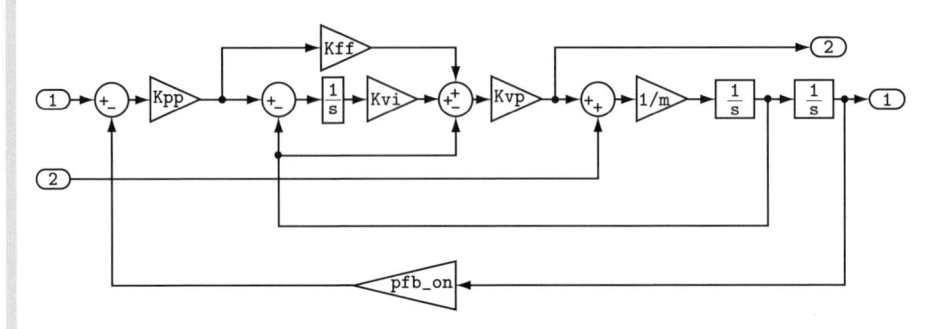

**図 4.21** シミュレーションに用いる SLK モデル（P_PIandP_I_P.mdl）

質量 $m = 1$，速度比例ゲイン $K_{vp} = 6$ と固定して，積分ゲイン $K_{vi} = 1.5, 2.0, 8/3$ それぞれに対して，$K_{pp}$ を増加させたときの位置制御系の根軌跡を図 4.22 に示す．特に，$K_{pp} = 0, 2/3, 1.0, 1.5, 2.0$ については極の位置を軌跡上に＋マークで示し，単位ステップ入力を指令と外乱に与えたときの時間応答をそれぞれ図 4.23 (a)〜(c)，(d)〜(f) に示す．

まず図 4.22 について見ると，根軌跡は原点極 $p_0$ と速度閉ループ極 $p_1, p_2$ からスタートし無限遠点に向かう．付録 A.5 の根軌跡の性質 3 と 4 から，漸近線の方向角は $\pm \pi/3$，$\pi$ であり，同図（a）〜（c）で同じであるが，漸近線に至る軌跡パターンは異なる．

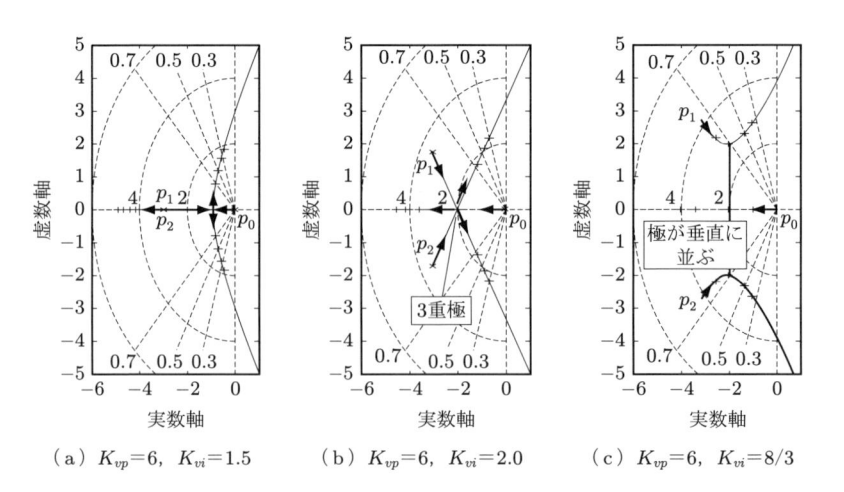

（a）$K_{vp}=6$，$K_{vi}=1.5$　　（b）$K_{vp}=6$，$K_{vi}=2.0$　　（c）$K_{vp}=6$，$K_{vi}=8/3$

**図 4.22** P-I-P 制御系の根軌跡

4.4 位置制御系　87

たとえば，同図 (b) では，$K_{pp}$ の増加とともに振動極 $p_1, p_2$ と原点極 $p_0$ は 3 重極（ゲイン比：式 (4.25)）となり，その後二つの極が減衰の低い領域から不安定領域へと移動している．これに対して，同図 (c) では，極が垂直に並ぶ（ゲイン：式 (4.29)）状態を経て，不安定領域に向かう．

図 4.23 より，$K_{pp}$ が大きくなると，指令応答と外乱抑制が速くなるが，オーバシュートも顕著となることがわかる．これは上で述べた極の位置を反映している．特に，3 重極の条件（同図 (b)，(e) で $K_{pp} = 2/3$）と極が縦に並ぶ条件（同図 (c)，(f) で $K_{pp} = 1.0$）では，それぞれオーバシュートのないスムーズな応答となっていることがわかる．

(a) $K_{vp}=6$, $K_{vi}=1.5$

(b) $K_{vp}=6$, $K_{vi}=2.0$

(c) $K_{vp}=6$, $K_{vi}=8/3$

(d) $K_{vp}=6$, $K_{vi}=1.5$

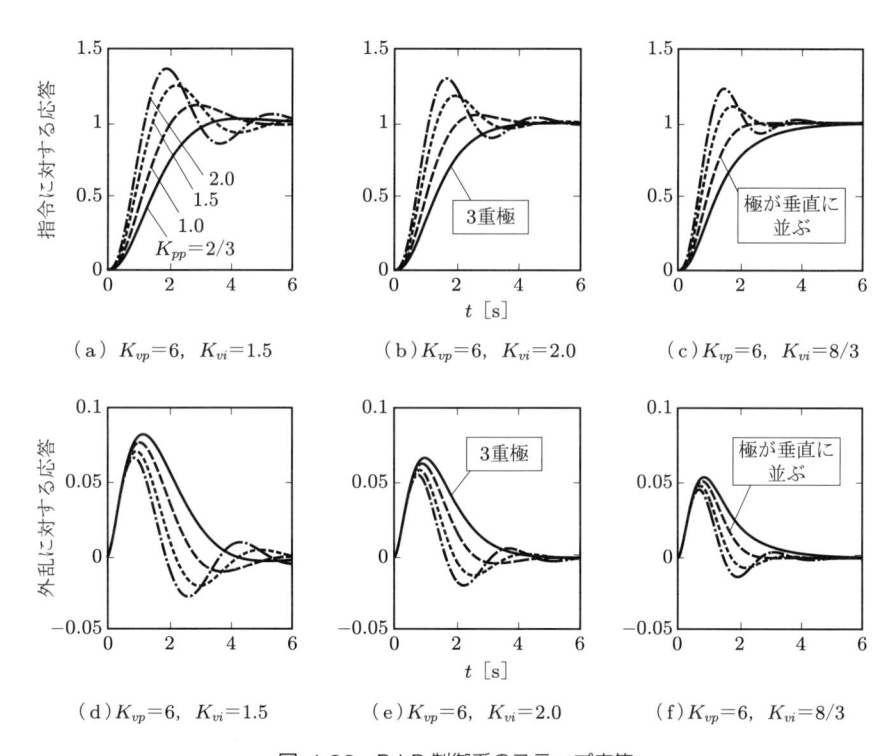

(e) $K_{vp}=6$, $K_{vi}=2.0$

(f) $K_{vp}=6$, $K_{vi}=8/3$

図 **4.23** P-I-P 制御系のステップ応答

次に P-PI 制御系の場合の根軌跡と時間応答をそれぞれ図 4.24，図 4.25 に示す．図 4.24 (a)～(c) いずれの場合も，原点極 $p_0$ は実軸上の零点 $z_0$ に漸近する．残りの $p_1, p_2$ は同図 (a) では重極でスタートし，同図 (b)，(c) では振動極としてスタートするが，いずれの場合も減衰比が低い領域に移動しながら $\pm j\infty$ へと向かう．このとき，$p_0$ は $z_0$ とダイポールとなるまでは，遅い極として振動極 $p_1, p_2$ のオーバシュートを抑制する．

つまり，速度閉ループ系単体での極の減衰が低くならないように $K_{vi}$ を調整しておけば，指令に対する応答はだいたい同じパターンになる．これはゲインを調整するときに大

変便利な性質である．P-PI 制御系は「これといった特徴がない制御系」ともいわれるが，現場での調整の容易さという大きな特徴をもっている．

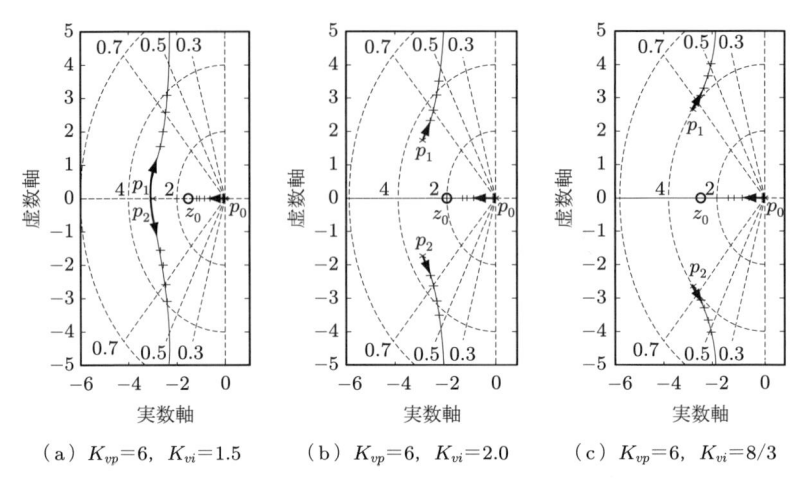

(a) $K_{vp}=6$, $K_{vi}=1.5$  (b) $K_{vp}=6$, $K_{vi}=2.0$  (c) $K_{vp}=6$, $K_{vi}=8/3$

図 **4.24** P-PI 制御系の根軌跡

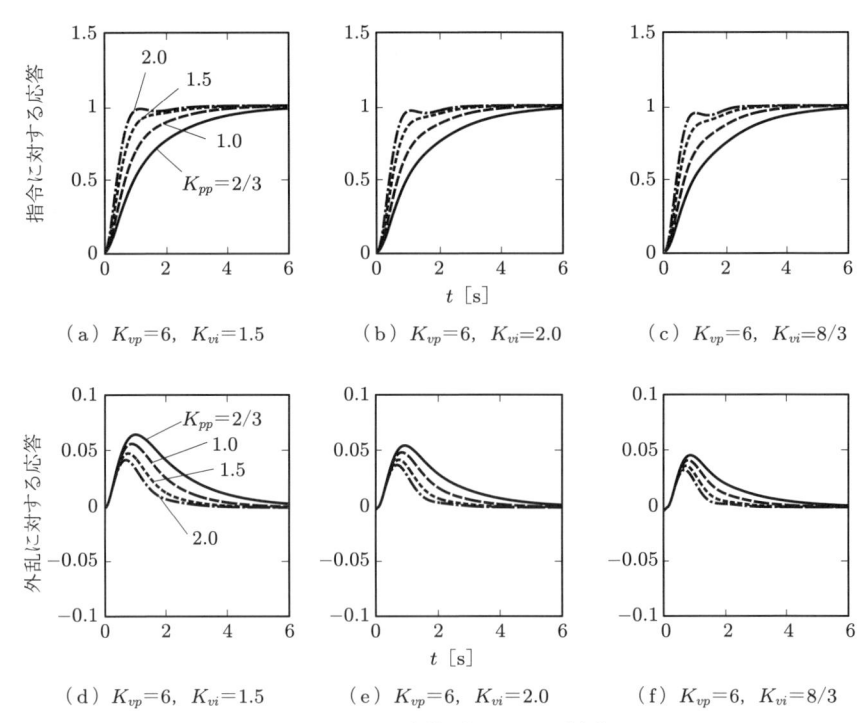

(a) $K_{vp}=6$, $K_{vi}=1.5$  (b) $K_{vp}=6$, $K_{vi}=2.0$  (c) $K_{vp}=6$, $K_{vi}=8/3$

(d) $K_{vp}=6$, $K_{vi}=1.5$  (e) $K_{vp}=6$, $K_{vi}=2.0$  (f) $K_{vp}=6$, $K_{vi}=8/3$

図 **4.25** P-PI 制御系のステップ応答

## 4.5 フィードフォワード制御

フィードフォワード制御を用いると，位置ループの遅れを回復することができる．図 4.26 に示すように，位置ループの外側から速度制御系 $G_v(s)$ に直接，速度指令 $v_{rf}$ を与える方法を考える．

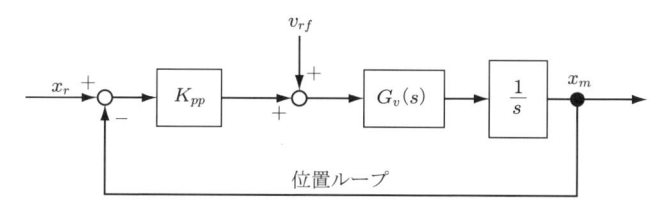

図 **4.26** 位置制御系のブロック線図

位置指令 $x_r$ に対する位置応答を $x_{mp}$，$v_{rf}$ に対する位置応答を $x_{mv}$ とすると，

$$x_{mp}(s) = \frac{K_{pp}G_v(s)}{s + K_{pp}G_v(s)} x_r(s) \tag{4.30}$$

$$x_{mv}(s) = \frac{G_v(s)}{s + K_{pp}G_v(s)} v_{rf}(s) \tag{4.31}$$

となる．いま，速度指令を次式のようにできたとする．

$$v_{rf}(s) = \frac{s}{G_v(s)} x_r(s) \tag{4.32}$$

このとき，位置制御系の応答は

$$\begin{aligned} x_m(s) &= x_{mp}(s) + x_{mv}(s) \\ &= \frac{K_{pp}G_v(s)}{s + K_{pp}G_v(s)} x_r(s) + \frac{s}{s + K_{pp}G_v(s)} x_r(s) = x_r(s) \end{aligned} \tag{4.33}$$

となり，指令値に完全に追従する．

図 4.27（a）は，式 (4.32) の制御器を追加した位置制御系のブロック線図であり，同図（b）のように等価変換することができる．これはフィードフォワード処理を前置補償器として表現したブロック線図である．図 4.27（b）中の点線で囲まれた部分の伝達関数を $G_f(s)$ とおくと，

$$G_f(s) = \frac{s}{K_{pp}G_v(s)} + 1 = \frac{s + K_{pp}G_v(s)}{K_{pp}G_v(s)} \tag{4.34}$$

となる．つまり，$G_f(s)$ は後続の位置制御系の逆伝達関数となっている．このためフィードフォワード制御は逆伝達関数法ともよばれる．

フィードフォワード制御器の設計ポイントは，速度制御系の伝達関数 $G_v(s)$ の特性をどの程度考慮するかである．最も簡単なのは定数と考える場合であり，$G_v(s) = 1/K_{vf}$ とおいたときのフィードフォワード制御器の伝達関数を $G_{fc}(s)$ とすると

$$G_{fc}(s) = \frac{K_{vf}}{K_{pp}}s + 1 \tag{4.35}$$

となる．この制御器は微分器をもち，速度フィードフォワード制御器とよばれている．

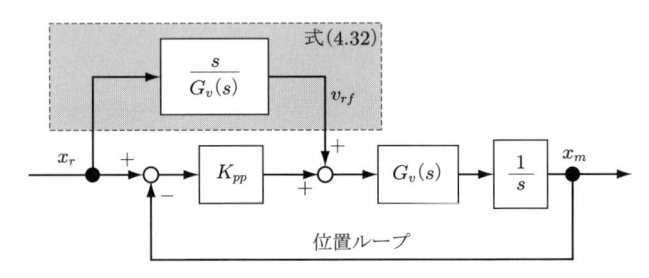

(a) 速度制御系へダイレクトフォワード

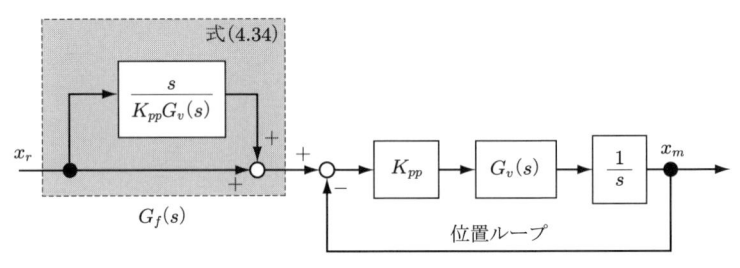

(b) 前置補償（逆伝達関数）

図 **4.27** フィードフォワード制御

## 演習問題

**4-1** 図 4.2 のシステムの応答が振動する理由について述べよ．また，その振動数を求めよ．

**4-2** 図 4.6 のフィードフォワード部がない制御系を図 4.5 のように力学的に描くとどんな図になるか．

**4-3** プロセス制御では PID 制御器が用いられることが多い．PID 制御器は指令値に対する制御量の偏差を用いて，比例-積分-微分動作によって操作量を決定し，制御則は次式となる．

$$f_c(t) = \left[ e_P(t) + \frac{1}{T_I} \int_0^\tau e_P(\tau) d\tau + T_D \dot{e}_P(t) \right] k_P \tag{4.36}$$

ただし，$k_P$：Pゲイン，$T_I$：積分時間，$T_D$：微分時間である．図 4.28 に示す 1 質点系の PID 制御系のブロック線図をカスケード型制御系のブロック線図に等価変換せよ．

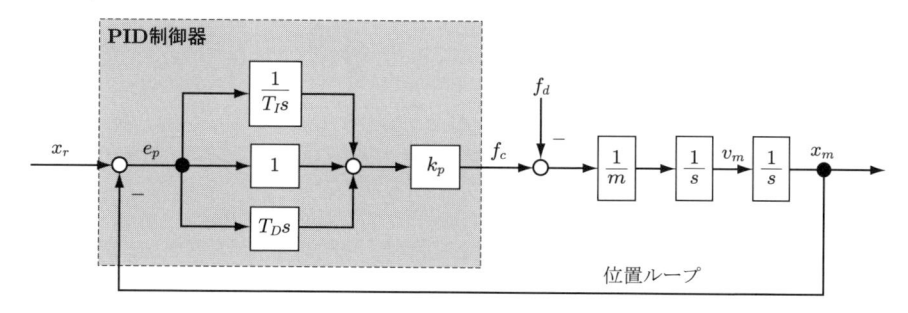

図 **4.28** PID 制御系のブロック線図

# 第5章 指令値の生成

指令値生成部の主な機能は，動作プログラムの解読，補間処理，加減速処理，前置補償などである．これらの処理により生成された指令値は，演算時間ごとに各軸サーボ系に与えられる．本章では，輪郭運動誤差・位置決め誤差・位置決め時間に大きな影響を与える指令値生成の基本的な処理機能について，数学モデルを用いて説明を行う．

## 5.1 指令値生成部の機能と構成

指令値生成部の機能は多岐にわたり，そのすべてを精緻にモデル化するのは難しい．そこで，本書では図 5.1 に示す代表的な処理のみをピックアップする．図中に示す処理の概略は以下の通りである．

- 補間処理と軸分配：動作プログラムで指定された代表点の座標と補間形式から補間座標を計算し，位置指令として各軸に分配する．
- 加減速処理：位置決め・送り系のアクチュエータの出力が飽和しないように加減速を行う．また，加減速処理は振動の抑制機能ももち，補間前と補間後の処理がある．
- 前置処理：応答の静的・動的な誤差を抑制するために軸サーボ部の前段で指令値を補正する．特に軸サーボ部の応答遅れを補正する機能がフィードフォワード処理である．

図 5.1 では位置制御系（フィードバック制御系）への指令値を生成する処理をすべて指令値生成部に含んでいるが，実際には軸サーボ系と指令値生成部の境界は装置ごとに異なる．

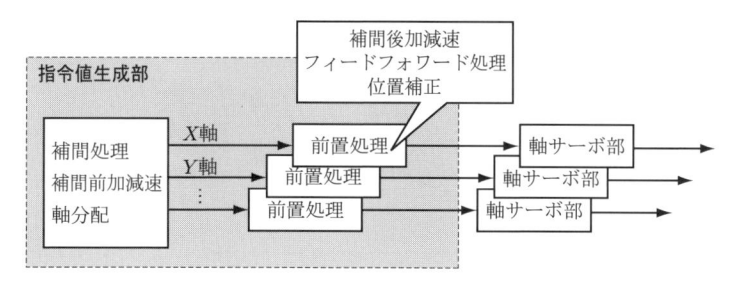

図 5.1 指令値生成部の処理と構成

## 5.2 補間処理

補間処理では，動作プログラムで与えられた代表点・補間形式・送り速度などの情報から補間座標を計算する．図 5.2 に代表的な補間形式の例を示す．最近では，同図 (c) のスプライン補間が注目を集めているが，まず基本となるのは同図 (a), (b) の**直線補間**と**円弧補間**であるので，本書では 2 次元 $XY$ 平面でのこれらの補間式について示しておく．

(a) 直線補間　　(b) 円弧補間　　(c) スプライン補間

図 5.2 補間形式の例

なお，以下の説明では，動作の始点と終点を $P_S(x_S, y_S)$, $P_E(x_E, y_E)$ とし，補間座標を媒介変数 $\tau$ を用いて $P_I(p_x(\tau), p_y(\tau))$ と表す．動作は $\tau = 0$ で開始し，$\tau = \tau_E$ で終了すると考える．まず，動作の加減速は考慮せず，動作経路の接線方向の速度を一定とし $V_{FC}$ とおく．$V_{FC}$ はプログラムで指定される送り速度である．

### (1) 直線補間

図 5.3 に示すように，始点 $P_S$ から終点 $P_E$ を直線で補間する経路を考える．$P_S$ から補間点 $P_I$ までの距離を $g_T(\tau)$ とすると，$P_I$ の座標値は次式で表される．

$$p_x(\tau) = g_T(\tau)\cos\theta_L + x_S \tag{5.1a}$$

$$p_y(\tau) = g_T(\tau)\sin\theta_L + y_S \tag{5.1b}$$

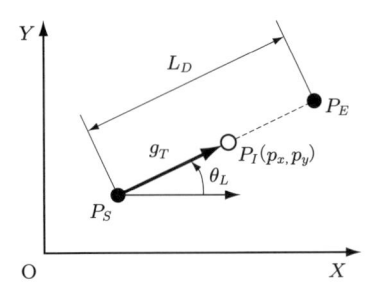

図 5.3 直線補間

$$\theta_L = \tan^{-1}\frac{y_E - y_S}{x_E - x_S} \tag{5.1c}$$

ただし，$\theta_L$ は $\overline{P_S P_E}$ が $X$ 軸となす角である．$\tau$ を時間と考えると，$g_T(\tau)$ は次式で表される．

$$g_T(\tau) = V_{FC}\tau \qquad (0 \leq \tau \leq \tau_E) \tag{5.2}$$

ここで，補間経路の長さ（補間距離または指令距離）を $L_D$ とすると

$$g_T(\tau_E) = L_D = \sqrt{(x_S - x_E)^2 + (y_S - y_E)^2} \tag{5.3}$$

である．したがって

$$\tau_E = \frac{L_D}{V_{FC}} \tag{5.4}$$

より $\tau_E$ が決定し，補間座標が式 (5.1), (5.2) より計算される．また各軸の指令速度は次式で計算される．

$$\dot{p}_x(\tau) = \dot{g}_T(\tau)\cos\theta_L = V_{FC}\cos\theta_L \tag{5.5a}$$
$$\dot{p}_y(\tau) = \dot{g}_T(\tau)\sin\theta_L = V_{FC}\sin\theta_L \tag{5.5b}$$

### (2) 円弧補間

図 5.4 に示すように，始点 $P_S$ から終点 $P_E$ まで円弧で補間する経路を考える．ただし，円弧半径を $R_c$ とする．

まず，円弧の中心座標を求める．円弧中心の座標を $P_C(x_C, y_C)$，$\overline{P_S P_E}$ の中点を $P_M(x_M, y_M)$，$\overline{P_C P_M} = L_M$，$\overline{P_S P_E} = L_{D0}$，$\overline{P_S P_E}$ の $x$ 軸，$y$ 軸への射影の長さを $L_{x0}, L_{y0}$ とすると

$$(x_M - x_C)^2 + (y_M - y_C)^2 = L_M^2 = R_c^2 - \frac{L_{D0}^2}{4} \tag{5.6}$$

$$L_{x0}(x_M - x_C) + L_{y0}(y_M - y_C) = 0 \tag{5.7}$$

となる．式 (5.7) を式 (5.6) に代入して $(y_M - y_C)$ を消去し，$x_C$ について解く．これを式 (5.7) に代入して $y_C$ が求められる．

$$x_C = x_M \pm \frac{L_M}{L_{D0}} L_{y0} \tag{5.8a}$$

$$y_C = y_M \mp \frac{L_M}{L_{D0}} L_{x0} \tag{5.8b}$$

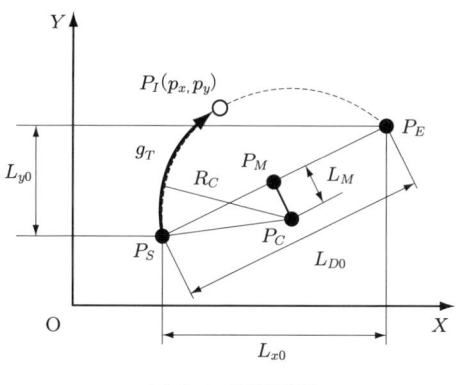

図 **5.4** 円弧補間

式 (5.8) 中に符号が二つあるのは，図 5.4 で示した時計回り（CW）方向以外に，反時計回り（CCW）方向で定義される円弧の中心があるからである．円弧中心の座標が求められたら，次式より，円弧補間の開始角度 $\theta_S$ と終了角度 $\theta_E$ を求める．

$$\theta_S = \tan^{-1} \frac{y_S - y_C}{x_S - x_C} \tag{5.9a}$$

$$\theta_E = \tan^{-1} \frac{y_E - y_C}{x_E - x_C} \tag{5.9b}$$

$P_S$ から $P_I$ への円弧の長さ（補間距離）を $g_T(\tau)$，対応する中心角度を $\theta_T(\tau)$ とすると

$$\theta_T(\tau) = \frac{g_T(\tau)}{R_c} + \theta_S \tag{5.10}$$

となる．円弧補間の角速度を $\omega_c\,(= V_{FC}/R_c)$ とすると

$$\theta_T(\tau) = \frac{V_{FC}\tau}{R_c} + \theta_S = \omega_c \tau + \theta_S \qquad (0 \leq \tau \leq \tau_E) \tag{5.11a}$$

$$\tau_E = \frac{\theta_E - \theta_S}{\omega_c} \tag{5.11b}$$

となり，$P_I$ の座標は次式で表される．

$$p_x(\tau) = R_c \cos\theta_T(\tau) + x_C \tag{5.12a}$$

$$p_y(\tau) = R_c \sin\theta_T(\tau) + y_C \tag{5.12b}$$

$$(0 \leq \tau \leq \tau_E)$$

式 (5.12a), (5.12b) を微分すると，各軸の指令速度はそれぞれ次式となる．

$$\dot{p}_x(\tau) = -R_c \dot{\theta}_T(\tau) \sin\theta_T(\tau) = -R_c \omega_c \sin\theta_T(\tau) \tag{5.13a}$$

$$\dot{p}_y(\tau) = R_c \dot{\theta}_T(\tau) \cos\theta_L(\tau) = R_c \omega_c \cos\theta_T(\tau) \tag{5.13b}$$

### 例 5.1　補間点の生成の実際

本書では，連続系での解析を基本としているので，指令値生成部も連続系で扱っている．しかし，実際の指令値生成部は，位置制御系に演算時間ごとにデジタル指令を渡すので，補間データは図 5.5 に示すように時間分解能と空間分解能の制約を受ける．ここでは，直線補間を例にとって時間分解能の制約について考えてみよう．

位置制御系のサンプリング時間を $T_{sp}$ とすると，時刻 $nT_{sp}$ ($n = 0, 1, \ldots, N$) に位置制御系に渡される直線補間データ $x(n), y(n)$ は

$$x(n) = V_{FCx} T_{sp} + x(n-1) \tag{5.14a}$$

$$y(n) = V_{FCy} T_{sp} + y(n-1) \tag{5.14b}$$

となる．ただし，$V_{FCx}, V_{FCy}$ は $X$ 軸，$Y$ 軸方向の送り速度である．補間データの分解能は指令値の演算処理プロセッサのビット数により制約を受け，補間データの時間間隔は移動速度と $T_{sp}$ の影響を受ける．実際の制御装置においては，指令値生成部のプロセッサと位置制御系のプロセッサが異なる場合がある．たとえば，NC 工作機械の制御装置の指令値生成部はさまざまな処理を行うため，その演算時間がサーボ部の演算時間 $T_{sp}$ より大きくなることが多い．このため，指令値生成部での補間点の間隔が粗くなるので，実際は別のプロセッサで $T_{sp}$ ごとの補間データが生成され，指令値として軸サーボ系に指令される．

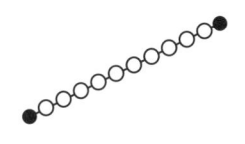

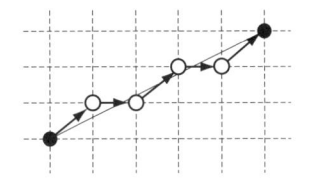

(a) 時間分解能（演算時間）の制約　　　（b）空間分解能の制約

図 5.5　時間分解能と空間分解能の制約

## 5.3 加減速回路

　前節で述べた補間には加減速の制約がない．したがって，指令開始時間での加速度が無限大となる場合が多い．しかし，モータの最大許容トルクを超える加速度は発生できない．さらに，急激な加減速は機体を振動させ，位置決め精度が悪化する．このため，実際の指令では加速度を制限している．このような加減速処理を行う部分は，**加減速回路**とよばれている．加減速回路というと電気回路がイメージされるが，実際の中身はデジタル信号処理，つまりソフトウェアである．

　加減速回路の機能を数学的に説明するために，補間指令が計算された後，その1軸分の指令が図 5.6 に示すように加減速回路に入力され，後続の位置制御系への指令として出力されたとする．ただし，加減速回路の入力を $f_{\mathrm{in}}(t)$，出力を $f_{\mathrm{out}}(t)$ としている．

　また，加減速回路への入力は，ある時間で速度 $V_{FC}$ [m/s] にステップし，指令距離に達すると 0 にステップする速度指令（ステップ型速度指令とよぶ）であるとする．以下，代表的な加減速回路について説明する．

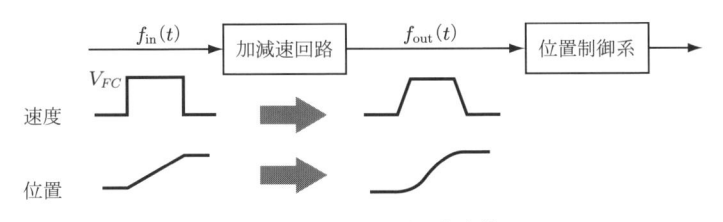

図 5.6　加減速回路と指令値

### (1) 指数関数型加減速

　指数関数型加減速回路は，次式に示す1次遅れ特性をもつ．

$$G(s) = \frac{1}{\tau_{lc}s + 1} \tag{5.15}$$

ただし，$\tau_{lc}$ は時定数 [s] である．指数関数型の加減速処理を行った場合の指令速度，加速度の例を図 5.7 に示す．同図 (b) に示すように，加減速開始時に加速度が不連続的に変化して最大となり，その大きさを $A_{\max}$ とすると

$$A_{\max} = \frac{V_{FC}}{\tau_{lc}} \tag{5.16}$$

となる．したがって，指数関数型加減速を用いると加減速開始時に機械に与える衝撃が大きくなる．また，同図 (a) に示すように目標速度へ近づくにつれて収束が遅くなるという問題もある．

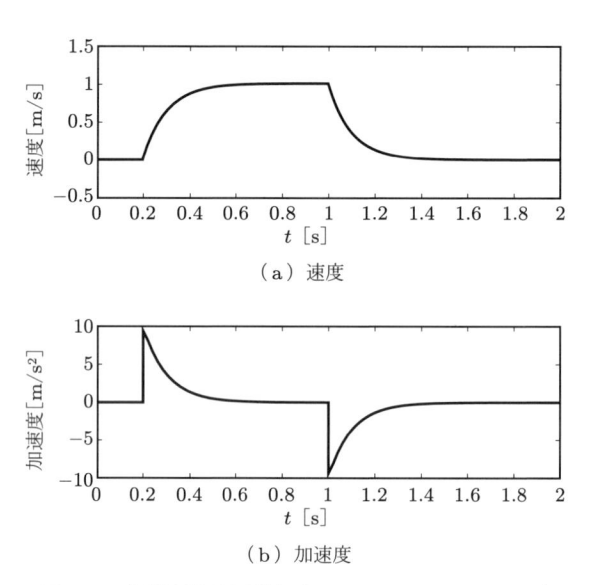

(a) 速度

(b) 加速度

図 5.7 指数関数型加減速（$\tau_{lc} = 0.1\,\mathrm{s}$, $V_{FC} = 1\,\mathrm{m/s}$）

## （2）移動平均型加減速（直線加減速）

加減速処理を次式に示す移動平均で行う．

$$f_{\mathrm{out}}(t) = \frac{1}{\tau_1} \int_{t-\tau_1}^{t} f_{\mathrm{in}}(\tau) d\tau \tag{5.17}$$

ただし，$\tau_1$ は移動平均時間 [s] である．この加減速処理を行った場合の指令速度，加速度の例を図 5.8 に示す．この場合，加減速時の加速度は一定となり，この値を $A_{cc}\,[\mathrm{m/s^2}]$

とおくと

$$A_{cc} = \frac{V_{FC}}{\tau_1} \tag{5.18}$$

となる．図 5.8（a）の速度パターンから，この加減速は一般的に**直線加減速**とよばれる．また，$\tau_1$ を **1 次加減速時間**，$A_{cc}$ を **1 次加速度**という．

　直線加減速の場合，指数関数型加減速と同じ最大加速度を許容するとすれば，位置決め時間を指数関数型より短くすることができる．すなわち，機械に与える衝撃を軽減すると同時に位置決め時間を短くすることが可能になる．ただし，この指令も加速度が不連続に変化する．また，移動距離が短くなった場合については注意が必要であり，これについては演習問題 5–2 を参照されたい．

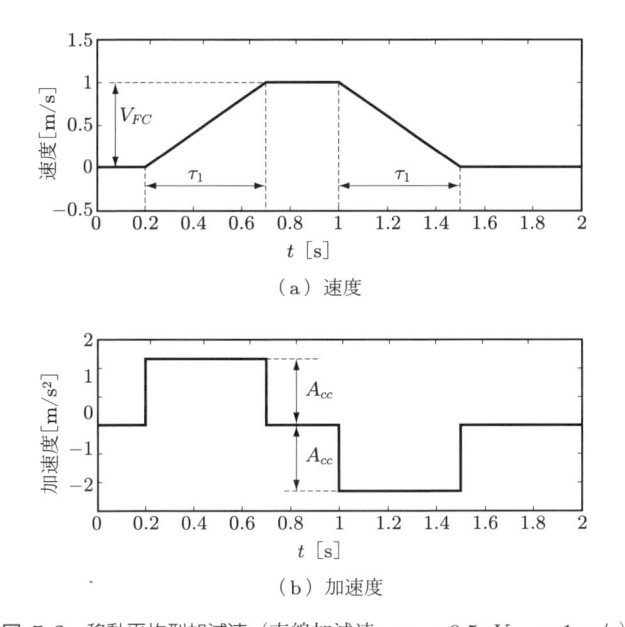

（a）速度

（b）加速度

図 **5.8** 移動平均型加減速（直線加減速，$\tau_1 = 0.5$，$V_{FC} = 1\,\mathrm{m/s}$）

## (3) 2 段移動平均型加減速（S 字加減速，ベル型加減速）

加減速処理を次式に示すように 2 段の移動平均で行う．

$$f_{\mathrm{out}}(t) = \frac{1}{\tau_1 \tau_2} \int_{t-\tau_2}^{t} \int_{t-\tau_1}^{t} f_{\mathrm{in}}(\tau) d\tau^2 \tag{5.19}$$

ただし，$\tau_2$ は 2 段目の移動平均時間，または **2 次加減速時間** [s] であり，$\tau_1 > \tau_2$

と仮定しておく．2段移動平均型加減速処理を行った場合の指令速度，加速度の例を図 5.9 に示す．この指令は，図 5.9（a）に示すように速度が連続的に変化するので，機械に与える衝撃が小さくなる．

この指令には，他にも下記のような名前がある．

- ジャーク抑制指令：加速度の微分であるジャークを抑制しているため．
- **S 字加減速**または**ベル型加減速**：速度パターンがそのような形になっているため．

移動平均の段数を増やし，3段階とすれば加速度を連続的に変化させることができ，さらになめらかな加減速を行うことができるが，位置決め時間は長くなる．

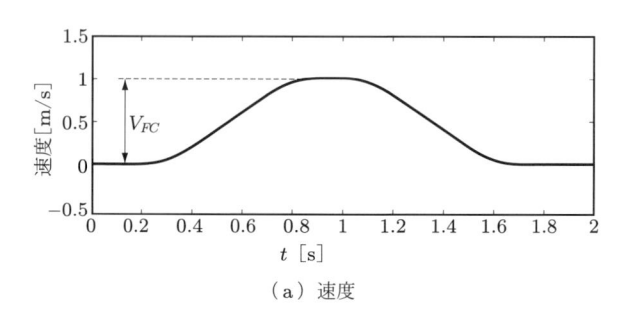

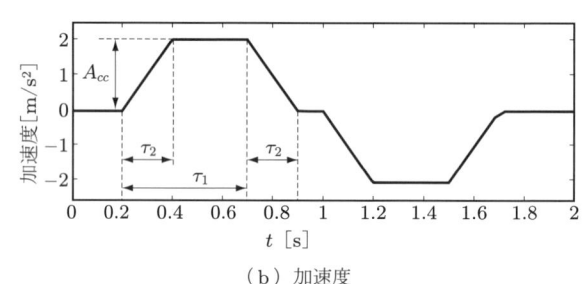

図 **5.9** 2 段移動平均型加減速（S 字，ベル型加減速）
($\tau_1 = 0.5\,\mathrm{s}$, $\tau_2 = 0.2\,\mathrm{s}$ $V_{FC} = 1\,\mathrm{m/s}$)

## 例 5.2　Simulink を用いた指令値の生成

ステップ型速度指令に対して図 5.7〜5.9 に示した速度と加速度を出力する SLK モデルを図 5.10（a）に示す．ただし，1 段の移動平均のモデルについては式 (5.17) を

$$f_{\mathrm{out}}(t) = \frac{1}{\tau_1}\int_{t-\tau_1}^{t} f_{\mathrm{in}}(\tau)\,d\tau = \frac{1}{\tau_1}\left[\int_{0}^{t} f_{\mathrm{in}}(\tau)\,d\tau - \int_{0}^{t-\tau_1} f_{\mathrm{in}}(\tau)\,d\tau\right.$$

$$= \frac{1}{\tau_1} \left[ \int_0^t \{f_{\text{in}}(\tau) \, d\tau - f_{\text{in}}(\tau - \tau_1)\} \, d\tau \right] \tag{5.20}$$

と変形して，同図（b）に示すように時間遅れ要素と積分器で構成している．

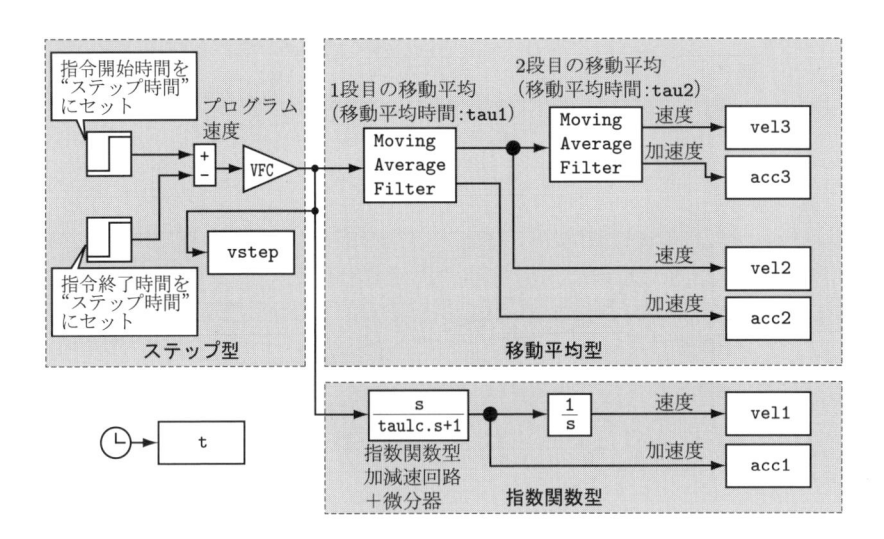

(a) 各種指令値を生成するSLKモデル

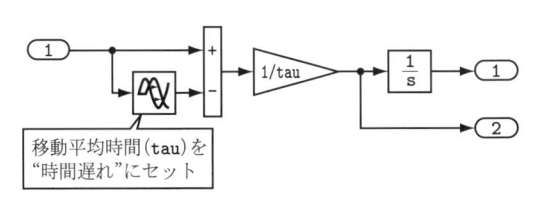

(b) 移動平均のSLKモデル（tau=tau1 または tau2）

**図 5.10** 指令値生成のための SLK モデル
(gen_command_filter.mdl)

 比較のために図 5.7〜5.9 の速度，加速度指令を同じ図に描いたのが図 5.11 である．この例では，指数関数型加減速の加減速時間と直線加減速の 1 次加減速時間 $\tau_1$ が同じ程度になるように設定しているが，図 5.11（b）に示すように指数関数型の最大加速度が 1 段移動平均型（直線加減速）のそれよりかなり大きくなることがわかる．また，2 段移動平均型（S 字加減速）は速度がなめらかに変化しているので機械系に与える衝撃は少ないが，位置決め時間は長くなることもわかる．

(a) 速度

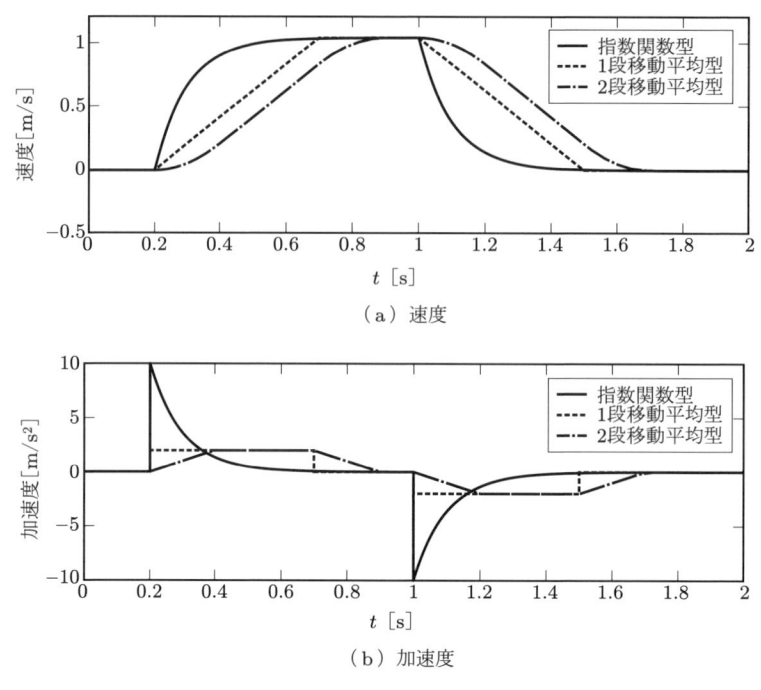

(b) 加速度

図 5.11 速度・加速度指令の比較

## 5.4 加減速回路のフィルタ表現

1段の移動平均の伝達関数を求める．式 (5.20) をラプラス変換すると次式となる．

$$G_{ma}(s) = \frac{1}{\tau_1} \frac{1 - e^{-\tau_1 s}}{s} \tag{5.21}$$

この伝達関数から，周波数伝達関数を求めると次式を得る．

$$\begin{aligned} G_{ma}(j\omega) &= \frac{1}{\tau_1} \frac{1 - e^{-\tau_1 j\omega}}{j\omega} = \frac{1}{\tau_1} \frac{e^{j\frac{\tau_1 \omega}{2}} - e^{-j\frac{\tau_1 \omega}{2}}}{j\omega} \times e^{-j\frac{\tau_1 \omega}{2}} \\ &= \frac{\sin\left(\frac{\tau_1 \omega}{2}\right)}{\frac{\tau_1 \omega}{2}} e^{-j\frac{\tau_1 \omega}{2}} \end{aligned} \tag{5.22}$$

したがって，ゲインと位相は

$$|G_{ma}(j\omega)| = \frac{\sin\left(\frac{\tau_1 \omega}{2}\right)}{\frac{\tau_1 \omega}{2}} \tag{5.23}$$

$$\angle G_{ma}(j\omega) = -\frac{\tau_1 \omega}{2} \tag{5.24}$$

となり，ゲイン線図と位相線図を描くと図 5.12 のようになる．式 (5.23) から明らかなように，ゲインは周波数が高くなるにつれて低下し，$\omega = 2k\pi/\tau_1$ ($k = 1, 2, \ldots$) で 0 となる．図 5.12 を見ると，この周波数でゲインの谷（ノッチという）ができていることがわかる．つまり移動平均フィルタは，高域の周波数成分を低下させ，移動平均時間の逆数の周波数の成分をカットする機能をもっており，この機能はオーバシュートや振動抑制に活用することができる．

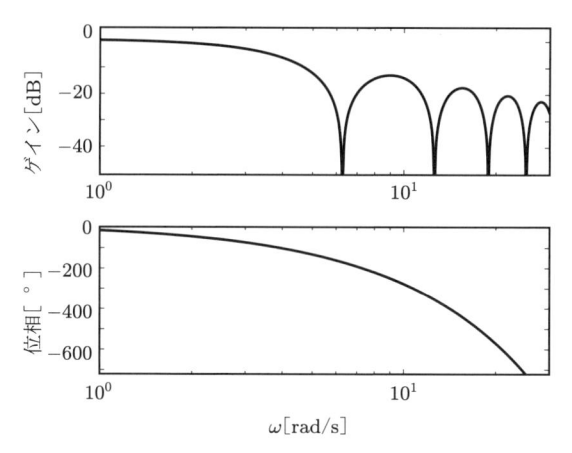

図 5.12 移動平均の周波数特性（$\tau_1 = 1\,\mathrm{s}$）

## 5.5 補間前加減速

1 軸の指令値については経路誤差を考慮する必要がない．しかし，多軸を同期する場合，加減速処理が経路誤差に影響を与える．これは，加減速処理回路がフィルタであり，指令振幅の減少と位相の遅延をもたらすからである．補間データを各軸に分配した後に加減速処理を行う方法を**補間後加減速**というが，この方法では位置指令自体に経路誤差が生じる．

例として，図 5.13 に示すコーナをもつ経路の指令値の生成について考えてみる．図中に示すように補間・軸分配後に加減速を行った場合，$X$ 軸の減速開始とともに $Y$ 軸の加速が始まり，コーナで丸みが生じる．

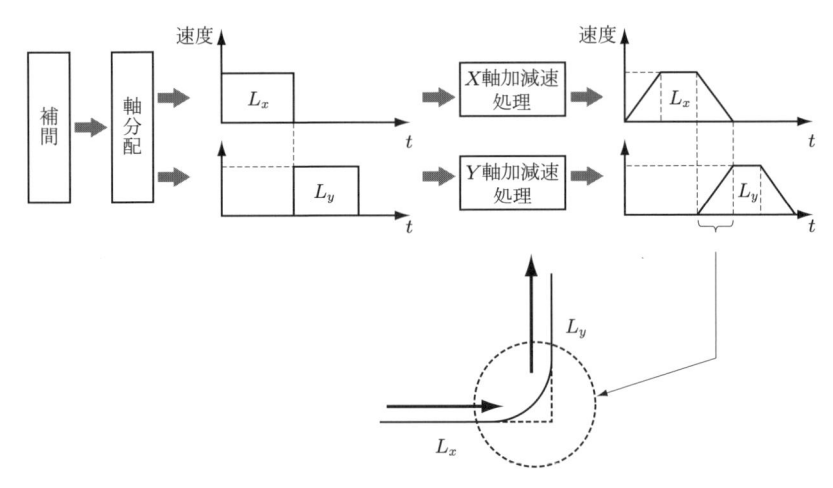

図 **5.13** 補間後加減速による経路誤差

　加減速にともなう経路誤差を抑制するためには，軸分配する前の補間処理で加減速処理を行うことが有効であり，この方法は**補間前加減速**とよばれている．この名前については少々わかりにくいと思うが，主に工作機械の制御分野でそうよばれているので，本書でもこの名前を用いる．

　図 5.14 にコーナ指令に補間前加減速を用いた例を示す．まず，距離が $L_x$ と $L_y$ のそれぞれの直線について加減速処理を行って速度パターンを生成し，この後に軸分配を行う．この場合，コーナでの丸みは発生しないことは明らかであろう．しかし，コーナで確実に停止するため，位置決め時間は長くなる．

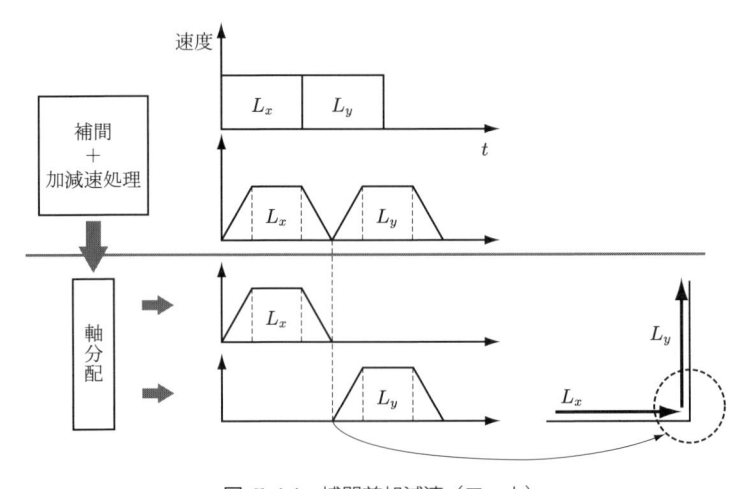

図 **5.14** 補間前加減速（コーナ）

コーナのエッジ精度より，時間短縮が優先される場合は，図 5.15 のように二つの速度パターンを重ね合わせ，コーナ速度（図中の $V_{FN}$）をある値に設定する方法がとられる．コーナ速度を大きくすると，時間は短縮されるが，機械への衝撃は大きくなる．

このように，補間前加減速を用いると，指令値のスピードと経路誤差を制御することができる．また，補間後加減速は機械系の振動を抑制するための前置フィルタとして活用されている．

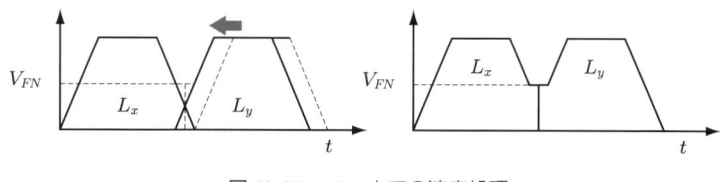

図 5.15　コーナでの速度処理

### 例 5.3　円弧補間指令の加減速

補間前と補間後に加減速を行った場合の円弧補間指令経路について比較する．加減速回路は直線加減速とする．図 5.16 が補間後加減速を行う SLK モデルである．モデルでは，まず速度指令を生成し，軸分配後に加減速処理を行ってから，積分して指令位置を得ている．ただし，この場合積分器の初期値設定に注意する．なお，補間前加減速を行う SLK モデルの作成については読者への演習問題とする（演習問題 5-3）．

図 5.16 のモデルを用いて生成した指令経路を図 5.17 に示す．ただし，1 次加減速時間

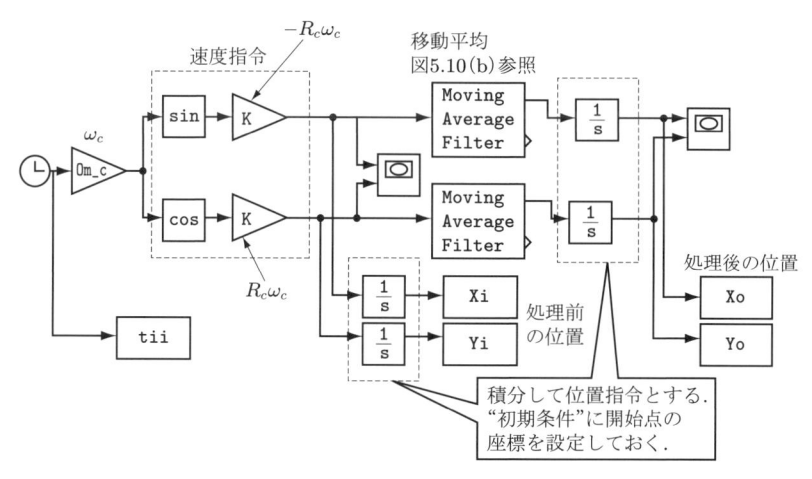

図 5.16　円弧補間指令を生成する SLK モデル（補間後加減速，circle_MAfilt_post.mdl）

$\tau_1 = 1\,\mathrm{s}$,角速度 $\omega_c = 1\,\mathrm{rad/s}$,指令半径 $R_c = 1$,円弧補間指令の開始角度 $\theta_s = 0\,\mathrm{rad}$ としている.図 5.17 の円軌跡を見ると,加減速処理を行った後では半径が小さくなっていることがわかる.これは加減速処理によって指令振幅が減少したためである.式 (5.23) より,$|G_{ma}(j\omega_c)| = 0.96$ と計算されるので,円弧半径は 4%減少することがわかる.

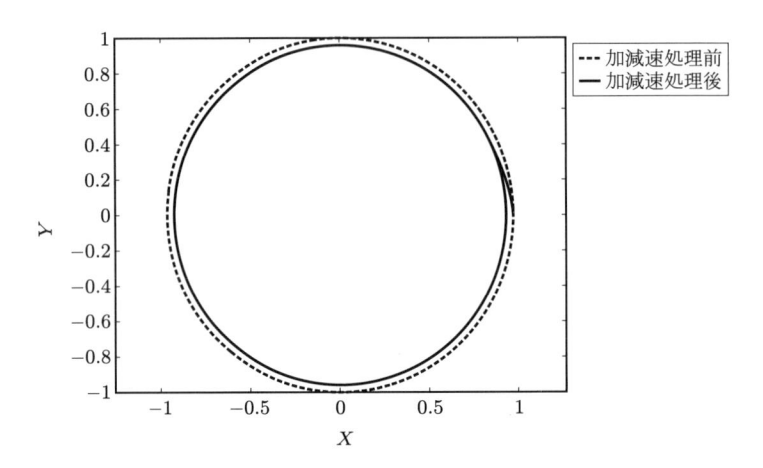

**図 5.17** 補間後加減速を行った場合の円軌跡(加減速処理前と後の比較)

図 5.18 は,補間前加減速と補間後加減速で得られた位置指令を時間軸で比較した図である.同図より,補間前加減速により,円半径の縮小がなくなっていることがわかる.

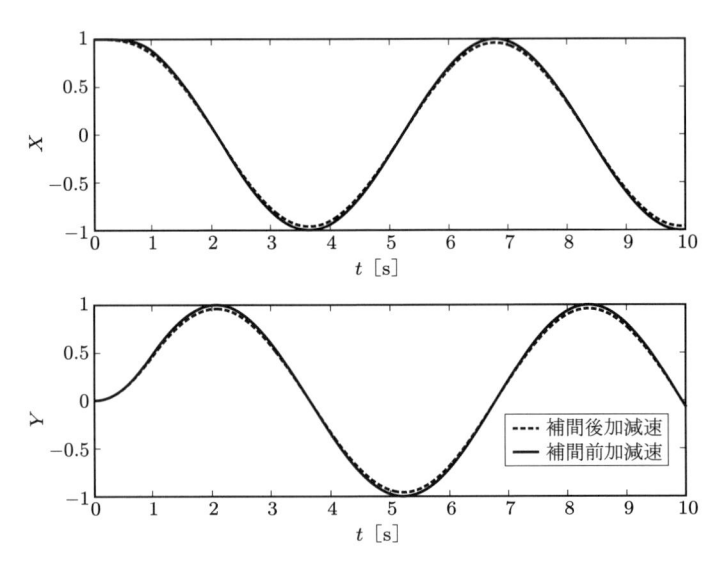

**図 5.18** 補間前加減速と補間後加減速を行った位置指令の比較

## 演習問題

5–1 図 5.8 (a) に示す速度パターンで (1) 加速状態，(2) 定速状態，(3) 減速状態にわけて位置指令の数式を求めよ．

5–2 直線指令距離が $L_D$，指令速度と指令加速度の絶対値の上限がそれぞれ $V_{\max}$，$A_{cc\max}$ と与えられとき，指令時間を最小にする速度指令を移動平均型加減速処理を用いて生成する．
  (1) 移動平均前の指令時間 $\tau_E$ と移動平均時間 $\tau_1$ を求めよ．ただし，$\tau_E > \tau_1$ とする．また，この場合の速度パターンを描け．
  (2) $\tau_E = \tau_1$ の場合の速度パターンを描け．
  (3) $\tau_E < \tau_1$ の場合の速度パターンを描け．また，このときの問題点を述べよ．
  (4) 上記 (3) の問題点を解決するための方策について述べよ．

5–3 例 5.3 の円弧補間指令を補間前加減速で生成する SLK モデルを作成せよ．

# 第6章 モータ制御系

第4章では理想的なアクチュエータを仮定して，基本的な軸サーボ系の構成と制御特性について述べた．本章では，位置決め・送り装置の代表的なアクチュエータであるサーボモータ（以下，モータと略す）の回転の仕組みと基礎方程式について述べ，その制御モデルを導く．まず，モータの基礎について DC モータを用いて説明し，AC モータへと展開する．

## 6.1 DC モータから AC モータへ

### 6.1.1 DC モータの構成

図 6.1 は位置決め・送り装置に用いられている DC モータの分解写真である．モータは大きく分けて，**回転子**（ロータ，rotor）と**固定子**（ステータ，stator）で構成される．

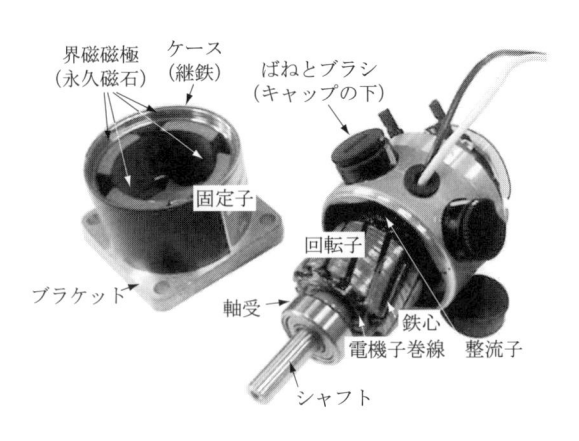

図 6.1　DC モータの分解写真

6.1 DCモータからACモータへ **109**

回転子は電機子巻線と鉄心からなる．**電機子**（アマチュア，armature）とは，トルクを発生するために電流が流れる導体部分の呼び名である．鉄心は**磁束**（magnetic flux）が通りやすく，かつ，うず電流が発生しないように薄板を絶縁して積み重ねている．

固定子は回転子へのトルクの反作用を受けながら，自身は機械側に固定されて動かない部分であり，**界磁磁極**および磁路をつくる**継鉄**（ヨーク，yoke）からなる．図6.1のモータでは永久磁石を界磁に用いており，界磁磁極の数は極数とよばれる．整流子片とブラシ（ばねで整流子片に押しつけられている）は，電機子巻線に流れる電流をスイッチするための機械的接点であるが，その機能については後述する．

## 6.1.2 DCモータの回路方程式とブロック線図

図6.2（a）はDCモータの構成を簡単化した図である．電機子巻線はひとつのコイルで代表されており，界磁束 $\phi_m$ 中のコイル片の有効長が $l_a$ [m]，コイル片どうしの距離が $d_a$ [m] であるとする．コイル辺 $C_{o1}$, $C_{o2}$ の端には整流子片 $C_{m1}$, $C_{m2}$ が，ブラシ $B_{r1}$, $B_{r2}$ には直流電源が接続されており，その端子電圧を $v_a$ [V]，ブラシを通して電源からコイルに送り込まれる電流を $i_a$ [A] とする．$v_a$ は**電機子電圧**，$i_a$ は**電機子電流**とよばれる．

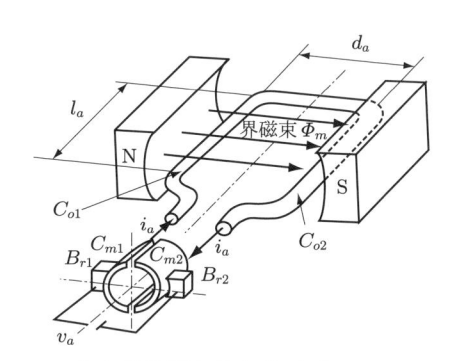

（a）界磁磁極（永久磁石）とコイル

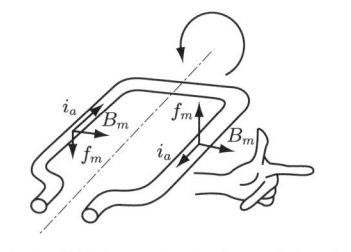

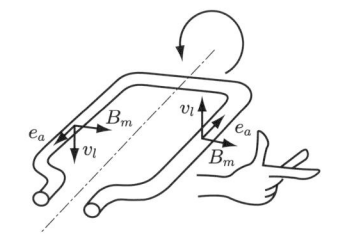

（b）磁界中のコイル電流に発生する力　　（c）磁界中を回転するコイルに発生する電圧

図 **6.2** DCモータの回転の仕組み

コイルに鎖交する磁束の磁束密度が $B_m$ [T：テスラ] であるとしたとき，コイル辺には図6.2 (b) に示すように磁束と電流に直交する方向に力 $f_m$ [N] が発生し，その大きさは次式で与えられる．

$$f_m = i_a B_m l_a \tag{6.1}$$

力の方向はフレミングの左手の法則にしたがい，この力によりコイルには次式に示すトルク $\tau_m$ [Nm] が作用する．

$$\tau_m = \frac{d_a}{2} f_m \times 2 = d_a l_a B_m i_a \tag{6.2}$$

コイルが図中の位置にあるときには，電源から見た電流の流れが①$B_{r1} \to C_{m1} \to C_{o1} \to C_{o2} \to C_{m2} \to B_{r2}$ となっている．コイルの位置が180°回転したとき，電流の流れは②$B_{r1} \to C_{m2} \to C_{o2} \to C_{o1} \to C_{m1} \to B_{r2}$ となって，以降180°回転ごとに①と②の変化を繰り返す．このためコイルには常に図6.2 (b) に示す方向に回転トルクが作用し，コイルが回転し続ける．

図6.2 (c) に示すように，コイル片が速度 $v_l$ [m/s] で運動しているとすると，コイル辺中には磁束と運動方向に直交する方向に起電力 $e_a$ [V] が発生し，その大きさは次式で与えられる．

$$e_a = B_m l_a v_l \tag{6.3}$$

ただし，起電力の方向はフレミングの右手の法則に従い，$e_a$ を**逆起電圧**または**誘起電圧**という．コイルの角速度を $\omega_m$ [rad/s] とすると $v_l = \omega_m d_a / 2$ であるので

$$e_a = \frac{d_a l_a B_m \omega_m}{2} \times 2 = d_a l_a B_m \omega_m \tag{6.4}$$

であり，コイルを回すためには $e_a$ に打ち勝ってコイルに電流を流し込まなければならない．

ひとつのコイルの場合，$B_m$ はコイルの位置によって変化するので，トルク $\tau_m$ と電機子電流 $i_a$ の関係は線形にならない．一方，モータを軸サーボ系に用いるとき両者の関係が線形であると，制御上都合がよい．したがって，実際のモータは図6.1に示すように複数のコイル（電機子巻線）と整流子がロータに配置されており，トルクと電機子電流の関係が線形になるように設計されている．この結果，トルクと電機子電流の関係および誘起電圧とモータの角速度の関係はそれぞれ次式のようになる．

$$\tau_m = K_{Td} i_a \tag{6.5}$$

$$e_a = K_{Ed} \omega_m \tag{6.6}$$

ただし，$K_{Ed}$ [V·s/rad] は**誘起電圧定数**，$K_{Td}$ [N·m/A] は**トルク定数**とよばれる重要な定数である．

$R_a$ [Ω]，$L_a$ [H] を電機子巻線の抵抗とインダクタンスとすると，電機子巻線システムは図 6.3（a）に示すような等価回路で表され，この回路方程式は次式となる．

$$v_a = R_a i_a + L_a \frac{di_a}{dt} + e_a \tag{6.7}$$

また，モータのロータの回転慣性（ロータイナーシャ）を $J_m$ とし，回転摩擦がないとしたときのモータの運動方程式は次式となる．

$$\tau_m = J_m \frac{d\omega_m}{dt} \tag{6.8}$$

式 (6.5)〜(6.8) をラプラス変換して，ブロック線図化すると図 6.3（b）のようになり，これが DC モータの電気・機械特性を表すブロック線図となる．

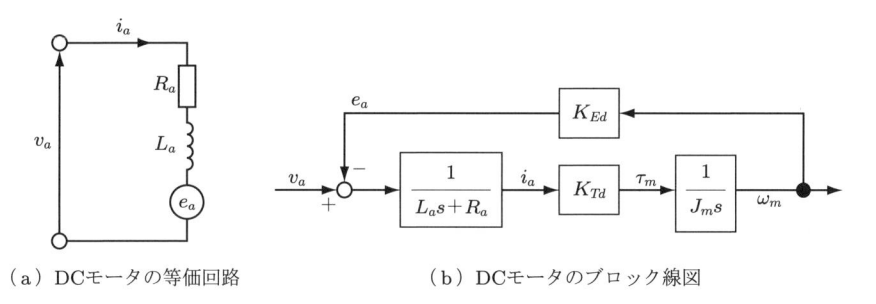

（a）DC モータの等価回路　　（b）DC モータのブロック線図

図 **6.3** DC モータの等価回路とブロック線図

## 6.1.3 同期 AC モータの回転の仕組み

図 6.4 は，DC モータの固定子と回転子により発生する磁界の関係をモータ断面図上に示した図である．電機子電流により発生する磁束の方向（起磁力方向）は，界磁束の方向と直交し，その方向にならおうとする．磁束の流れは実際は図のようにシンプルではないが，この関係を覚えておくと，AC モータの回転原理は理解しやすい．

同期 AC モータでは図 6.5（a）に示すように電機子巻線を固定子側，永久磁石は回転子側に配置しているが，これらは図 6.4 の DC モータの場合と逆の配置となっていることがわかる．

図 6.5（a）のロータが回転する仕組みを説明すると次のようになる．

① 固定子側には $U_a - U_a'$，$V_a - V_a'$，$W_a - W_a'$ の三つのコイルを 120° ごとにずらして配置する．このとき，それぞれのコイルによって発生する起磁力の方向を

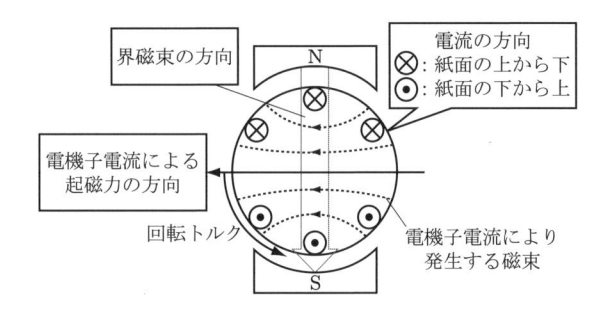

**図 6.4** DC モータの回転子と固定子の磁界の関係

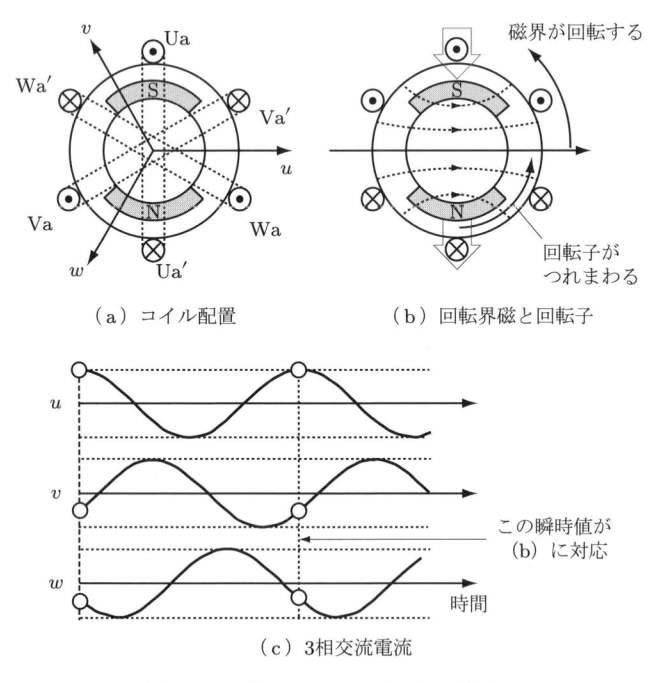

（a）コイル配置　　（b）回転界磁と回転子

（c）3相交流電流

**図 6.5** 同期 AC モータの回転の仕組み

　　$u, v, w$ 軸とする．
② $u, v, w$ 軸の各コイルに図 6.5（c）に示す 3 相交流（対称 3 相交流という）電流を流すと，各軸の合成起磁力の方向は同図（b）に示すように回転する．
③ 合成起磁力の方向にロータの永久磁石がならおうとし，トルクが発生する．回転子は交流電源の周波数で決まる磁界の回転速度に同期して回転し，このときの速度を同期速度という．

以上が同期 AC モータの回転の仕組みである．

## 6.2 同期 AC モータのモデル

### 6.2.1 モータの構成

図 6.6 (a) に同期 AC モータの構造を示す．同期 AC モータは，巻線システムをもつ固定子と永久磁石をもつ回転子から構成される．同図では永久磁石は固定子の表面に配置されているが，このようなタイプは**表面永久磁石型**（surface permanent magnet, 略して SPM）といわれる．コイルはティースとよばれる鉄心に巻かれており，このような巻き方は**集中巻**という．U 相巻線はコイル $U_1$ からコイル $U_2$ とつながっており，V, W 相巻線も同様に結線されて各相のコイルエンドは接続され，この接続点は中性点という．

コイルが収納される溝はスロットという．この例では 6 スロットであり，極数は 4 である．回転子の角度を**機械角**（mechanical angle）といい，図中では，コイル $U_1$ の中心軸からみた機械角を $\theta_m$ とおいている．

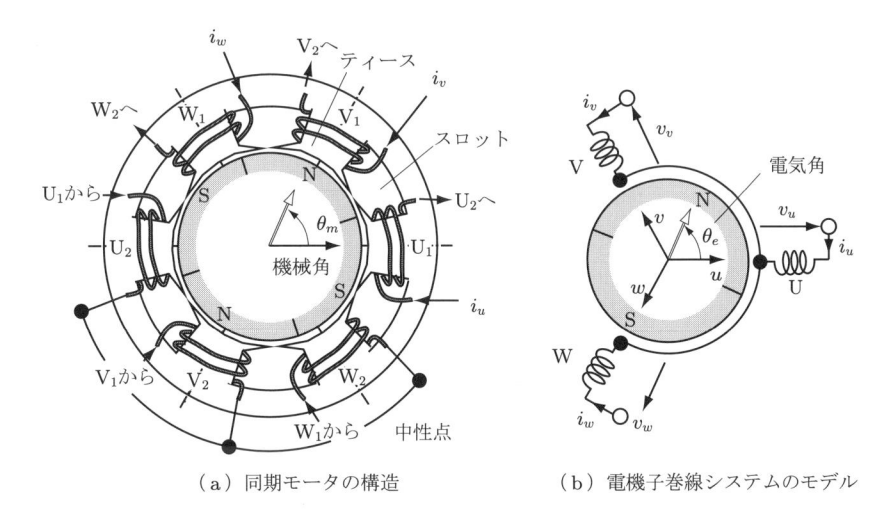

(a) 同期モータの構造　　(b) 電機子巻線システムのモデル

図 **6.6**　同期 AC モータの構造とモデル

図 6.6 (b) は，モータの電気的・磁気的な現象を説明するための図であり，電機子巻線を 120° ごとに配置し，回転子の極数を 2 としている．この図では，交流電流の 1 周期に，回転磁界の 1 回転を対応させており，このときの回転子の回転角度を**電気角**（electrical angle）という．電気角 $\theta_e$ と機械角 $\theta_m$ との間には

$$\theta_e = P_n \theta_m \tag{6.9}$$

の関係がある．ただし，$P_n$ は極対数（極数 ÷ 2）である．中性点からみた各巻線の端

子電圧 $v_u, v_v, v_w$ を**相電圧**といい，各電機子巻線に流れる電流 $i_u, i_v, i_w$ の最大値を $I_m$ [A]，交流の角周波数を $\omega_e$ [rad/s] とすると

$$\begin{bmatrix} i_u \\ i_v \\ i_w \end{bmatrix} = I_m \begin{bmatrix} \cos(\omega_e t) \\ \cos\left(\omega_e t - \dfrac{2\pi}{3}\right) \\ \cos\left(\omega_e t + \dfrac{2\pi}{3}\right) \end{bmatrix} \tag{6.10}$$

となる．同期モータでは，電気角速度 $d\theta_e/dt = \omega_e$ となるように制御される．

## 6.2.2 電機子に鎖交する磁束

図 6.6 (b) の各相の電機子巻線数を $N_a$ とする．$u$ 相の電機子電流で発生して，$v$ 相に鎖交する磁束を $\phi_{vu}$ というように表すと，$u, v, w$ 相の電機子電流によって発生し，各電機子巻線に鎖交する磁束鎖交数はそれぞれ次式で表される．

$$N_a\phi_u = N_a\phi_{uu} + N_a\phi_{uv} + N_a\phi_{uw} = L_{uu}i_u + M_{uv}i_v + M_{uw}i_w \tag{6.11a}$$

$$N_a\phi_v = N_a\phi_{vu} + N_a\phi_{vv} + N_a\phi_{vw} = M_{vu}i_u + L_{vv}i_v + M_{vw}i_w \tag{6.11b}$$

$$N_a\phi_w = N_a\phi_{wu} + N_a\phi_{wv} + N_a\phi_{ww} = M_{wu}i_u + M_{wv}i_v + L_{ww}i_w \tag{6.11c}$$

ただし，$L_{uu}, L_{vv}, L_{ww}$ は各相の自己インダクタンス，$M_{uv}$ などは相間の相互インダクタンスである．

図 6.7 (a) に示すように，$\phi_{uu}$ は $v, w$ 相電機子巻線に鎖交する有効磁束 $\phi_{eu}$ と鎖交しない漏れ磁束 $\phi_{lu}$ に分けられる．これらの磁束の $u$ 相電機子巻線への磁束鎖交数は

$$N_a\phi_{uu} = N_a(\phi_{eu} + \phi_{lu}) = (L_e + L_l)i_u = L_{uu}i_u \tag{6.12}$$

となる．ここで，$L_e(=N_a\phi_{eu}/i_u)$ は 1 相あたりの有効インダクタンス，$L_l(=N_a\phi_{lu}/i_u)$ は 1 相あたりの漏れインダクタンスである．

図 6.7 (b) に示すように $v, w$ 相の電機子電流で発生し，$u$ 相電機子巻線へ鎖交する磁束鎖交数はそれぞれ次式で表される．

$$N_a\phi_{uv} = N_a\phi_{ev}\cos\left(-\frac{2\pi}{3}\right) = -\frac{1}{2}N_a\phi_{ev} = -\frac{1}{2}L_e i_v = M_{uv}i_v \tag{6.13a}$$

$$N_a\phi_{uw} = N_a\phi_{ew}\cos\left(\frac{2\pi}{3}\right) = -\frac{1}{2}N_a\phi_{ew} = -\frac{1}{2}L_e i_w = M_{uw}i_w \tag{6.13b}$$

$v, w$ 相電機子巻線に鎖交する磁束についても同様の結果となり，各インダクタンスは次の値となる．

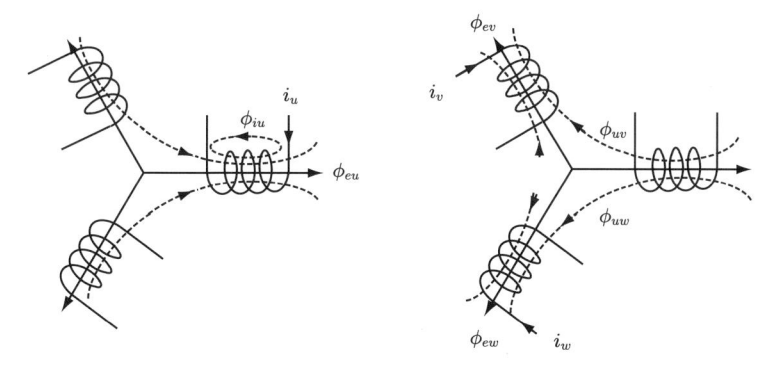

(a) $u$ 相で発生し，$u$ 相に鎖交する磁束　　(b) $v, w$ 相で発生し，$u$ 相に鎖交する磁束

図 **6.7**　各相電流で発生する磁束と各電機子巻線への鎖交磁束

$$L_{uu} = L_{vv} = L_{ww} = L_e + L_l = L_{a1} \tag{6.14a}$$

$$M_{uv} = M_{uw} = M_{vu} = M_{vw} = M_{wu} = M_{wv} = -\frac{1}{2}L_e = M_{a1} \tag{6.14b}$$

ただし，$L_{a1}$ を 1 相あたりの自己インダクタンス，$M_{a1}$ を電機子巻線間の相互インダクタンスとおいている．

また，回転子の永久磁石から発生し，各電機子巻線に鎖交する磁束は正弦波状であると考え，$u, v, w$ 相電機子巻線への磁束鎖交数を次のベクトルで表す．

$$\boldsymbol{\Phi}_{am} = \begin{bmatrix} \phi_{um} \\ \phi_{vm} \\ \phi_{wm} \end{bmatrix} = \Phi_m \begin{bmatrix} \cos(\theta_e) \\ \cos\left(\theta_e - \dfrac{2\pi}{3}\right) \\ \cos\left(\theta_e + \dfrac{2\pi}{3}\right) \end{bmatrix} \tag{6.15}$$

ただし，$\Phi_m$：磁束鎖交数の最大値である．

### 6.2.3　電機子の電圧・電流方程式

「各電機子の相電圧」＝「電機子抵抗による電圧降下」＋「磁束鎖交数の変化率」となる．たとえば，$u$ 相電圧は次式となる．

$$v_u = R_a i_u + \frac{d(N_a \phi_u)}{dt} + \frac{d\phi_{um}}{dt} = R_a i_u + \frac{d}{dt}\left(L_{a1} i_u + M_{a1} i_v + M_{a1} i_w\right) + e_u \tag{6.16}$$

ただし，$R_a$ は電機子巻線抵抗（1 相分），$e_u$ は $\phi_{um}$ の変化により発生する $u$ 相の誘起電圧である．回転子の表面磁石の透磁率は空気とほぼ同じであると考え，$L_{a1}, M_{a1}$

は回転子の角度にかかわらず一定とすると，$v, w$ 相をあわせた電機子巻線システムの電圧・電流方程式は次式となる．

$$\begin{bmatrix} v_u \\ v_v \\ v_w \end{bmatrix} = \begin{bmatrix} L_{a1} & M_{a1} & M_{a1} \\ M_{a1} & L_{a1} & M_{a1} \\ M_{a1} & M_{a1} & L_{a1} \end{bmatrix} \frac{d}{dt} \begin{bmatrix} i_u \\ i_v \\ i_w \end{bmatrix} + \begin{bmatrix} R_a & 0 & 0 \\ 0 & R_a & 0 \\ 0 & 0 & R_a \end{bmatrix} \begin{bmatrix} i_u \\ i_v \\ i_w \end{bmatrix} + \begin{bmatrix} e_u \\ e_v \\ e_w \end{bmatrix} \tag{6.17}$$

ただし，

$$\begin{bmatrix} e_u \\ e_v \\ e_w \end{bmatrix} = \frac{d\boldsymbol{\Phi}_{am}}{dt} = -\frac{d\theta_e}{dt}\Phi_m \begin{bmatrix} \sin(\theta_e) \\ \sin\left(\theta_e - \dfrac{2\pi}{3}\right) \\ \sin\left(\theta_e + \dfrac{2\pi}{3}\right) \end{bmatrix} \tag{6.18}$$

である．

### 6.2.4 回路方程式の直流化

式 (6.17) の電流・電圧方程式は 3 相交流の $uvw$ 座標系上で定義されている．これをわかりやすい形式にするため，回転子の磁極 N の方向を $d$（direct）軸，$d$ 軸に対する進み方向の直交軸を $q$（quadrature）軸と考えた $dq$ 座標系に変換する．付録 B に示すように $dq \to uvw$ 座標変換行列を $\boldsymbol{C}_{du}^T$ とすると，その逆変換行列は $\boldsymbol{C}_{du}$ である．$uvw$ 座標上の電圧・電流ベクトルを $\boldsymbol{V}_{uvw} = (v_u\ v_v\ v_w)^T$, $\boldsymbol{I}_{uvw} = (i_u\ i_v\ i_w)^T$ とし，式 (6.17) を次のように表現する．

$$\boldsymbol{V}_{uvw} = \boldsymbol{L}_M \frac{d\boldsymbol{I}_{uvw}}{dt} + \boldsymbol{R}_M \boldsymbol{I}_{uvw} + \frac{d\boldsymbol{\Phi}_{am}}{dt} \tag{6.19}$$

ただし，$\boldsymbol{L}_M, \boldsymbol{R}_M$ は対応するインダクタンス行列，抵抗行列である．$dq$ 座標上の電圧・電流ベクトル $\boldsymbol{V}_{dq} = (v_d\ v_q)^T$, $\boldsymbol{I}_{dq} = (i_d\ i_q)^T$ とし，座標変換式

$$\boldsymbol{V}_{uvw} = \boldsymbol{C}_{du}^T \boldsymbol{V}_{dq} \tag{6.20a}$$

$$\boldsymbol{I}_{uvw} = \boldsymbol{C}_{du}^T \boldsymbol{I}_{dq} \tag{6.20b}$$

を式 (6.19) に代入し，両辺の左から $\boldsymbol{C}_{du}$ をかけて計算すると次式となる（計算については演習問題 6–3 を参照）．

$$\begin{bmatrix} v_d \\ v_q \end{bmatrix} = \begin{bmatrix} R_a & -\omega_e L_a \\ \omega_e L_a & R_a \end{bmatrix} \begin{bmatrix} i_d \\ i_q \end{bmatrix} + L_a \frac{d}{dt} \begin{bmatrix} i_d \\ i_q \end{bmatrix} + \begin{bmatrix} 0 \\ \Phi_e \omega_e \end{bmatrix} \tag{6.21}$$

ただし，

$$L_a = L_{a1} - M_{a1} = L_l + \frac{3}{2}L_e \tag{6.22}$$

$$\Phi_e = \sqrt{\frac{3}{2}}\Phi_m \tag{6.23}$$

としている．

### 6.2.5 モータトルクと回路定数

中性点への流入電流の和が 0 であるので，電機子電流には $i_u = -(i_v + i_w)$ の関係があり，これを用いて，式 (6.17) の 1 行目の関係式を求めると次式を得る．

$$v_u = R_a i_u + L_a \frac{di_u}{dt} + e_u \tag{6.24}$$

式 (6.24) は 1 相等価回路を表す式であり，モータのカタログに記載されている電機子巻線抵抗とインダクタンスはこの式で定義されていることが多い．ただし，「線間」と表現されている場合は，その値の半分となる．注目すべき点は，式 (6.24) 中のインダクタンスと抵抗が式 (6.21) 中のそれらと同じという点である．

次にトルクを求めるために，まず $u$ 相への入力電力を求める．式 (6.24) の両辺に電流をかけると次式を得る．

$$i_u v_u = R_a i_u^2 + \frac{1}{2}\frac{d}{dt}\left[L_a i_u^2\right] + i_u \frac{d\phi_{um}}{dt} \tag{6.25}$$

上式の右辺第 1 項はジュール熱（銅損），第 2 項はインダクタンスの蓄積エネルギー，第 3 項が機械出力となる．第 3 項は，

$$i_u \frac{d\phi_{um}}{dt} = i_u \frac{d\theta_m}{dt}\frac{\partial \phi_{um}}{\partial \theta_m} \tag{6.26}$$

であり，$u$ 相で発生するトルクを $\tau_{mu}$ とすれば，機械出力は $(d\theta_m/dt)\tau_{mu}$ であるので，式 (6.26) と比べて次式を得る．

$$\tau_{mu} = i_u \frac{\partial \phi_{um}}{\partial \theta_m} = i_u \frac{d\theta_e}{d\theta_m}\frac{\partial \phi_{um}}{\partial \theta_e} = P_n i_u \frac{\partial \phi_{um}}{\partial \theta_e} \tag{6.27}$$

したがって，3 相分をあわせたトルク $T_m$ は次式となる．

$$T_m = P_n \left[i_u \frac{\partial \phi_{um}}{\partial \theta_e} + i_v \frac{\partial \phi_{vm}}{\partial \theta_e} + i_w \frac{\partial \phi_{wm}}{\partial \theta_e}\right] \tag{6.28}$$

式 (6.28) に式 (6.10) と式 (6.15) を代入して次式を得る．

$$T_m = \frac{3}{2}P_n\Phi_m I_m \sin(\omega_e t - \theta_e) = \frac{3}{2}P_n\Phi_m I_m \sin\delta_e \tag{6.29}$$

ただし,$\delta_e = \omega_e t - \theta_e$ とした.$\omega_e = d\theta_e/dt$ なので,$\delta_e$ は一定となり,このときの各相の電機子電流は次式で表される.

$$\begin{bmatrix} i_u \\ i_v \\ i_w \end{bmatrix} = I_m \begin{bmatrix} \cos(\theta_e + \delta_e) \\ \cos\left(\theta_e + \delta_e - \dfrac{2\pi}{3}\right) \\ \cos\left(\theta_e + \delta_e + \dfrac{2\pi}{3}\right) \end{bmatrix} \tag{6.30}$$

上式を $uvw$ 座標系から $dq$ 回転座標系に変換すると

$$\begin{bmatrix} i_d \\ i_q \end{bmatrix} = \sqrt{\frac{3}{2}} I_m \begin{bmatrix} \cos\delta_e \\ \sin\delta_e \end{bmatrix} \tag{6.31}$$

となる.したがって,$\delta_e = \pi/2$ となるように電流を制御すれば,

$$\begin{bmatrix} i_d \\ i_q \end{bmatrix} = \begin{bmatrix} 0 \\ \sqrt{\dfrac{3}{2}} I_m \end{bmatrix} \tag{6.32}$$

となる.この制御は,$d$ 軸電流を 0 にするので $i_d = 0$ 制御という.

このとき,モータトルクは式 (6.29), (6.23), (6.32) より

$$T_m = \frac{3}{2}P_n\Phi_m I_m = \sqrt{\frac{3}{2}}P_n\Phi_e I_m = P_n\Phi_e i_q \tag{6.33}$$

となる.すなわち,モータトルクは $q$ 軸電流 $i_q$ に比例し,その比例定数であるトルク定数 $K_T$ [N·m/A] は

$$K_T = P_n\Phi_e \tag{6.34}$$

となる.

また,式 (6.21) 中の $q$ 軸上の誘起電圧は $\Phi_e\omega_e = \Phi_e P_n\omega_m$ なので,誘起電圧定数 $K_E$ [V·s/rad] は

$$K_E = P_n\Phi_e \tag{6.35}$$

となる.すなわちトルク定数と誘起電圧定数は等しくなる.

## 6.3 電流制御系と簡略化モデル

### 6.3.1 電流制御系

式 (6.21) の電圧・電流方程式に対して，各軸の電流を非干渉化する制御を行う[41]．$d, q$ 軸間で相互干渉する逆起電圧成分に対しては，次式に示す補償を行う．

$$\begin{bmatrix} v_d \\ v_q \end{bmatrix} = \begin{bmatrix} v_{d1} \\ v_{q1} \end{bmatrix} + \begin{bmatrix} 0 & -\omega_e L_a \\ \omega_e L_a & 0 \end{bmatrix} \begin{bmatrix} i_d \\ i_q \end{bmatrix} \tag{6.36}$$

ただし，$v_{d1}, v_{q1}$ は補償を行った後の新しい指令電圧である．上式を式 (6.21) に代入し，電気角速度を機械角速度 $\omega_m$ としてモータの電流電圧方程式とトルク式は次式となる．

$$\begin{bmatrix} v_{d1} \\ v_{q1} \end{bmatrix} = \begin{bmatrix} R_a & 0 \\ 0 & R_a \end{bmatrix} \begin{bmatrix} i_d \\ i_q \end{bmatrix} + L_a \frac{d}{dt} \begin{bmatrix} i_d \\ i_q \end{bmatrix} + \begin{bmatrix} 0 \\ K_E \omega_m \end{bmatrix} \tag{6.37}$$

$$T_m = K_T i_q \tag{6.38}$$

ただし，$K_T = K_E = P_n \Phi_e$ である．上式の $d$ 軸，$q$ 軸電流それぞれに対して電流フィードバック制御を行った場合のブロック線図を図 6.8 に示す．ただし，$i_{cq}, i_{cd}$ は $q$ 軸，$d$ 軸の電流指令，$J_m$ はモータのロータイナーシャである．

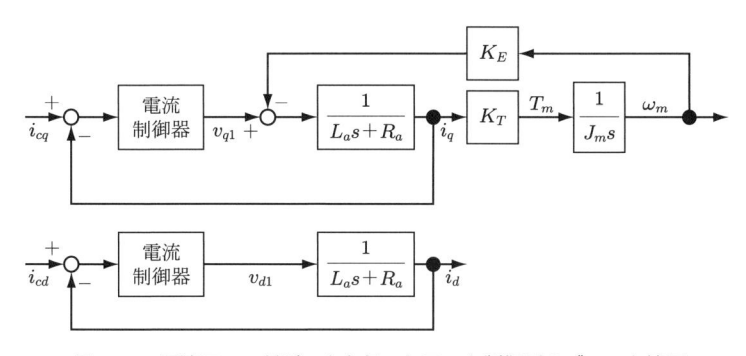

**図 6.8** 電流フィードバックを行ったモータ制御系のブロック線図

前節で述べた $i_d = 0$ 制御を行うために $i_{cd} = 0$ とする．以上の制御がうまく機能すると，モータと電流制御系の見た目の特性は，図 6.8 中の $q$ 軸制御のブロック線図のみで表現できる．

図 6.8 は，モータのシミュレーションに用いられる最も簡単なブロック線図であるが，$q$ 軸のモータ特性を表現するブロック線図は図 6.3 (b) に示す DC モータのブロッ

ク線図と同じ形となっていることがわかる．

図 6.9 は $q$ 軸，$d$ 軸の制御をややくわしく表現したブロック線図の例である．ただし，この制御系では式 (6.36) 中のモータ電流値のかわりに電流指令値，モータ角速度のかわりに角速度指令値 $\omega_r$ を用いたフィードフォワード補償を行っている．

実際のモータシステムの制御では，$dq$ 座標系上の電圧指令値を $ab$ 座標系，$uvw$ 座標系に変換しなければならない．このとき，モータの電気角の情報も必要となり，最終的には 3 相電流は PWM で制御される．くわしくは文献 [43] などを参照されたい．

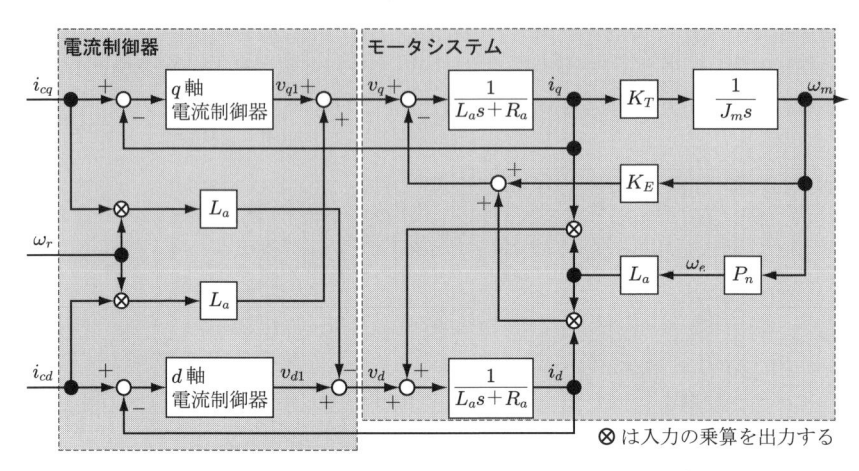

**図 6.9** $dq$ 軸の干渉項のフィードフォワード補償と電流制御

## 6.3.2 電流制御系の帯域幅

図 6.8 を見ると，誘起電圧は電流制御系の外乱として入力されていることがわかる．外乱の影響を抑えて，電流制御系の応答性を向上するために PI 制御系が用いられる．また，モータの角速度指令に誘起電圧定数を乗じた量を電圧指令に加えるフィードフォワード制御を行うことで誘起電圧を抑制する方法もある．このような制御を行うことで，誘起電圧のフィードバックをキャンセルすると，図 6.10 に示す電流制御系の簡易ブロック線図が得られる．ただし，図中での PI 制御系の比例ゲインを $K_{cp}$，積分ゲインを $K_{ci}$ としている．

両ゲインを電機子巻線抵抗とインダクタンスを用いて，次のように設定する．

$$K_{cp} = \omega_{cc} L_a \tag{6.39}$$

$$K_{ci} = \frac{R_a}{L_a} \tag{6.40}$$

ただし，$\omega_{cc}$ は次に述べるように電流制御系の帯域幅となる．式 (6.39), (6.40) のゲイ

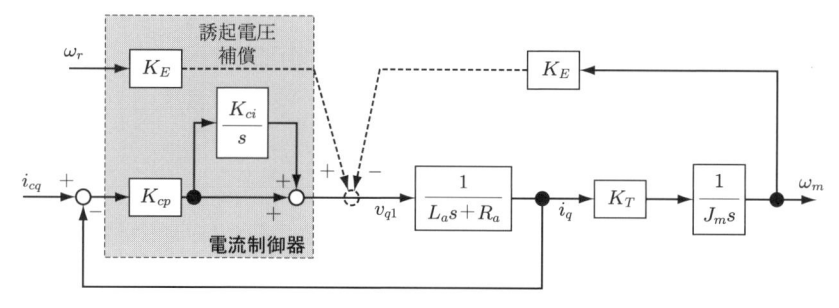

図 **6.10** 誘起電圧補償後のモータ電流制御系の簡易ブロック線図

ンを用いた場合，電流制御系の開ループ伝達関数 $G_{Lc}(s)$ は次式となる．

$$G_{Lc}(s) = K_{cp}\frac{s + K_{ci}}{s}\frac{1}{L_a s + R_a} = \frac{\omega_{cc}}{s} \tag{6.41}$$

したがって，閉ループ伝達関数 $G_{cq}(s)$ は

$$G_{cq}(s) = \frac{\omega_{cc}}{s + \omega_{cc}} \tag{6.42}$$

となる．つまり，電流制御系は1次遅れ系でモデル化され，$\omega_{cc}$ が電流制御系の帯域幅となっていることがわかる．以上の制御を行ったときの電機子と制御器，開ループと閉ループのゲイン線図をそれぞれ図 6.11（a），（b）に折線で示す．式 (6.41) の開ループ伝達関数を見ると $\omega_{cc}$ は理論的には，いくらでも大きくできることになる．しかし，実際はPWMの特性や電流ループの時間遅れにより，ハイゲイン化による広帯域化には限界がある．

一般に電流制御部のカットオフ周波数は，速度制御部のカットオフ周波数や機械系の固有振動数に比べて十分に高いので，その伝達関数は1として扱われることが多い．市販のサーボアンプを購入して使用する場合は電流制御系はメーカにより調整されて

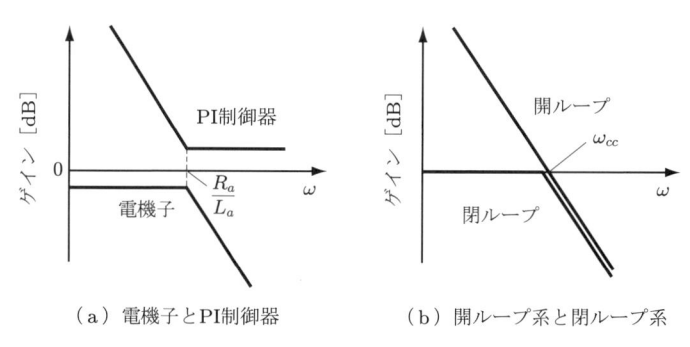

（a）電機子とPI制御器　　（b）開ループ系と閉ループ系

図 **6.11** 電流制御系の周波数応答

いて，その調整方式もさまざまである．したがって，上位の制御系を組むときは，アンプの応答性をメーカに確認するか，実際に測定しておく必要がある．

## 演習問題

**6-1** 式 (6.34) に示すトルク定数 $K_T = P_n \Phi_e$ と式 (6.35) で示す誘起電圧定数 $K_E = P_n \Phi_e$ が同じになる理由について説明せよ．

**6-2** メーカの技術資料では，モータのトルク定数は 1 相分の電流実効値に対するトルクの比で示されている場合が多い．同様に，誘起電圧定数も 1 相分の誘起電圧の実効値を用いて示されている場合が多い．これらのトルク定数を $K_{Te}$ [N·m/Arms]，誘起電圧定数を $K_{Ee}$ [Vrms·s/rad] としたとき，式 (6.34) と式 (6.35) で定義される $K_T$, $K_E$ との関係はどのようになるか．

**6-3** 式 (6.19) から式 (6.21) を導出せよ．

# 第 7 章
# ボールねじ駆動機構と力学モデル

　ボールねじは，ねじ機構と転がり要素を複合化した機械要素であり，サーボモータの回転運動を直線運動に変換する．ボールねじのリードを適切に選ぶことにより，被駆動体速度と推力のさまざまな組み合わせの位置決め・送り系設計が可能となる．つまり，ボールねじは減速器としての役割もはたしている．この章では，ボールねじ駆動機構とその力学モデルを提示し，このモデルを用いて動特性の解析を行う．

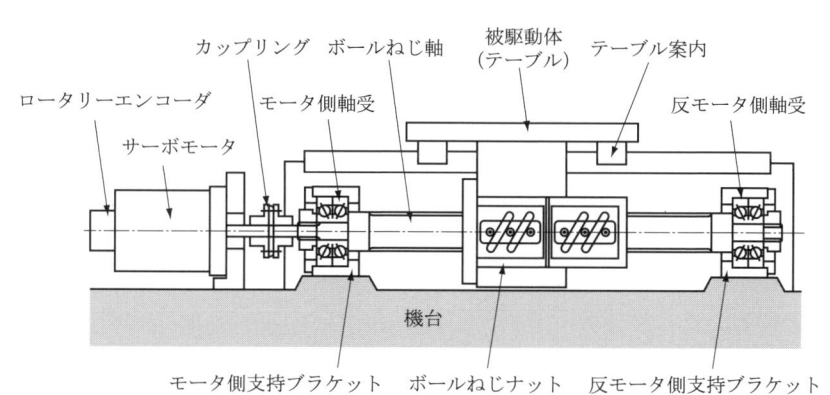

## 7.1　ボールねじ駆動機構

　ボールねじ駆動機構は，図 7.1 に示すように被駆動体（テーブル）と案内機構，ボールねじ軸，ナット，支持軸受，サーボモータおよびカップリングで構成される．

図 7.1　ボールねじ駆動機構の構成

　モータによってねじ軸が回転し，ナット部で回転運動が直線運動に変換され，直動案内されたテーブルが駆動される．一昔前では，サーボモータとボールねじの間に減

速ギアを用いる設計が多かったが，近年では図 7.1 に示すようにねじ軸とサーボモータシャフトをカップリングで直結するタイプが多くなった．したがって，本書でもこのような直結タイプを扱う．

ボールねじでは，図 7.2 に示すようにねじ軸とナットの間にボールを転がり接触させている．ボールはねじ軸とナット間の螺旋軌道とナット内の循環軌道（図中ではリターンチューブ）内を転がる．

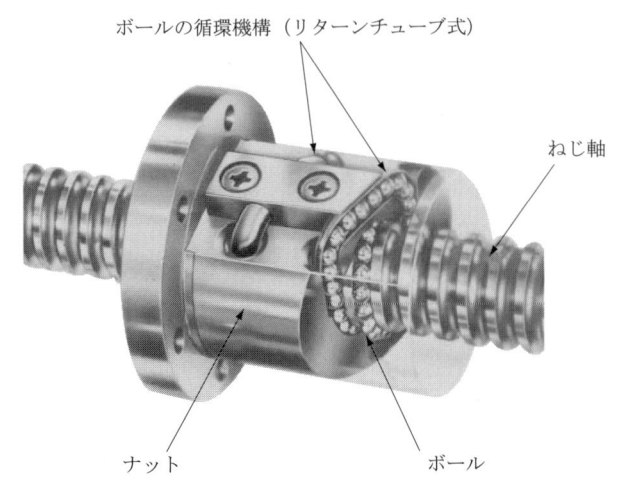

図 **7.2** ボールねじの内部構造（日本精工株式会社提供）

ねじ軸とナットの関係を表現する最も簡単なモデルは角ねじのモデルである．ねじ軸が 1 回転したときに，ナットが直線移動する量をリードとよび，リードを $l_p$ [m]，ねじ軸の回転角度を $\theta_b$ [rad]，ナットの直線移動量を $x_n$ [m] とすると

$$x_n = R\theta_b \tag{7.1}$$

となる．ただし，$R = l_p/2\pi$ [m/rad] はねじ軸の回転角度からナットの直線移動量への変換係数である．ねじ軸の回転運動をナットの直線運動に変換することを正作動とよぶ．正作動時のねじ軸の回転トルク $T_n$ [N·m] とナットの直動力 $F_n$ [N] の関係は次式で表される．

$$F_n = \eta_1 \frac{T_n}{R} \tag{7.2}$$

ただし，$\eta_1$ はボールねじの正作動効率である．また，ナットの直線運動をねじ軸の回転運動に変換することを逆作動とよび，このときの $T_n$ と $F_n$ の関係は次式で表される．

$$T_n = \eta_2 R F_n \tag{7.3}$$

ただし，$\eta_2$ はボールねじの逆作動効率である．

ボールねじでは摩擦損失が小さいため，正作動効率は95%前後の高い値となり，逆作動効率も正作動効率と近い値を示すことが確認されている[44]．したがって，本書では以下 $\eta_1 = \eta_2 = 1$ と扱うこととする．

## 7.2 ボールねじ駆動機構の設計

この節では，ボールねじ駆動機構の基本的な設計諸元と，後述する力学モデルに必要なパラメータの計算法を述べる．なお，本節で示す計算式は，文献[45]–[47]から必要なものを抜粋し，SI単位系での表記とし，若干の計算上の注意を付け加えたものである．したがって，詳細は上記の文献を参照されたい．

### 7.2.1 最大送り速度

ボールねじで駆動される被駆動体の**最大送り速度** $V_{\max}$ [m/s] は，サーボモータの最高回転数 $N_{\max}$ [min$^{-1}$] とボールねじのリード $l_p$ [m] を用いて次式で計算される．

$$V_{\max} = \frac{N_{\max} \times l_p}{60} \tag{7.4}$$

高速送りを実現するためには，サーボモータの回転数を大きくするかボールねじリードを大きくする必要がある．サーボモータの回転数を大きくすると，ボールの循環機構部の疲労，ねじ軸の曲げ方向の固有値との共振現象，ナット部での発熱が問題となる．一方，ボールねじのリードを大きくすると，モータ制御系がテーブル端の外乱の影響を受けやすくなる．また，ボールねじリードはボールねじのナット長の製作限界からも制約される．

したがって，現状の高速送り系では，$l_p$ は $20 \sim 30$ mm，$N_{\max}$ は $3000 \sim 4000$ min$^{-1}$ 程度が採用されており，$V_{\max}$ は $2$ m/s 程度が実用上の上限となっている．

### 7.2.2 最大送り加速度

被駆動体の**最大送り加速度** $A_{\max}$ [m/s$^2$] は次式で計算される．

$$A_{\max} = \frac{T_{\max} - T_{fr\max} - R \times (F_{fr\max} + F_{d\max})}{J_a} \times R \tag{7.5}$$

ここで，$T_{\max}$：モータの最大出力トルク [N·m]，$T_{fr\max}$：回転系の最大摩擦トルク [N·m]，$F_{fr\max}$：直動案内の最大摩擦力 [N]，$F_{d\max}$：摩擦力以外の外乱の最大値 [N]，$J_a$：駆動機構の総慣性モーメント [kg·m$^2$] であり，$J_a$ は次式により求められる．

$$J_a = J_r + M_t R^2 \tag{7.6a}$$

$$J_r = J_{mr} + J_{bs} + J_c \tag{7.6b}$$

ただし，$M_t$：被駆動体質量 [kg]，$J_{mr}, J_{bs}, J_c$：モータ，ボールねじ軸，カップリングの慣性モーメント [kg·m$^2$] である．

ボールねじ軸を，外径 $d_s$ [m]，長さ $l_b$ [m] の円柱に近似すると，$J_{bs}$ [kg·m$^2$] は次式で計算される．

$$J_{bs} = \frac{1}{32}\rho\pi l_b d_s^4 = \frac{1}{8}M_b d_s^2 \tag{7.7}$$

ここで，$\rho$ はねじ軸の密度（$= 7.86 \times 10^3$ kg/m$^3$）である．また，ねじ軸の質量 $M_b$ [kg] は次式で計算される．

$$M_b = \frac{1}{4}\rho\pi l_b d_s^2 \tag{7.8}$$

### 7.2.3 軸方向剛性

ボールねじ駆動機構の**軸方向剛性** $K_t$ [N/m] は図 7.3 中の外力に対するナットの変位で定義され，次式で計算される．

$$\frac{1}{K_t} = \frac{1}{K_s} + \frac{1}{K_n} + \frac{1}{K_b} \tag{7.9}$$

ここで，$K_s, K_n, K_b$ はねじ軸，ナット，支持軸受の軸方向剛性 [N/m] である．ただし，ナットおよび軸受の取り付け剛性は，他の剛性値に比べて十分に高く設計されるので，式 (7.9) 中ではこれを無視している．

ナットの軸方向剛性は，ボールと螺旋軌道との間のヘルツの弾性接触理論で計算される．メーカの技術資料にはその計算方法が記載されているが，ボールねじにはさまざまな予圧形式・予圧条件があるので，正確な計算には機械要素の知識が必要となる．したがって，本書では剛性計算の詳細は述べず $K_n$ は与えられたものとし，$K_t$ の簡易計算法[47]のみを示しておく．

ボールねじ軸は，図 7.3 に示すように両端を軸受で支持されている．モータ側と反モータ側の支持形態としては，固定-固定，固定-支持の二つが代表的であり，前者は**ダブルアンカ**，後者は**シングルアンカ**とよばれている．ただし，ここでの "固定" とは，ねじ軸のラジアル方向と軸（スラスト）方向の両方を拘束すること，"支持" とはラジアル方向のみを拘束することを意味する．

### (1) シングルアンカの場合

軸方向剛性は，モータ側支持軸受の剛性およびモータ側支持軸受からナットまでのねじ部分の剛性で決定される．したがって，式 (7.9) の $K_b$ にモータ側支持軸受の剛性

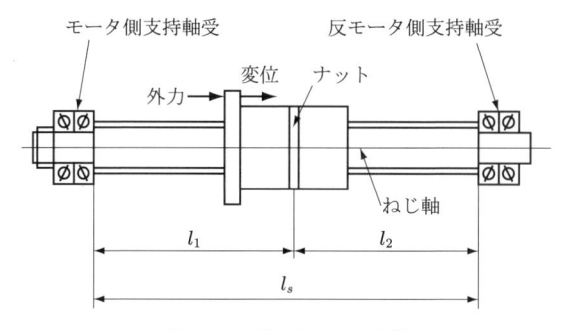

**図 7.3** ボールねじの支持

を代入し，$K_s$ には次式で計算されるねじ軸の軸方向剛性を代入する．

$$K_s = \frac{EA_s}{l_1} \tag{7.10}$$

ただし，$A_s$：ねじ軸の断面積 $(= \pi(d_r/2)^2)$ [m$^2$]，$E$：ねじ軸（鋼）の縦弾性係数 $(= 206 \times 10^9$ [Pa])，$l_1$：モータ側支持軸受からナットまでの距離 [m]，$d_r$：ボールねじ軸の谷径 [m] である．安全側に設計を行うためには，$l_1$ が最も大きくなるケースを選んで $K_s$ を計算する．

### (2) ダブルアンカの場合

$K_b$ と $K_s$ を合わせた剛性を $K_{bs}$ とする．

$$K_{bs} = \frac{1}{\dfrac{1}{K_b} + \dfrac{1}{K_s}} \tag{7.11}$$

ダブルアンカでは，$K_{bs}$ にはモータ側と反モータ側の両方の支持剛性が影響する．モータ側支持軸受の剛性を $K_{b1}$，反モータ側支持軸受の剛性を $K_{b2}$ とすると，

$$K_{bs} = \frac{1}{\dfrac{1}{K_{b1}} + \dfrac{l_1}{EA_s}} + \frac{1}{\dfrac{1}{K_{b2}} + \dfrac{l_2}{EA_s}} \tag{7.12}$$

となる．上式において $K_{b1} = K_{b2}$ であるとすると，$l_1 = l_2 = l_s/2$ のとき（ナットがねじ軸の中央に位置するとき）$K_{bs}$ が最小となり，その最小値は次式で与えられる．

$$\frac{1}{K_{bs}} = \frac{1}{2K_{b1}} + \frac{l_s}{4EA_s} \tag{7.13}$$

すなわち，この場合は式 (7.9) に

$$K_s = \frac{4EA_s}{l_s} \tag{7.14}$$

$$K_b = 2K_{b1} \tag{7.15}$$

を代入すれば $K_t$ を計算することができる．

### 7.2.4 ねじり剛性

カップリングとねじ軸を含めた軸ねじり剛性はねじり振動に影響を与える．軸ねじり剛性を $K_g$ [N·m/rad]，ボールねじ軸のねじり剛性を $K_{gb}$ [N·m/rad]，カップリングのねじり剛性を $K_c$ [N·m/rad] とすると

$$\frac{1}{K_g} = \frac{1}{K_c} + \frac{1}{K_{gb}} \tag{7.16}$$

となる．ただし，ねじ軸のねじり剛性 [N·m/rad] は次式で求められる．

$$K_{gb} = \frac{\pi G_{el} d_r^4}{32 l_1} \tag{7.17}$$

ただし，$d_r$：ボールねじの谷径 [m]，$G_{el}$：ねじ軸（鋼）の横弾性係数（$= 79 \times 10^9$ [Pa]）である．

### 7.2.5 まとめ

ここまでに示した設計諸元を表 7.1 にまとめておく．表中には数値例も示している．計算における注意点を以下に示す．

- 実際に使用する際には計算に用いた仮定に注意する．
- 設計現場では，技術データは工学単位系で記述されている場合がある．

初学者は計算ミスを防ぐために付録 C に示す SI 単位系に変換して計算することを強く薦める．

**例 7.1　計算例**

表 7.1 中に示した数値例の計算手順を示しておく．

□最大送り速度

$$V_{\max} = \frac{N_{\max} \times l_p}{60} = \frac{3000 \times 0.02}{60} = 1 \, \text{m/s}$$

□ねじ軸の質量と慣性モーメント

$$M_b = \frac{\rho \pi l_b d_s^2}{4} = \frac{7.86 \times 10^3 \times 3.14 \times 1.5 \times 0.04^2}{4} = 14.8 \, \text{kg}$$

$$J_{bs} = \frac{M_b d_s^2}{8} = \frac{14.8 \times 0.04^2}{8} = 3.0 \times 10^{-3} \, \text{kg} \cdot \text{m}^2$$

7.2 ボールねじ駆動機構の設計

表 7.1 設計諸元

| 対象 | 諸元 | 記号 [単位] | 式 | 数値例 |
|---|---|---|---|---|
| 全体仕様 | 最大送り速度 | $V_\mathrm{max}$ [m/s] | (7.4) | 1 |
| | 最大送り加速度 | $A_\mathrm{max}$ [m/s$^2$] | (7.5) | 1.99 |
| | 回転-直動の変換係数 | $R$ [m/rad] | $= l_p/2\pi$ | $3.2 \times 10^{-3}$ |
| | 回転系の最大摩擦トルク | $T_{fr\,\mathrm{max}}$ [N·m] | — | 2 |
| | 回転系の慣性モーメント | $J_r$ [kg·m$^2$] | (7.6b) | $2.22 \times 10^{-3}$ |
| | 総慣性モーメント | $J_a$ [kg·m$^2$] | (7.6a) | $2.72 \times 10^{-2}$ |
| | 軸方向剛性 | $K_t$ [N/m] | (7.9) | $1.1 \times 10^8$ |
| | 軸ねじり剛性 | $K_g$ [N·m/rad] | (7.16) | $7.76 \times 10^3$ |
| 被駆動体 | 質量 | $M_t$ [kg] | — | 500 |
| | 直動外力の最大値 | $F_{d\,\mathrm{max}}$ [N] | — | 0 |
| 案内機構 | 直動摩擦の最大値 | $F_{fr\,\mathrm{max}}$ [N] | — | 300 |
| モータ | 最大回転数 | $N_\mathrm{max}$ [min$^{-1}$] | — | 3000 |
| | 最大出力トルク | $T_\mathrm{max}$ [N·m] | — | 20 |
| | 慣性モーメント | $J_{mr}$ [kg·m$^2$] | — | $1.76 \times 10^{-2}$ |
| ボールねじ | リード | $l_p$ [m] | — | 0.02 |
| | ナットの軸方向剛性 | $K_n$ [N/m] | — | $9.72 \times 10^8$ |
| | 支持軸受方式 | — | — | シングル |
| | 全長 | $l_b$ [m] | — | 1.5 |
| | 支持軸受間距離 | $l_s$ [m] | — | 1.5 |
| | 支持軸受 − ナット距離 | $l_1$ [m] | — | 1.5 |
| | ねじ外径 | $d_s$ [m] | — | $4.0 \times 10^{-2}$ |
| | ねじ谷径 | $d_r$ [m] | — | $3.5 \times 10^{-2}$ |
| | ねじ軸の軸方向剛性 | $K_s$ [N/m] | (7.10)[注1] | $1.32 \times 10^8$ |
| | ねじ軸の質量 | $M_b$ [kg] | (7.8) | 14.8 |
| | ねじ軸の慣性モーメント | $J_{bs}$ [kg·m$^2$] | (7.7) | $3.0 \times 10^{-3}$ |
| | ねじ軸のねじり剛性 | $K_{gb}$ [N·m/rad] | (7.17) | $7.76 \times 10^3$ |
| 支持軸受 | 剛性 | $K_b$ [N/m] | — | $2.0 \times 10^9$[注2] |
| カップリング | 慣性モーメント | $J_c$ [kg·m$^2$] | — | $0.16 \times 10^{-2}$ |
| | ねじり剛性 | $K_c$ [N·m/rad] | — | $\infty$ |

注 1) ダブルアンカの場合は式 (7.14) を用いる.
注 2) モータ側支持軸受剛性である.ダブルアンカの場合は式 (7.15) などを用いる.

ただし，ボールねじの長さ $l_b \simeq l_s$ としている．

□総慣性モーメント

$$\begin{aligned} J_a &= J_{bs} + J_c + J_{mr} + M_t R^2 \\ &= 0.30 \times 10^{-2} + 0.16 \times 10^{-2} + 1.76 \times 10^{-2} + 500 \times (3.2 \times 10^{-3})^2 \\ &= 2.72 \times 10^{-2} \,\text{kg} \cdot \text{m}^2 \end{aligned}$$

□最大加速度

$$\begin{aligned} A_{\max} &= \frac{T_{\max} - T_{fr\,\max} - F_{fr\,\max} \times R}{J_a} \times R \\ &= \frac{20 - 2 - 300 \times 3.2 \times 10^{-3}}{2.8 \times 10^{-2}} \times 3.2 \times 10^{-3} = 1.99 \,\text{m/s}^2 \end{aligned}$$

□軸方向剛性

① シングルアンカの場合，モータ側支持軸受からナットが最も離れた場合に軸方向剛性が最小となる．この距離 $l_1$ は実際は $l_s$ より小さいが，簡単のために $l_1 = l_s$ として計算する．

$$\begin{aligned} K_s &= \frac{EA_s}{l_s} = \frac{206 \times 10^9 \times 3.14 \times (3.5 \times 10^{-2}/2)^2}{1.5} = 1.32 \times 10^8 \,\text{N/m} \\ K_t &= \frac{1}{\dfrac{1}{K_s} + \dfrac{1}{K_n} + \dfrac{1}{K_b}} = \frac{1}{\dfrac{1}{1.32 \times 10^8} + \dfrac{1}{9.72 \times 10^8} + \dfrac{1}{2.0 \times 10^9}} \\ &= 1.10 \times 10^8 \,\text{N/m} \end{aligned}$$

② ダブルアンカの場合についても計算例を示しておく．

$$\begin{aligned} K_s &= \frac{4EA_s}{l_s} = \frac{4 \times 206 \times 10^9 \times 3.14 \times (3.5 \times 10^{-2}/2)^2}{1.5} \\ &= 5.28 \times 10^8 \,\text{N/m} \\ K_b &= 2K_{b1} = 4.0 \times 10^9 \,\text{N/m} \\ K_t &= \frac{1}{\dfrac{1}{K_s} + \dfrac{1}{K_n} + \dfrac{1}{K_b}} = \frac{1}{\dfrac{1}{5.28 \times 10^8} + \dfrac{1}{9.72 \times 10^8} + \dfrac{1}{4.0 \times 10^9}} \\ &= 3.15 \times 10^8 \,\text{N/m} \end{aligned}$$

□軸ねじり剛性

$K_c = \infty$ なので，$K_g = K_{gb}$ となる．$K_{gb}$ の最小値を求めるため $l_1 = l_s$ とする．

$$K_{gb} = \frac{\pi G_{el} d_r^4}{32 l_1} = \frac{3.14 \times 79 \times 10^9 \times (3.5 \times 10^{-2})^4}{32 \times 1.5} = 7.76 \times 10^3 \,\text{N} \cdot \text{m/rad}$$

## 7.3 力学モデル

ボールねじ駆動機構には固有振動が内在し，その固有振動数は機械の設計パラメータによって変化する．固有振動は制御系の安定性や位置決め時の残留振動に影響を与える．本節では，これらの現象をシミュレートするための力学モデルについて説明する．モデル化にあたっては駆動機構は集中定数系として扱う．モデル化には経験が必要となるが，モデルを構成できれば設計の見通しがたいへんよくなる．

### 7.3.1 4慣性モデル

図 7.4 に送り駆動機構の動特性を解析するための 4 慣性モデルの例を示す．ただし，被駆動体の自由度は送り方向のみとし，摩擦要素は粘性比例減衰で表現されている．

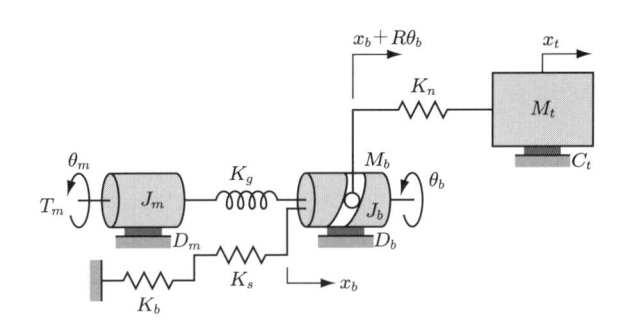

図 **7.4** 4 慣性系モデルの例

図中における記号は以下の通りである．

- $T_m$：モータトルク [N·m]
- $\theta_m$：モータ回転角度（機械角）[rad]
- $\theta_b$：ボールねじ回転角度 [rad]
- $x_t$：被駆動体位置 [m]
- $J_b$：ボールねじ側の慣性モーメント [kg·m$^2$]
- $J_m$：モータ側の慣性モーメント [kg·m$^2$]
- $D_b$：ねじ軸の粘性摩擦係数 [N·m·s/rad]
- $D_m$：モータ軸の粘性摩擦係数 [N·m·s/rad]
- $C_t$：直動案内の粘性摩擦係数 [N·s/m]（直動減衰とよぶ）

この他の力学パラメータは表 7.1 を参照されたい．4 慣性系モデルの運動方程式は次式で表される．

$$\boldsymbol{M\ddot{x}} + \boldsymbol{C\dot{x}} + \boldsymbol{Kx} = \boldsymbol{f} \tag{7.18}$$

ただし，

$$\boldsymbol{x} = \begin{bmatrix} \theta_m & \theta_b & x_b & x_t \end{bmatrix}^T \tag{7.19a}$$

$$\boldsymbol{f} = \begin{bmatrix} T_m & 0 & 0 & 0 \end{bmatrix}^T \tag{7.19b}$$

$$\boldsymbol{M} = \begin{bmatrix} J_m & 0 & 0 & 0 \\ 0 & J_b & 0 & 0 \\ 0 & 0 & M_b & 0 \\ 0 & 0 & 0 & M_t \end{bmatrix} \tag{7.19c}$$

$$\boldsymbol{C} = \begin{bmatrix} D_m & 0 & 0 & 0 \\ 0 & D_b & 0 & 0 \\ 0 & 0 & 0 & 0 \\ 0 & 0 & 0 & C_t \end{bmatrix} \tag{7.19d}$$

$$\boldsymbol{K} = \begin{bmatrix} K_g & -K_g & 0 & 0 \\ -K_g & R^2 K_n + K_g & RK_n & -RK_n \\ 0 & RK_n & K_n + K_{bs} & -K_n \\ 0 & -RK_n & -K_n & K_n \end{bmatrix} \tag{7.19e}$$

である．ただし，$K_{bs}$ は式 (7.11) で計算される．

ここで，$J_m$ と $J_b$ の求め方について若干説明しておく．集中定数系の質量，剛性，減衰は，指定された変位や角度に対して等価的な量を意味するものである．たとえば，カップリングのねじり剛性がボールねじ軸のねじり剛性に比べて十分に大きい場合，ボールねじ軸のねじり振動が支配的になるので，

$$J_m = J_{mr} + J_c + \frac{J_{bs}}{2} \tag{7.20a}$$

$$J_b = \frac{J_{bs}}{2} \tag{7.20b}$$

とし，逆にカップリングのねじり振動が支配的な場合は

$$J_m = J_{mr} + \frac{J_c}{2} \tag{7.21a}$$

$$J_b = J_{bs} + \frac{J_c}{2} \tag{7.21b}$$

とするのが妥当であろう．ただし，いずれもラフな近似計算であり，近似度を高める

には，有限要素法で振動モード解析を行い等価慣性モーメントを計算する必要がある．

### 7.3.2 3慣性モデル

ボールねじの質量 $M_b$ が被駆動体質量 $M_t$ と比べて十分小さい場合，4慣性系モデルは図 7.5 に示す3慣性系モデルで近似できる[48]（ただし，$M_b$ は $M_t$ に含む）．3慣性系モデルを式 (7.18) の形式で表すと，各ベクトルと行列は次式となる．

$$\boldsymbol{x} = \begin{bmatrix} \theta_m & \theta_b & x_t \end{bmatrix}^T \tag{7.22a}$$

$$\boldsymbol{f} = \begin{bmatrix} T_m & 0 & 0 \end{bmatrix}^T \tag{7.22b}$$

$$\boldsymbol{M} = \begin{bmatrix} J_m & 0 & 0 \\ 0 & J_b & 0 \\ 0 & 0 & M_t \end{bmatrix} \tag{7.22c}$$

$$\boldsymbol{C} = \begin{bmatrix} D_m & 0 & 0 \\ 0 & D_b & 0 \\ 0 & 0 & C_t \end{bmatrix} \tag{7.22d}$$

$$\boldsymbol{K} = \begin{bmatrix} K_g & -K_g & 0 \\ -K_g & R^2 K_t + K_g & -RK_t \\ 0 & -RK_t & K_t \end{bmatrix} \tag{7.22e}$$

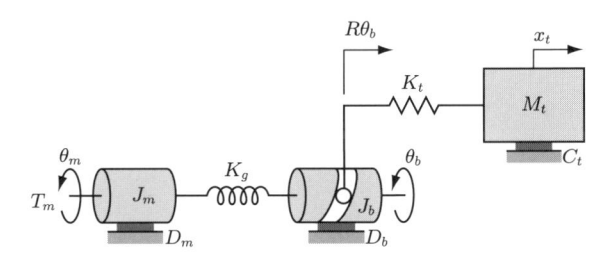

図 7.5 3慣性系モデルの例

### 7.3.3 2慣性・1慣性モデル

ボールねじのねじり振動の共振周波数は軸方向振動の共振周波数に比べて大きいことが多い．高域の振動はサーボ系の安定性を阻害するが，その問題がない場合は，図 7.6 に示すような軸方向振動のみをモデル化した2慣性モデルが用いられる．

2慣性モデルを式 (7.18) の形式で表すと，各行列とベクトルは次式となる．

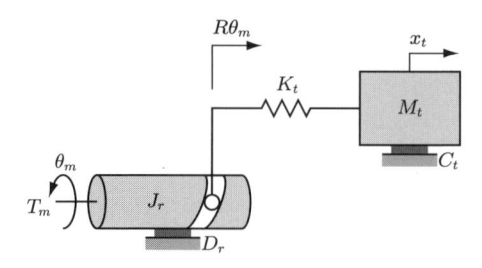

**図 7.6** 2慣性モデルの例

$$\boldsymbol{x} = \begin{bmatrix} \theta_m & x_t \end{bmatrix}^T \tag{7.23a}$$

$$\boldsymbol{f} = \begin{bmatrix} T_m & 0 \end{bmatrix}^T \tag{7.23b}$$

$$\boldsymbol{M} = \begin{bmatrix} J_r & 0 \\ 0 & M_t \end{bmatrix} \tag{7.23c}$$

$$\boldsymbol{C} = \begin{bmatrix} D_r & 0 \\ 0 & C_t \end{bmatrix} \tag{7.23d}$$

$$\boldsymbol{K} = \begin{bmatrix} R^2 K_t & -RK_t \\ -RK_t & K_t \end{bmatrix} \tag{7.23e}$$

ただし，$J_r, D_r$ は回転系の慣性モーメントと粘性摩擦係数であり，

$$J_r = J_m + J_b \tag{7.24a}$$

$$D_r = D_m + D_b \tag{7.24b}$$

である．$K_t$ が十分大きい場合は，$x_t = R\theta_m$ となり送り機構は1慣性系で近似できる．

$$J_a \ddot{\theta}_m + D_a \dot{\theta}_m = T_m \tag{7.25}$$

ただし，$J_a$ は式 (7.6a) で表される駆動機構の総慣性モーメント $[\mathrm{kg \cdot m^2}]$，$D_r$ は次式で表される総粘性減衰定数（回転系換算）$[\mathrm{N \cdot m \cdot s/rad}]$ である．

$$D_a = D_r + R^2 C_t \tag{7.26}$$

## 7.4 ブロック線図と周波数応答

図 7.7 に 4，3，2 慣性系のブロック線図を示す．このブロック線図は運動方程式と

の対応関係を見やすくするためラダー形としている．4慣性系から3慣性系への低次元化を，このブロック線図の等価変換を用いて説明してみよう．図7.7 (a) 中の下から2段目のブロック $-1/(M_b s^2 + K_{bs})$ は，上のブロック $K_n$ に対してフィードバック結合されていると見て，これを等価変換すると

$$\frac{K_n}{1+\dfrac{K_n}{M_b s^2 + K_{bs}}} = \frac{(M_b s^2 + K_{bs})K_n}{M_b s^2 + K_{bs} + K_n}$$

となる．ボールねじの質量 $M_b$ が無視できるほど小さいとすると，上式は $K_{bs}K_n/(K_{bs}+K_n)$ すなわち，$K_t$ となることがわかる．したがって，図7.7 (a) 中の $-1/(M_b s^2 + K_{bs})$ を省略して，ナットの軸方向剛性 $K_n$ を全体の軸方向剛性 $K_t$ と置き換えると同図 (b) に示す3慣性系のブロック線図を得る．

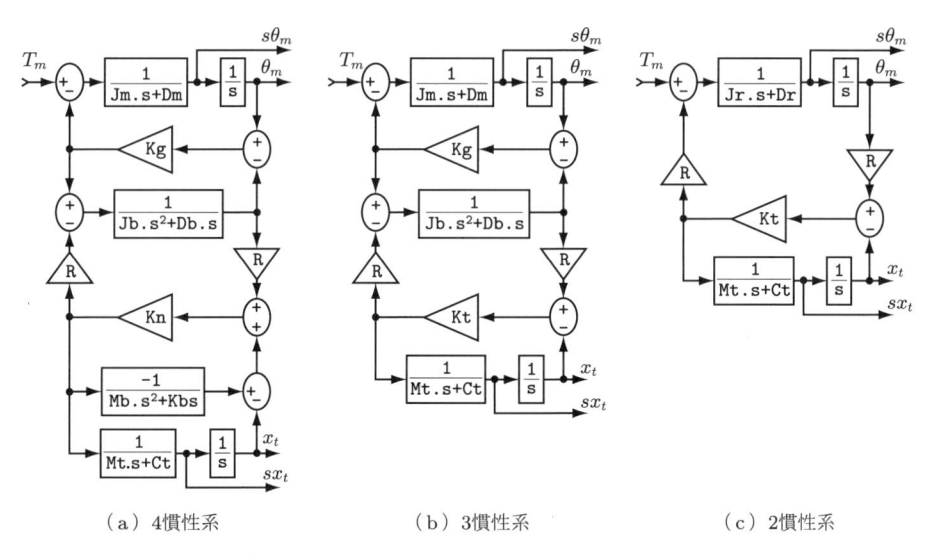

（a）4慣性系　　　　　　（b）3慣性系　　　　　　（c）2慣性系

図 **7.7**　駆動機構系のブロック線図（ラダー表現，SLK モデル：fig7_7.mdl）

## 例7.2　モデルの比較

図7.7 の3慣性系と2慣性系の SLK モデルを用いて周波数応答を求める．シミュレーションに用いる力学パラメータは例7.1 のパラメータを用いる．ただし，それ以外のパラメータとして $C_t = 1.0 \times 10^4$ N·s/m, $D_b = 0.05$ N·m·s/rad, $D_r = 0$ N·m·s/rad とした．ただし，シミュレーションに用いた M ファイルについては省略する．

図7.8 (a) がモータトルクからモータ角速度までの周波数応答のシミュレーション結果である．図中の3慣性系の周波数応答に二つの共振ピークが存在するが，低い共振はボー

ルねじの軸方向振動，高い共振はねじり振動に起因している．一方，2慣性モデルの周波数応答には軸方向振動のみの共振があらわれる．いずれの共振ピークの隣（低周波数側）にも，ゲインの谷が観察され，これを**反共振**という．この反共振の影響で，位相は90°以上に遅れることはない．

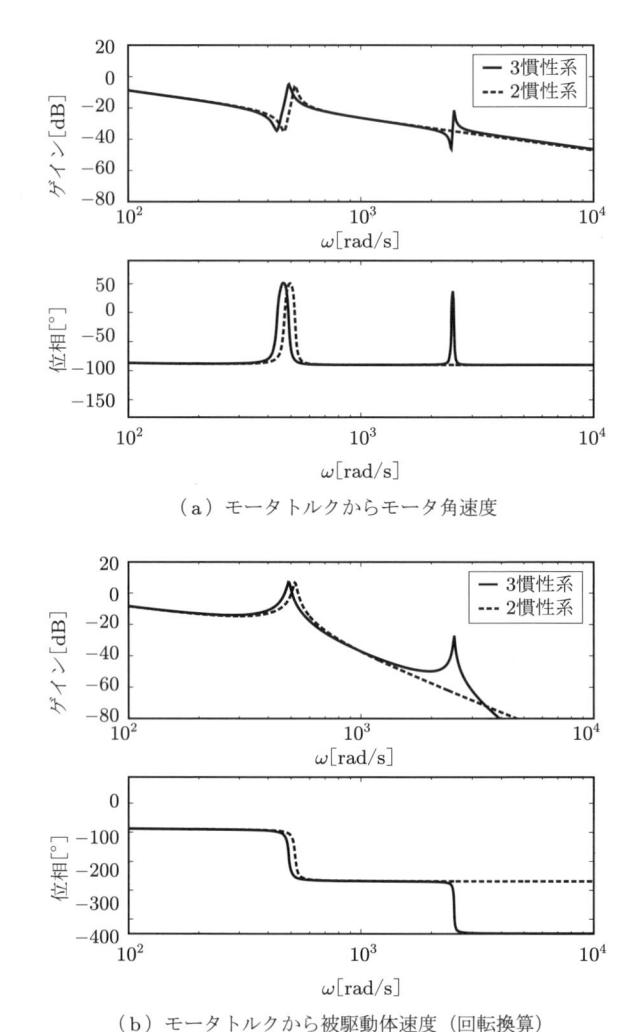

(a) モータトルクからモータ角速度

(b) モータトルクから被駆動体速度（回転換算）

図 **7.8** 3慣性系と2慣性系の周波数応答

一方，図 7.8 (b) はモータトルクから被駆動体速度（機械端）までの周波数応答のシミュレーション結果であるが，周波数応答に反共振が存在しないため位相進みがなく，軸方向振動の共振周波数を超えると位相が 180° に達する．

## 7.5 機械パラメータの振動特性への影響

ボールねじ駆動機構の振動特性は，機械パラメータによって決定され，周波数応答線図上では共振・反共振として観察される．以下では，2慣性系について，力学パラメータと周波数応答の関係について示しておく．

2慣性系の送り駆動機構の運動方程式

$$\begin{bmatrix} J_r & 0 \\ 0 & M_t \end{bmatrix} \begin{bmatrix} \ddot{\theta}_m \\ \ddot{x}_t \end{bmatrix} + \begin{bmatrix} D_r & 0 \\ 0 & C_t \end{bmatrix} \begin{bmatrix} \dot{\theta}_m \\ \dot{x}_t \end{bmatrix} + \begin{bmatrix} R^2 K_t & -RK_t \\ -RK_t & K_t \end{bmatrix} \begin{bmatrix} \theta_m \\ x_t \end{bmatrix} = \begin{bmatrix} T_m \\ f_d \end{bmatrix}$$

をラプラス変換すると次式となる．

$$\begin{bmatrix} J_r s^2 + D_r s + R^2 K_t & -RK_t \\ -RK_t & M_t s^2 + C_t s + K_t \end{bmatrix} \begin{bmatrix} \theta_m \\ x_t \end{bmatrix} = \begin{bmatrix} T_m \\ f_d \end{bmatrix} \quad (7.27)$$

ただし，$f_d$：被駆動体への外乱である．上式から $[\theta_m \ x_t]^T$ を求めると次式となる．

$$\begin{bmatrix} \theta_m \\ x_t \end{bmatrix} = \frac{1}{sJ_r M_t D_s(s)} \begin{bmatrix} M_t s^2 + C_t s + K_t & RK_t \\ RK_t & J_r s^2 + D_r s + R^2 K_t \end{bmatrix} \begin{bmatrix} T_m \\ f_d \end{bmatrix} \quad (7.28)$$

ここで，

$$D_s(s) = s^3 + (2\zeta_t \omega_t + \omega_r)s^2 + \{\omega_t^2(1+\alpha) + 2\zeta_t \omega_t \omega_r\} s + (\omega_r + 2\zeta_t \omega_t \alpha)\omega_t^2 \quad (7.29)$$

$$\omega_r = \frac{D_r}{J_r} \quad (7.30)$$

$$\omega_t = \sqrt{\frac{K_t}{M_t}} \quad (7.31)$$

$$\zeta_t = \frac{C_t}{2\omega_t M_t} = \frac{C_t}{2\sqrt{M_t K_t}} \quad (7.32)$$

$$\alpha = \frac{R^2 M_t}{J_r} = \frac{M_t}{J_r/R^2} \quad (7.33)$$

とした．$\alpha$ は慣性比とよばれ，送り機構の制御に影響を与える重要なパラメータである．

モータトルク $T_m$ からモータ角速度 $\omega_m$，$T_m$ から被駆動体速度 $v_t$ への伝達関数をそれぞれ $G_{vp}(s)$，$G_{vt}(s)$ とすると，

$$G_{vp}(s) = \frac{\omega_m(s)}{T_m(s)} = \frac{s^2 + 2\zeta_t\omega_t s + \omega_t^2}{J_r D_s(s)} \tag{7.34}$$

$$G_{vt}(s) = \frac{v_t(s)}{T_m(s)} = \frac{R\omega_t^2}{J_r D_s(s)} \tag{7.35}$$

となる．$G_{vp}(s)$ と $G_{vt}(s)$ は同じ極をもつが，$G_{vt}(s)$ には零点がなく，$G_{vp}(s)$ には零点がある．非減衰系（$D_r = C_t = 0$）の零点と極はそれぞれ

零点：$z_1 = j\omega_t, \quad z_2 = -j\omega_t$

極：$p_0 = 0, \quad p_1 = j\omega_s, \quad p_2 = -j\omega_s$

となる．ただし，

$$\frac{\omega_s}{\omega_t} = \sqrt{1+\alpha} \tag{7.36}$$

である．減衰が小さい場合，$G_{vp}(j\omega)$ の共振周波数と反共振周波数は $\omega_s$ と $\omega_t$ で近似でき，$\omega_s/\omega_t$ を**共振比**という．

$G_{vp}(s)$ と $G_{vt}(s)$ の極零マップと周波数応答（ゲイン線図）の概略を図 7.9 にあわせて示す．慣性比 $\alpha$ が小さいと，同図 (a) 中の $G_{vp}(s)$ の振動極 $p_1, p_2$ はそれぞれ振動零点 $z_1, z_2$ と近くなり，ダイポールとなる．逆に慣性比 $\alpha$ が大きいと振動極と振動零点が離れる．これらの特性は同図 (b) 中の反共振周波数と共振周波数との距離に反映される．

次に $G_{vp}(j\omega)$ の共振ピークゲインと位相を求める．ただし，計算を簡単化するために $\omega_r = 0$ とする．まず，式 (7.34) から周波数応答関数を求める．

$$G_{vp}(j\omega) = \frac{(\omega_t^2 - \omega^2) + j\omega(2\zeta_t\omega_t)}{J_r\left\{2\zeta_t\omega_t(\alpha\omega_t^2 - \omega^2) + j\omega(\omega_s^2 - \omega^2)\right\}} \tag{7.37}$$

上式から共振周波数 $\omega = \omega_s$ でのゲイン（共振ピーク値）と位相は次のようになる．

$$|G_{vp}(j\omega_s)| = \frac{\sqrt{\alpha^2 + 4\zeta_t^2(1+\alpha)}}{2J_r\zeta_t\omega_t} \tag{7.38}$$

$$\angle G_{vp}(j\omega_s) = \tan^{-1}\left(-\frac{2\zeta_t\sqrt{1+\alpha}}{\alpha}\right) \tag{7.39}$$

式 (7.38) より，$\alpha$ が小さいと共振ピーク値が小さくなることがわかる．これは，先に述べたように振動極が振動零点とダイポールとなるためである．

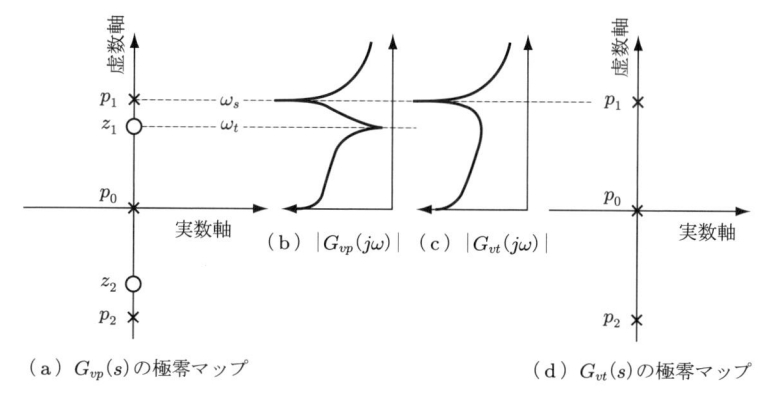

## 7.5 機械パラメータの振動特性への影響

**図 7.9** 極零マップとゲイン線図

（a）$G_{vp}(s)$ の極零マップ　　（b）$|G_{vp}(j\omega)|$　　（c）$|G_{vt}(j\omega)|$　　（d）$G_{vt}(s)$ の極零マップ

### 例 7.3　減衰とボールねじリードの駆動機構動特性への影響

図 7.7（c）の 2 慣性系の SLK モデルを用いて，ボールねじリード $l_p$ と被駆動体の直動減衰 $C_t$ を変化させたときの $G_{vp}(s)$ の極零配置と周波数応答 $G_{vp}(j\omega)$ の変化をシミュレートしてみる．ただし，力学パラメータは例 7.2 の数値を用いる（M ファイルについては省略する）．

ボールねじリード $l_p$ を変化させたときの $G_{vp}(s)$ の極零マップを図 7.10（a）に，周波数応答（ボーデ線図）を同図（b）に示す．ただし，ボーデ線図中には，式 (7.38) と (7.39) で計算される共振周波数でのゲインと位相を○印でプロットした．

図 7.10 より，$l_p$ の増加にともない振動極の位置は高域側にシフトし，これに対応してボーデ線図において共振ピーク値が増加していることがわかる．

$C_t$ を $1 \to 5 \to 10$ 倍と変化させたときの $G_{vp}(s)$ の極零マップを図 7.11（a）に，ボーデ線図を同図（b）に示す．同図（a）から，$C_t$ の増加により虚軸に近い振動極と振動零点は，減衰比が増加する方向へ移動する．このとき，同図（b）の $G_{vp}(j\omega)$ の共振ピークは低くなり，反共振の谷も浅くなることがわかる．

**140** 第 7 章 ボールねじ駆動機構と力学モデル

(a) 極零マップ

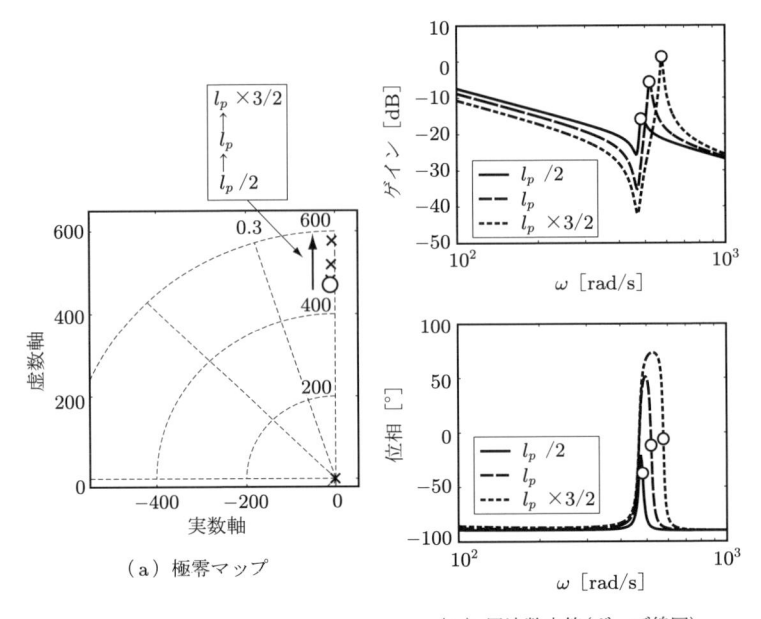

(b) 周波数応答(ボーデ線図)

**図 7.10** $l_p$ の変化による $G_{vp}(s)$ の極零位置と周波数応答の変化

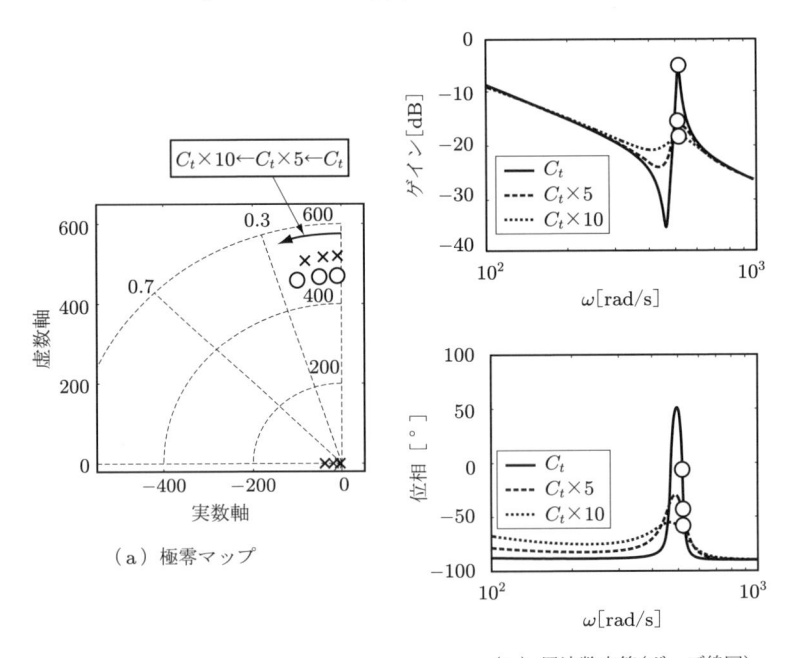

(a) 極零マップ

(b) 周波数応答(ボーデ線図)

**図 7.11** $C_t$ の変化による $G_{vp}(s)$ の極零位置と周波数応答の変化

# 演習問題

**7–1** 2慣性系モデルにおいて，モータ位置 $R\theta_m$ から被駆動体位置 $x_t$ までの伝達関数を求めよ．

**7–2** あるボールねじ駆動機構のモータトルクからモータ速度までの周波数応答を測定したところ，図 7.9（b）に示すようなボーデ線図が得られ，$\omega_t = 600$，$\omega_s = 850\,\mathrm{rad/s}$ であった．この共振・反共振がボールねじの軸方向振動に起因していることがわかっているとき，以下の問いに答えよ．
(1) 慣性比 $\alpha$ を求めよ．
(2) 被駆動体質量 $M_t = 100\,\mathrm{kg}$，ボールねじリード $l_p = 20\,\mathrm{mm}$ であった．このとき回転系の慣性モーメントを求めよ．

**7–3** ねじり振動に起因する共振周波数と共振ピーク値を次の手順で近似的に求める．まず，図 7.12（a）に示す3慣性系の一点鎖線の部分を図（b）に示すように等価変換する．ねじり振動が影響する周波数領域は軸方向振動が影響する周波数よりも大きい．したがって，同図（b）一番下の2次系を省略して，点線のブロックで送り機構の特性を近似する．このとき以下の問いに答えよ．
(1) 図 7.12（b）中の近似ブロックの $T_m$ から $\theta_m$ までの伝達関数 $G_{vp0}(s)$ を求めよ．
(2) 上記 (1) で求めた伝達関数で $D_m = D_b = 0$ とおいて共振周波数と反共振周波数を求めよ．ただし，

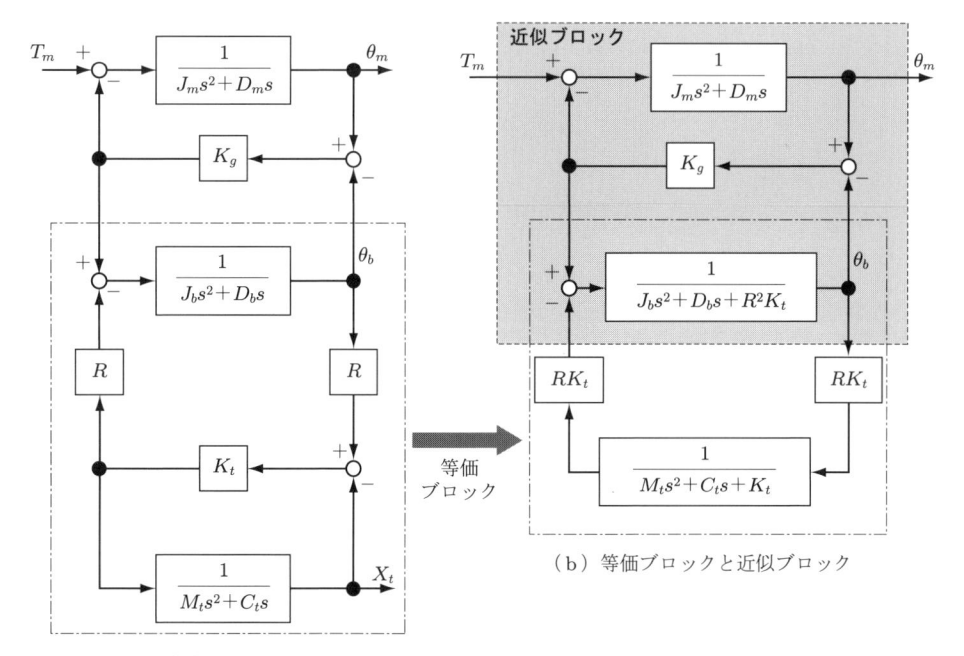

（a）3慣性系

（b）等価ブロックと近似ブロック

図 **7.12** ねじり振動が影響する周波数でのモデル近似

$$\omega_{gb} = \sqrt{\frac{K_g}{J_b}}, \quad \omega_{gm} = \sqrt{\frac{K_g}{J_m}}, \quad \omega_{tb} = \sqrt{\frac{K_t R^2}{J_b}} \tag{7.40}$$

とし，次の仮定をおく．

$$\left(\omega_{gb}^2 + \omega_{gm}^2 + \omega_{tb}^2\right)^2 \gg \omega_{gm}^2 \omega_{tb}^2 \tag{7.41}$$

# 第 8 章 1軸サーボ系

前節で示した送り駆動機構に対してカスケード型の制御系を構成した場合の軸サーボ系について考える．軸サーボ系を高応答化するには，フィードバックゲインを高く設定（ハイゲイン化）する必要があるが，制御の遅れや機械共振が制御系の安定性に影響を与える．また，フィードバック方式とゲイン設定は，位置制御系の振動特性へ影響を与える．本章では，これらの影響をモデルを用いて説明する．

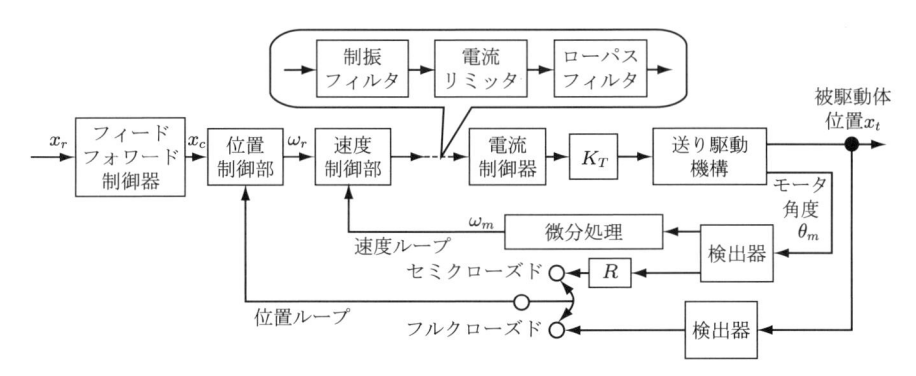

## 8.1 1軸サーボ系の構成

1軸サーボ系の基本構成を図 8.1 を用いて説明する．位置指令 $x_r$ はフィードフォワード制御器でフィルタリングされ，位置制御部への指令値 $x_c$ となる．位置制御部は，指令値 $x_c$ と位置検出値の差をもとに速度制御系へ角速度指令値 $\omega_r$ を出力する．第 1 章で述べたように，位置制御方式には，位置フィードバック値に被駆動体位置 $x_t$ を用いるフルクローズドループ制御と，モータ角度 $\theta_m$（図 8.1 中では変位に換算）を用いるセミクローズドループ制御がある．

図 8.1　1軸サーボ系の構成

**144** 第 8 章　1 軸サーボ系

　速度制御部は角速度指令 $\omega_r$ とモータ角速度 $\omega_m$ の差にゲインを乗じ電流指令値として電流制御系へフォワードする．速度制御器の後段には，制振フィルタ，電流リミッタ，信号をスムーズ化するためのローパスフィルタが配置される．また，ロータリーエンコーダで検出されたモータ角度は微分処理され，フィルタでスムージングされて角速度フィードバック値が得られる．

　本書では，以上に述べた機能の中で基本的なもので構成した図 8.2 のモデルでサーボ系の解析を行う．

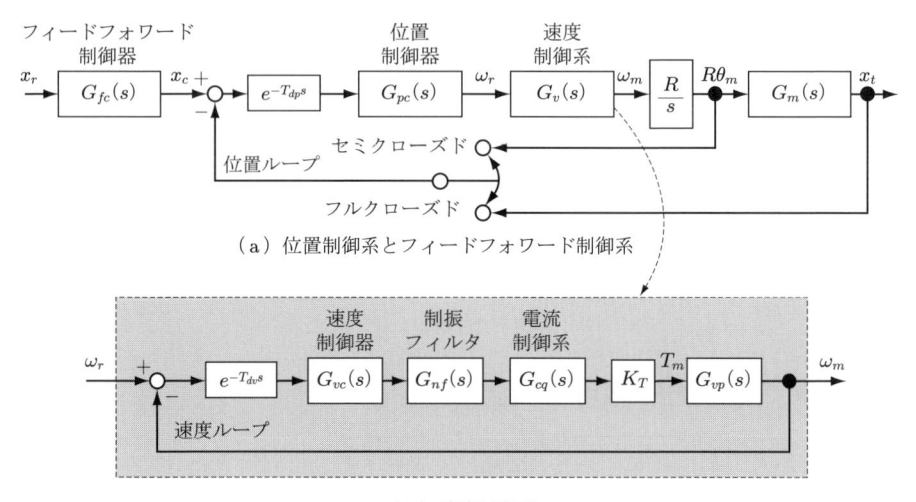

（a）位置制御系とフィードフォワード制御系

（b）速度制御系

図 **8.2**　1 軸サーボ系のブロック線図

　ただし，図中の各ブロックには第 4, 6, 7 章で述べた基本的な制御器と駆動機構のモデルを用いており，それぞれの伝達関数を以下にまとめておく．

① フィードフォワード制御器（速度フィードフォワード制御）：$G_{fc}(s) = 1 + \dfrac{K_{vf}}{K_{pp}} s$

② 位置制御器（比例制御）：$G_{pc}(s) = \dfrac{K_{pp}}{R}$

③ 速度制御器（PI 制御）：$G_{vc}(s) = \dfrac{K_{vp}(s + K_{pi})}{s}$

④ 電流制御系（1 次遅れ系）：$G_{cq}(s) = \dfrac{\omega_{cc}}{s + \omega_{cc}}$

⑤ 送り駆動機構：モータトルクから角速度までの伝達関数は $G_{vp}(s)$，モータ位置 $R\theta_m$ から被駆動体位置までの伝達関数を $G_m(s)$ である．2 慣性系の場合は，$G_{vp}(s)$ は式 (7.34) で表され，$G_m(s)$ は次式となる．

$$G_m(s) = \frac{\omega_t^2}{s^2 + 2\zeta_t \omega_t s + \omega_t^2} \tag{8.1}$$

ただし，$\omega_t$ と $\zeta_t$ は機械系の固有振動数と減衰比であり，式 (7.31), (7.32) で定義される．式 (7.36) で表される駆動機構の固有振動数 $\omega_s$ は $\omega_t$ と混同しないよう注意が必要なので再掲しておく．

$$\omega_t = \sqrt{\frac{K_t}{M_t}} \tag{7.31}$$

$$\zeta_t = \frac{C_t}{2\omega_t M_t} = \frac{C_t}{2\sqrt{M_t K_t}} \tag{7.32}$$

$$\omega_s = \omega_t \sqrt{1+\alpha} \tag{7.36}$$

また，本章で新たに加えた伝達特性は以下の通りである．

⑥ 制振フィルタ：伝達関数を $G_{nf}(s)$ とする．詳細については 8.4 節で述べる．
⑦ フィードバック値の検出遅れや制御演算遅れ：時間遅れ要素 $e^{-T_{dp}s}$（位置ループ），$e^{-T_{dv}s}$（速度ループ）で表す．ただし，$T_{dp}$ と $T_{dv}$ はそれぞれ位置ループ内と速度ループ内の制御時間遅れ [s] である．

その他，電流リミッタなどやローパスフィルタは無視しているが，これらは読者の必要に応じて追加されたい．

## 8.2　1 慣性系の速度制御

フィードバックループ内の遅れ要素が速度制御系にどのような影響を与えるかを解析する．まず，駆動機構が 1 慣性系の場合について考えてみよう．式 (7.25) をラプラス変換すると，モータトルクからモータ角速度までの伝達関数は

$$G_{vp}(s) = \frac{1}{J_a s + D_a} \tag{8.2}$$

となる．ここで，$G_{vp}(s)$ のボーデ線図を折線近似したときの折点周波数を $\omega_a(=D_a/J_a)$ としておく．

図 8.3 に，速度制御系の基本構成要素の周波数伝達関数と開ループの周波数伝達関数を折線近似で示す（ただし，$T_{dv}=0$ としている）．図中で，開ループのゲイン交差周波数は $\omega_{vc} = K_{vp} K_T / J_a$ であり，積分ゲイン $K_{vi}$ は積分を停止する周波数を意味するので $\omega_{vi}$（$\omega_a < \omega_{vi}$）と表記している．

速度制御系の帯域を広くとるために，比例ゲイン $K_{vp}$ を高く設定したい．このとき

$\omega_{cc}$ と $\omega_{vi}$ をそれぞれ $\omega_{vc}$ から十分離しておかないと速度制御系の位相余裕が十分とれなくなる．また，図 8.3 中では無視した速度ループ内の制御の時間遅れも位相余裕に影響を与える．これらの要素の位相遅れを $P_d(\omega)$ [rad] とすると，

$$P_d(\omega) = \tan^{-1}\left(\frac{\omega_{vi}}{\omega}\right) + \tan^{-1}\left(\frac{\omega}{\omega_{cc}}\right) + \omega T_{dv} \tag{8.3}$$

となる．ただし，右辺の第 1 項は PI 制御器による位相遅れ，第 2 項は電流制御系による位相遅れ，第 3 項は速度制御の時間遅れによる位相遅れである．上式を用いて，位相余裕 $PM[°]$ は

$$PM = 90 - \frac{180}{\pi} \times P_d(\omega_{vc}) \tag{8.4}$$

で近似できる．

（a）各ブロックの周波数伝達関数　　（b）速度開ループの周波数伝達関数

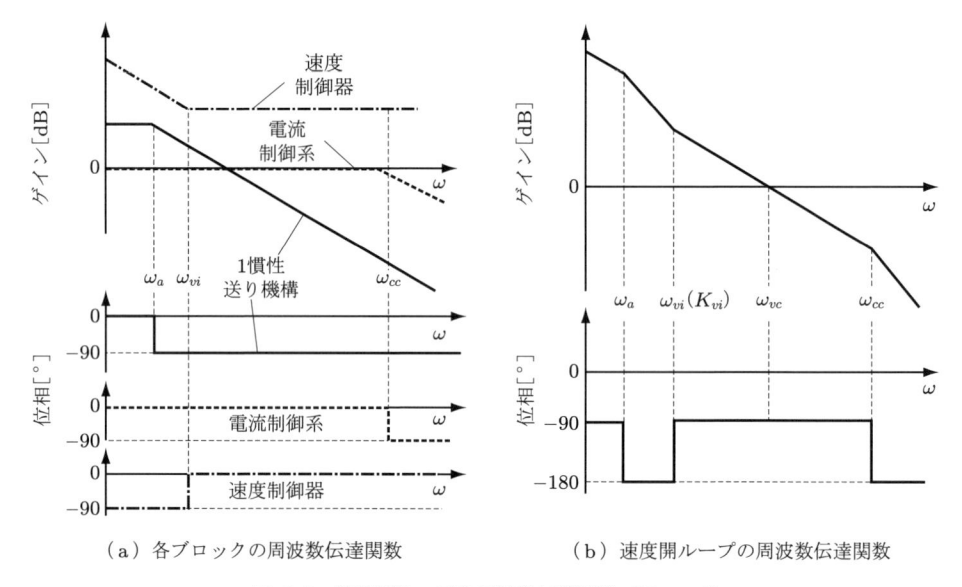

図 8.3　速度開ループの周波数伝達関数（$T_{dv} = 0$）

一般的にサーボ系には $40°\sim 60°$ の位相余裕が必要であるとされており，速度制御系のゲインの設定については「$\omega_{cc}$ は $\omega_{vc}$ の 5 倍以上，$\omega_{vi}$ は $\omega_{vc}$ の 1/5 以下」という指針が文献 [50] にて与えられている．

### 例 8.1　1 慣性系の速度制御

1 慣性系駆動機構の速度制御において，制御パラメータが速度制御系の安定性と時間応

## 8.2 1慣性系の速度制御

答に与える影響をシミュレーションで調べてみよう．シミュレーションに用いたSLKモデルを図8.4に示す．

まず，ゲイン交差周波数 $\omega_{vc} = 500\,\mathrm{rad/s}$，時間遅れ $T_{dv} = 0\,\mathrm{ms}$ と設定し，

ケース1（標準）： $\omega_{cc} = 5\omega_{vc}$, $K_{vi} = \dfrac{\omega_{vc}}{5}$

として，この条件から以下のように設定を変化させる．

ケース2（電流制御系の帯域が狭い）： $\omega_{cc} = 2\omega_{vc}$

ケース3（積分ゲイン大）： $K_{vi} = \dfrac{\omega_{vc}}{2}$

ケース4（速度ループ内の制御時間遅れを考慮）： $T_{dv} = 1\,\mathrm{ms}$

SLKモデルをMATLAB上のLTIモデルに変換し，速度制御系の開ループ周波数応答（ボーデ線図）と閉ループ系のステップ応答を計算する．シミュレーションに用いたMファイルを図8.5に，シミュレーション結果を図8.6と図8.7に示す．

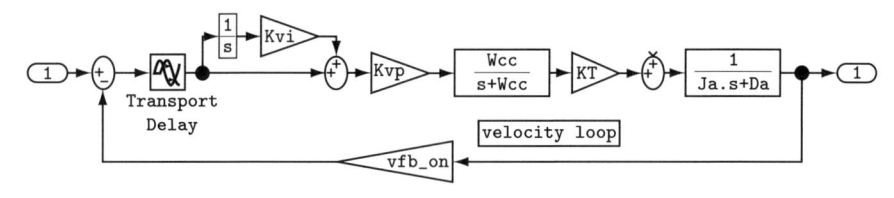

図 **8.4** 1慣性速度制御系のSLKモデル（vcm.mdl）

```
slk1='vcm';%simulink モデル名

%パラメータ
Ja=0.00196;       %kgm^2 慣性モーメント
Da=0;             %Nms/rad 粘性摩擦係数（回転）
KT=0.912;         %Nm/A   トルク定数
Wvc=500;          %rad/s 速度制御系の帯域幅
Kvp=Ja*Wvc/KT;    %rad/s 速度制御器の比例ゲイン
n=4;              %時間遅れ要素のパデ近似の次数
%Tdv:時間遅れ，Wcc:電流制御系の帯域幅，Kvi:速度制御器の積分ゲインの設定
%各ケースの条件は次のcellに格納され，forループで実行される．
macro_txt={'Tdv=0;Wcc=5*Wvc;Kvi=Wvc/5;%ケース1'
           'Tdv=0;Wcc=2*Wvc;Kvi=Wvc/5;%ケース2'
           'Tdv=0;Wcc=5*Wvc;Kvi=Wvc/2;%ケース3'
           'Tdv=1e-3;Wcc=5*Wvc;Kvi=Wvc/5;%ケース4'};

lspec={'-k','--r','-.g',':b'};
w=logspace(1, 4, 200);
t=0:0.001:0.003;
```

```
figure(1)
axh1=subplot(211);%ゲイン線図の axes ハンドル
axh2=subplot(212);%位相線図の axes ハンドル

for ii=1:length(macro_txt)
    vfb_on=0;% 開ループ制御
    eval(macro_txt{ii})
    [A1 B1 C1 D1]=linmod(slk1);
    sys1=minreal(ss(A1,B1,C1,D1));
    [mag1 ph1]=bode(sys1, w);
    mag1=20*log10(mag1(:));ph1=ph1(:);
    PM0(ii)=90-180/pi*(atan(Wvc/Wcc)+atan(Kvi/Wvc)+Wvc*Tdv);
    [GM(ii),PM(ii),Wcg(ii),Wcp(ii)] = margin(sys1);
    axes(axh1);semilogx(w,mag1,lspec{ii});hold on
    axes(axh2);semilogx(w, ph1,lspec{ii});hold on

    vfb_on=1;% 閉ループ制御
    [A1 B1 C1 D1]=linmod(slk1);
    sys2=minreal(ss(A1,B1,C1,D1));
    %上記3行のかわりに sys2=feedback(sys1,1) でもよい
    [st1, tt1]=step(sys2,t);
    figure(2)
    plot(tt1, st1, lspec{ii}); hold on;
end

%ゲイン交差周波数での位相
axes(axh2);semilogx(Wcp,-180+PM,'or');

axes(axh1);xlabel('\omega  rad/s'), ylabel(' ゲイン   dB');
axis([10 10^4 -60 60]);grid on;legend(macro_txt{:});
axes(axh2);xlabel('\omega  rad/s'), ylabel(' 位相 ° ');
axis([10 10^4 -180 -90]);grid on;
figure(2);Xlabel('t    s');Ylabel('t    m/s');axis([0 0.03 -0.2 1.6]);
grid on;legend(macro_txt{:});
```

図 8.5 シミュレーションに用いた M ファイル（ex8_1.m）

図 8.6 の位相線図に中には margin 関数で計算したゲイン交差周波数での位相を〇印でプロットしている．式 (8.4) で位相余裕 $PM$ を計算すると，ケース 1 では 67°，ケース 2 と 3 では 60° 以下，ケース 4 では 40° 以下となり，これらは図 8.6 の位相線図に反映されている．また，図 8.7 より，位相余裕が減少するにつれて，ステップ応答のオーバシュートが大きくなっていることがわかる．

8.2　1慣性系の速度制御

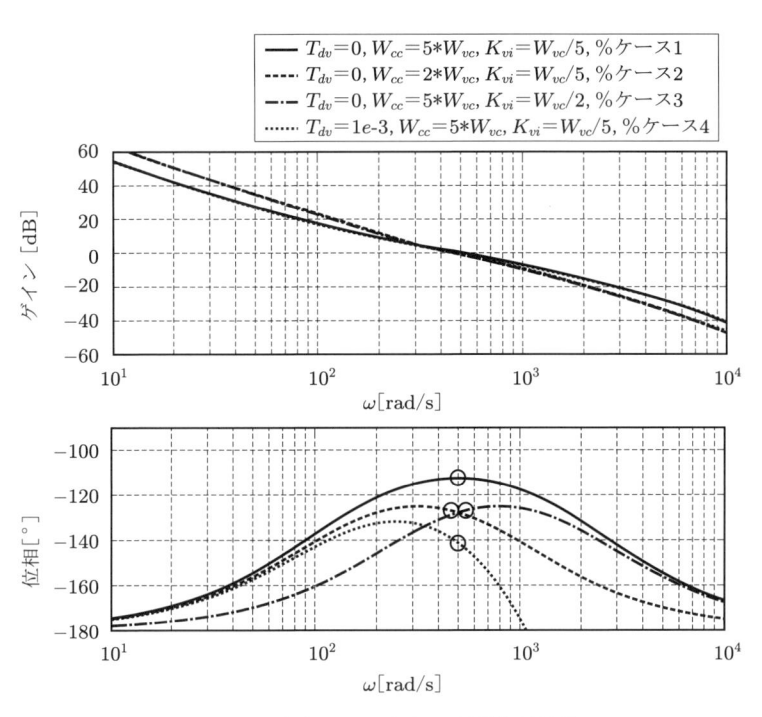

図 **8.6**　速度開ループ系の周波数伝達関数

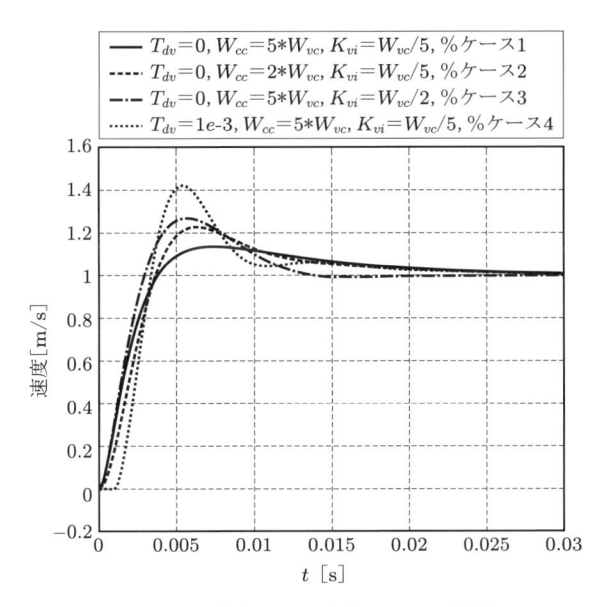

図 **8.7**　速度閉ループ系のステップ応答

## 8.3 共振と速度制御系の安定性

例 7.2 において，ボールねじ駆動機構のモータトルクからモータ速度までの周波数応答には，軸方向振動とねじり振動の共振・反共振特性があらわれるが，位相はすべての帯域にわたって 90° より遅れないことを示した．これは反共振が共振の前に存在するためであり，速度制御ループ内に遅れがなければ，速度ループは不安定にはならない．

しかし，前節で述べたように速度制御系には電流制御系の遅れや速度制御器の演算遅れが存在するため，速度開ループの周波数応答の位相は 90° 以上遅れる．このとき，位相交差周波数付近に共振ピークが存在すると安定余裕が確保できなくなる．

**例 8.2　共振周波数の安定性への影響**

共振周波数が速度制御系の安定性に影響を与える例をシミュレーションで示そう．送り機構モデルには図 7.7 (b) の 3 慣性系モデルを用い，速度制御器（比例制御のみを考慮），電流制御系（1 次遅れ系），時間遅れ要素を接続した速度ループモデルを構成する．

各要素モデルを作成するための M ファイルを図 8.8 に示す．なお，駆動機構パラメータは例 7.2 で用いたものと同じとしている．遅れを加味しない場合の開ループモデル：sysM*Kvp*KT と遅れを加味した場合の開ループモデル：sysM*sysTd*sysC*Kvp*KT を用いてボーデ線図を描いた結果が図 8.9 である．図中では，位相交差周波数を一点鎖線，このときのゲインと位相を○印で示している．このケースでは，ねじりの共振周波数と位相交差周波数が近いため，$K_{vp}$ を増加していくと速度制御系はねじりの共振周波数で発振する．

```
%駆動機構パラメータ設定
lp=2e-2;R=lp/2/pi;
Kn=9.72e8;Kt=1.10e8;Ks=1.32e8;Kb=2.0e9;Kg=7.76e3;
Mt=500;Jbs=3.0e-3;Jmr=1.76e-2;Jc=1.62e-3;
Jm=Jmr+Jc+Jbs/2;Jb=Jbs/2;Jr=Jb+Jm;Ja=Jr+Mt*R^2;
Ct=1e4;Db=5e-2;Dm=0;Dr=Db+Dm;

%駆動機構モデル
slk1='mech3dof';%simulinkモデル名：図7.7 (b) で出力はモータ速度とする
[A0 B0 C0 D0]=linmod(slk1);
sysM=minreal(ss(A0,B0,C0,D0));

%速度制御器
Kvp=1;

%トルク定数
KT=1;
```

```
%電流制御系
Wcc=12000;%電流制御系の帯域幅
sysC=tf(Wcc,[1 Wcc]);%電流制御系モデル

%時間遅れ要素
slk2='time_delay';%simulink モデル名　図 3.30 参照
Tdv=0.7e-3;%速度制御ループ内の制御時間遅れ
n=5;%線形化次数
[A0 B0 C0 D0]=linmod(slk2);
sysTd=ss(A0,B0,C0,D0);%時間遅れモデル
```

図 **8.8**　各要素モデル作成用 M ファイル（ex8_2.m）

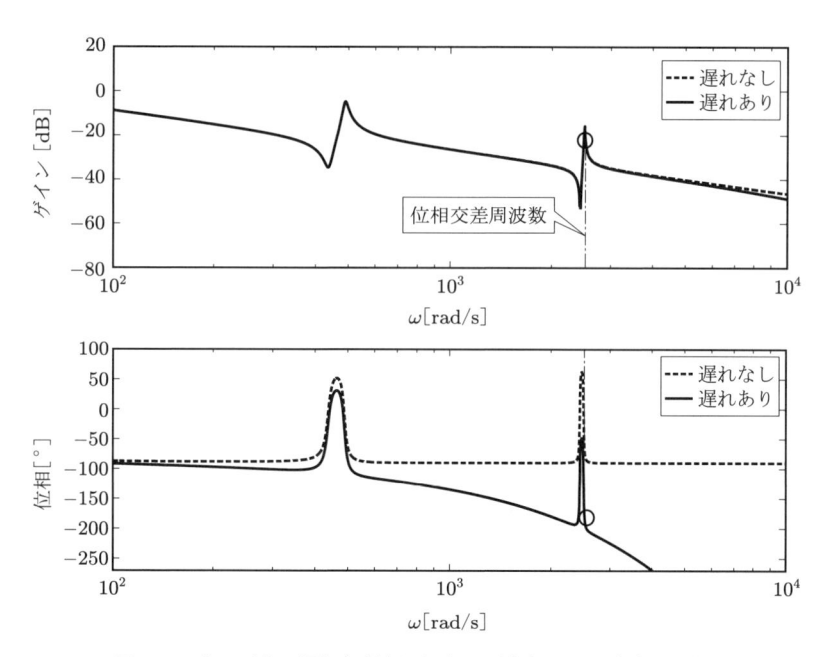

図 **8.9**　ループ内の遅れを考慮したときの速度開ループボーデ線図

## 8.4　FIR フィルタによる制振制御

　共振ピークにより速度制御系のゲイン余裕が確保できなくなる問題の対策として，電流制御系の前に制振フィルタを配置して共振ピークを抑制する方法が用いられる．最も簡単な制振フィルタは FIR 型のノッチフィルタ（notch filter）である．**FIR** とは Finite Impulse Response の略であり，その名の通りインパルス応答が有限長であ

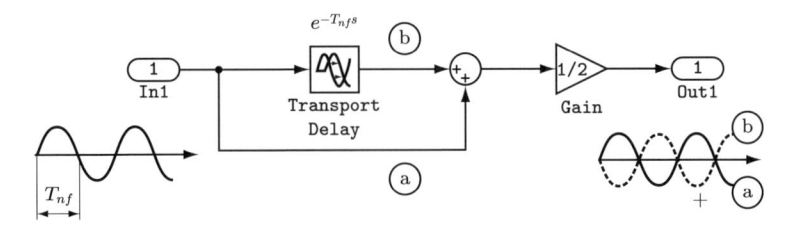

図 8.10　FIR 型ノッチフィルタの SLK モデル（notch_filter.mdl）

ることを意味する．図 8.10 は FIR 型のノッチフィルタの SLK モデルである[51]．

図中で $T_{nf}$ は遅延回路にセットする遅れ時間 [s] である．フィルタは実際はデジタルフィルタであるので，$T_{nf}$ は速度制御系のサンプリング時間の整数倍となる．

FIR 型のノッチフィルタは入力値と $T_{nf}$ 時間前の入力を加算して 2 でわるという簡単な構造をもっているので，図中に示すように $T_{nf}$ を半周期とする正弦波をキャンセルすることができる．

図 8.10 のモデルの伝達関数を次式に示す．

$$G_{FIR}(s) = \frac{1 + e^{-T_{nf}s}}{2} \tag{8.5}$$

上式より，周波数伝達関数を計算すると次式となる．

$$\begin{aligned}G_{FIR}(j\omega) &= \frac{1 + e^{-j\omega T_{nf}}}{2} \\ &= e^{-j\omega T_{nf}/2}\frac{e^{j\omega T_{nf}/2}+e^{-j\omega T_{nf}/2}}{2} = e^{-j\omega T_{nf}/2}\cos\left(\frac{\omega T_{nf}}{2}\right)\end{aligned} \tag{8.6}$$

したがって，フィルタのゲインは次式で表される．

$$|G_{FIR}(j\omega)| = \left|\cos\left(\frac{\omega T_{nf}}{2}\right)\right| \tag{8.7}$$

すなわち，ゲインは周期的に谷（ノッチ）をもつ．ゲインが 0 となる周波数をノッチの中心周波数 $\omega_{n,l}$ とすると，$\omega_{n,l}$ は次式で表される．

$$\omega_{n,l} = \frac{(2l-1)\pi}{T_{nf}} \qquad (l = 1, 2, \ldots) \tag{8.8}$$

通常は $l = 1$ の中心周波数

$$\omega_{n,1} = \frac{\pi}{T_{nf}} \tag{8.9}$$

を共振周波数にあわせて調整する．この中心周波数までの位相（単位を [rad] とする）は式 (8.6) より次式となる．

$$\angle G_{FIR}(j\omega) = -\frac{\omega T_{nf}}{2} \tag{8.10}$$

FIR フィルタは急峻な共振抑制のノッチをもつが，上式で示す位相遅れが生じる．このため，共振抑制後の位相交差周波数が低域にシフトし，新たな位相交差周波数付近に別の共振ピークが存在すると，再びゲイン余裕が確保できなくなる可能性があるので注意する．

### 例 8.3 ノッチフィルタによる共振抑制

FIR 型のノッチフィルタを用いて共振ピークの抑制を行った場合の速度開ループの周波数応答を求める．まず，演習問題 7–3 の結果を用いてねじり振動の固有振動数を求め，この値をノッチの中心周波数に設定し，図 8.10 の SLK モデルを LTI モデル：sysNF に変換する．この M ファイルを図 8.11 に示す．

```
wrb=sqrt(Kg/Jb + R^2*Kt/Jb + Kg/Jm);%ねじりの固有振動数
Tnf=pi/wrb;%遅れ時間
n=5;%時間遅れ要素の線形化次数
slk='notch_filter';
[A0 B0 C0 D0]=linmod(slk);sysNF=ss(A0,B0,C0,D0);
```

図 8.11 ノッチフィルタ作成 M ファイル

sysNF を例 8.2 の LTI モデルに接続して開ループモデルを作成し，ボーデ線図を描いた結果を図 8.12 に示す．

同図より，ねじり振動の共振ピークは完全に抑制されていることがわかる．また，ノッチフィルタ補償後の開ループ周波数応答の位相交差周波数は軸方向振動の共振周波数から離れているので，ゲイン余裕は確保できている．しかし，軸方向剛性を大きくすると，共振ピークが位相公差周波数に近づくことも予想できる．

軸方向振動の共振ピークの抑制にもノッチフィルタが使用されるが，低域の位相遅れを増大させる可能性がある．この場合は位相遅れの調整ができる IIR（Infinite Impulse Response，有限長インパルス応答）型のノッチフィルタが用いられる．詳細については文献 [52] などを参考にされたい．

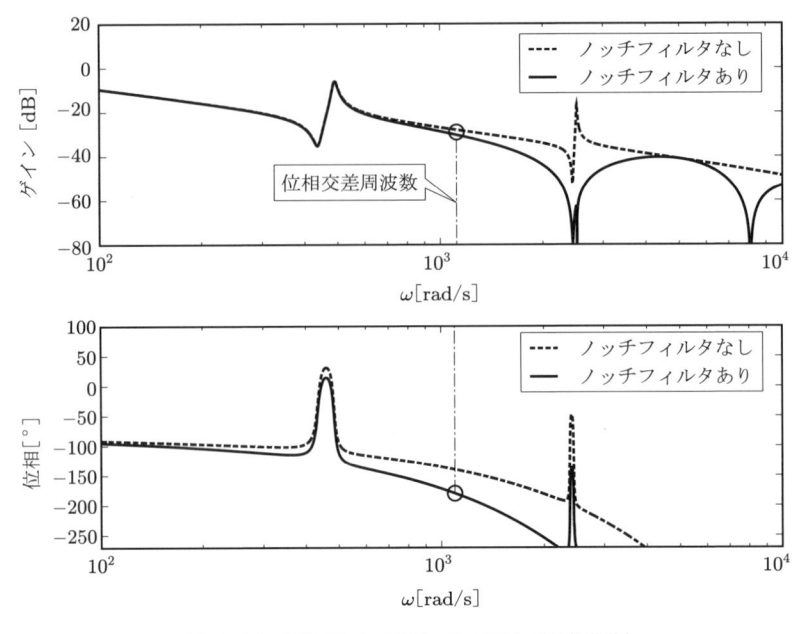

図 8.12 FIR 型ノッチフィルタによる共振抑制

## 8.5 制御系の振動特性

　速度ループ単体では安定性が確保できていても，位置ループを構成すると系全体が振動的になったり不安定になる場合がある．これは主に低周波数領域に存在する固有振動（ボールねじ駆動機構の軸方向振動や構造系の振動）の影響である．本節では，共振・反共振と位置制御系の振動の関係を根軌跡を用いて説明する．このために図 8.13 に示す各制御ループの時間遅れや電流制御系の遅れを省略した理想的な 2 慣性系の軸サーボモデルを用いる．

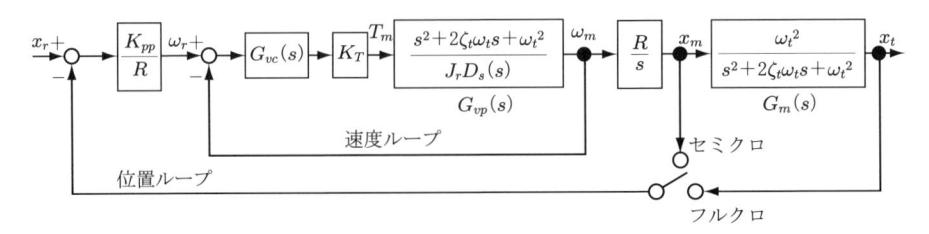

図 8.13 軸サーボ系のブロック線図

## 8.5 制御系の振動特性

まず，速度制御系単体の特性について解析する．図 8.13 の速度開ループ伝達関数を $G_{vL}(s)$ とし，以下のように ZPK モデルで表現する．

$$G_{vL}(s) = \frac{\omega_{vc}(s+\omega_{vi})(s^2 + 2\zeta_t\omega_t s + \omega_t^2)}{sD_s(s)}$$

$$= \frac{\omega_{vc}(s+\omega_{vi})(s-z_{t1})(s-z_{t2})}{s(s+\omega_d)(s-p_{m1})(s-p_{m2})} \tag{8.11}$$

ただし，$D_s(s)$ は式 (7.29) に示す伝達関数，$-\omega_d$ は実数軸上の極，$\{p_{m1}, p_{m2}\}$ は複素共役極，$\{z_{t1}, z_{t2}\}$ は複素共役零点である．減衰が小さい場合に，複素平面上で $-\omega_d$ は原点に近い．また，$\{p_{m1}, p_{m2}\}$ と $\{z_{t1}, z_{t2}\}$ は虚数軸に近く，ボード線図上で共振・反共振として観察されるので，それぞれ共振極・反共振零点とよぶことにする．

速度比例ゲインを増加したときの速度閉ループ系の根軌跡の典型的なパターンを図 8.14 (a) に示す．このパターンは共振比が 1 に近い場合を示しており，その特徴は以下の通りである．

① $\{0, -\omega_d\}$ からスタートする極は第 4 章で述べた PI 制御系の極と同じ動きをする．
② 共振極 $\{p_{m1}, p_{m2}\}$ は，最初減衰比が増加する方向に移動し，次に減衰比を減少させながら反共振零点 $\{z_{t1}, z_{t2}\}$ に近づく．

ただし，極の動きは共振比の影響を受けるが，これについては次節で述べることとする．

(a) 速度閉ループの根軌跡
（速度比例ゲインを増加）

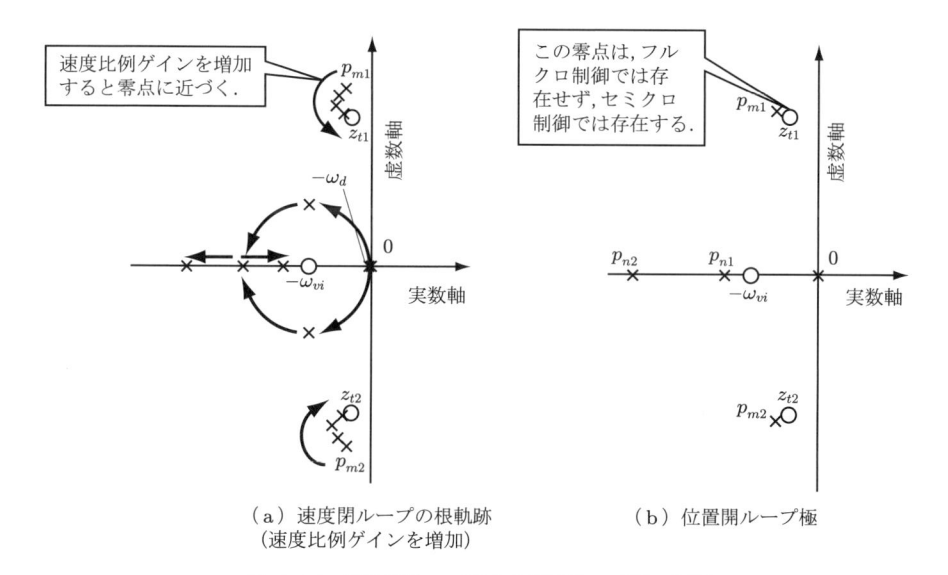

(b) 位置開ループ極

図 **8.14** 速度閉ループ系と位置開ループ系の極零

次に位置制御ループを構成し，位置比例ゲイン $K_{pp}$ を増加させたときの根軌跡を考える．根軌跡に影響を与えるのは，速度制御系の閉ループ極の位置と制御方式の違い（フルクローズドループ制御とセミクローズドループ制御，以下フルクロ・セミクロ制御と略する）である．速度比例ゲインを十分高く設定した場合，$\{0, -\omega_d\}$ から出発した極は実数軸上または実数軸近くに存在し，これらを $\{p_{n1}, p_{n2}\}$ と名付けておく．また，共振極 $\{p_{m1}, p_{m2}\}$ は反共振零点 $\{z_{t1}, z_{t2}\}$ に漸近する途中に存在する．位置制御系の開ループ極は，これらの極に原点極を加えた図 8.14 (b) に示すような配置となる．ただし，反共振零点については，セミクロ制御の場合は存在するが，フルクロ制御の場合は式 (8.1) の伝達関数 $G_m(s)$ の極で相殺されるので存在しない．

図 8.15 (a) にフルクロ制御の根軌跡を示す．位置比例ゲインの増加とともに原点から出発した極は実数軸上の零点へ向かい，$\{p_{n1}, p_{n2}\}$ は互いに近づき出会った後は，$\pm 135°$ 方向へ漸近する（漸近線の方向については付録 A.5 参照のこと）．

一方，位置比例ゲインの増加とともに共振極 $\{p_{m1}, p_{m2}\}$ は複素右半平面へと移動する．同図 (b), (c) は極が根軌跡上の ∗ 印と ＋ 印のポイントにあるときのモータ位置と被駆動体位置のステップ応答のシミュレーション結果である．極が虚数軸に近づ

（a）根軌跡

（b）モータ位置のステップ応答

（c）被駆動体位置のステップ応答

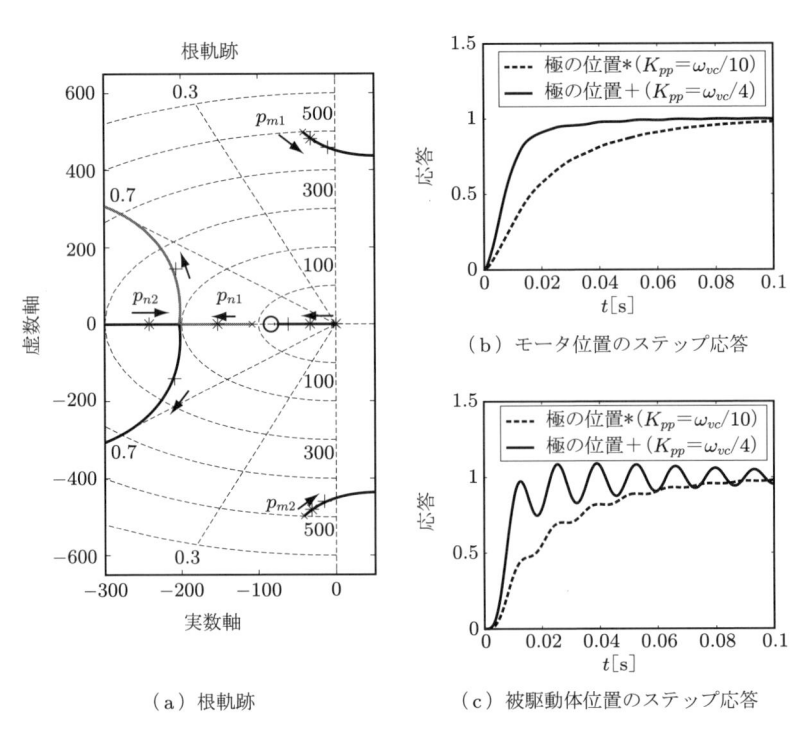

**図 8.15** 速度閉ループ系と位置開ループ系の極零

くにつれ，被駆動体位置での応答が振動的になり，さらに比例ゲインを増加させると位置制御系は不安定になる．ただし，モータ位置の応答に含まれる振動成分は小さいが，これは反共振零点が共振極の影響を抑制するためである．

次に図 8.16 (a) にセミクロ制御の根軌跡を示す．原点を出発する極の挙動についてはフルクロ制御と同様であるが，$\{p_{n1}, p_{n2}\}$ は負の実数軸上で出会った後，反共振零点 $\{z_{t1}, z_{t2}\}$ に向かう．また，共振極 $\{p_{m1}, p_{m2}\}$ は ±90° 方向へ漸近する．

(a) 根軌跡

(b) モータ位置のステップ応答

(c) 被駆動体位置のステップ応答

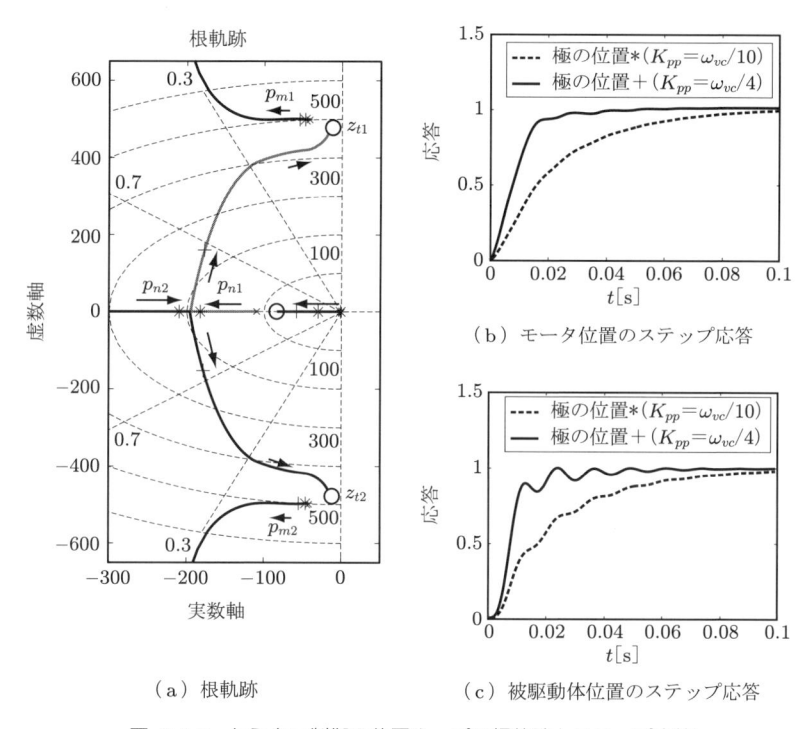

図 8.16 セミクロ制御の位置ループの根軌跡とステップ応答

$\{p_{n1}, p_{n2}\}$ が実数軸から離れる点がより左にある場合，これらが ±90° 方向へ漸近し，$\{p_{m1}, p_{m2}\}$ が $\{z_{t1}, z_{t2}\}$ に向かうが，いずれの場合においてもフルクロ制御のように位置制御系全体は不安定にはならない．しかし，位置指令からモータ位置の伝達関数には，$\{z_{t1}, z_{t2}\}$ がないため，被駆動体位置の応答は図 8.16 (c) に示すように振動的になる．

## 例 8.4　位置制御系の根軌跡とステップ応答の計算法

図 8.17 は図 8.15，8.16 のシミュレーションに用いた SLK モデルである．図 8.17（a）中の **FBtype** という変数を 1 とすればセミクロ，2 とすればフルクロ制御が選択できる．また出力端子 1 は位置フィードバック信号，出力端子 2 はモータ位置，出力端子 3 はテーブル位置を表す．図 8.18 にシミュレーションに用いた M ファイルを示しておく．機構パラメータには例 7.2 のパラメータを用いたが，パラメータ設定の部分は省略した（ただし，回転系の粘性摩擦係数 $D_r = 0$ と再定義した）．

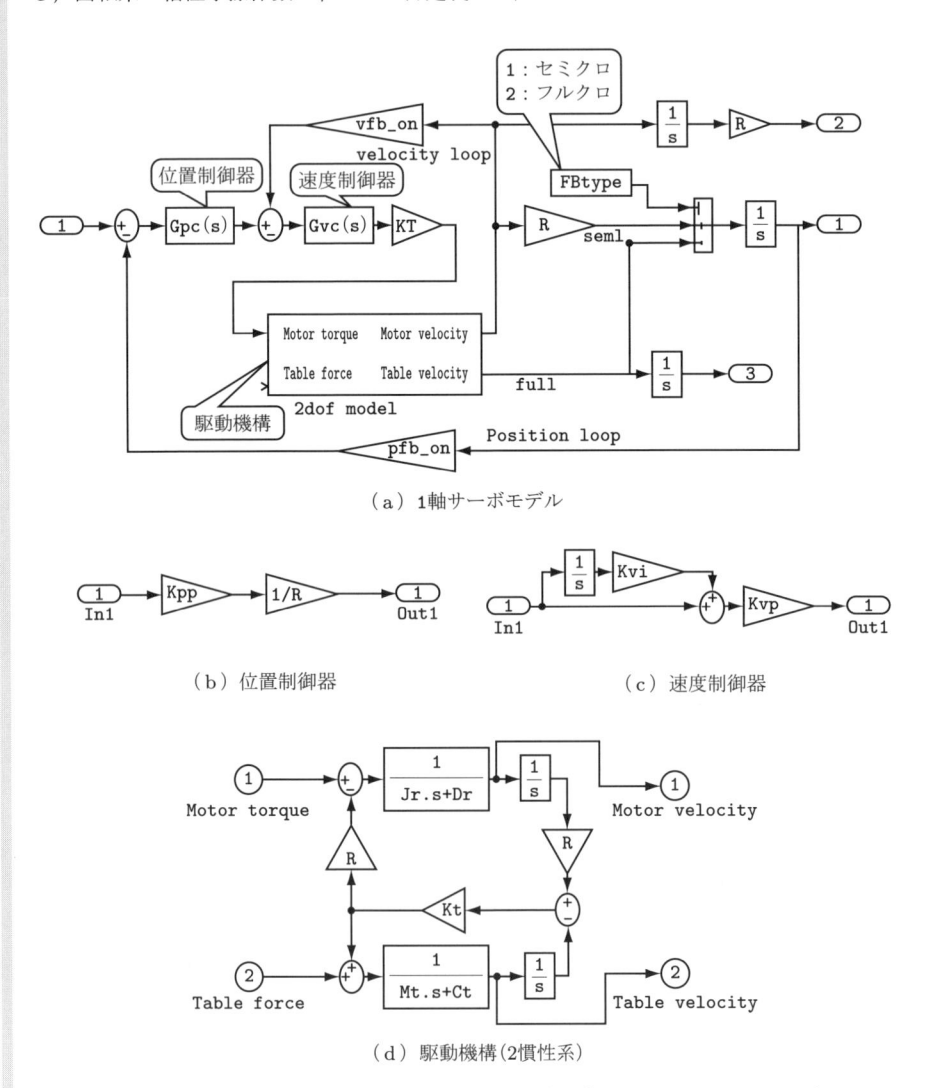

（a）1軸サーボモデル

（b）位置制御器

（c）速度制御器

（d）駆動機構(2慣性系)

図 **8.17**　シミュレーションに用いた SLK モデル（c_pvcm_2dof_ax1.mdl）

```
slk='c_pvcm_2dof_ax1';%simulinkモデル名

Dr=0;%Dr再定義
KT=1;%トルク定数
Wvc=400;Kvi=Wvc/5;Kpp=Wvc/10;Kvp=Ja*Wvc/KT;
FBtype=menu('フィードバック方式','セミクロ','フルクロ');

%根軌跡を描く
vfb_on=1;pfb_on=0;%速度を閉ループ，位置を開ループとする．
[A B C D]=linmod(slk);
sysT=ss(A,B,C,D);sys1=minreal(sysT(1,1));
figure(1);subplot(121);rlocus(sys1);
zeta=[0 0.3 0.7 1.0];wvec=100:100:600;sgrid(zeta,wvec);
axis([-300 50 -650 650]);ax1=gca;hold on;

%位置比例ゲインを変えたときのステップ応答を描き，そのときの極零位置を根軌跡に追加する
vfb_on=1;pfb_on=1;%速度を閉ループ，位置を閉ループとする．
Kby={'Kpp=Wvc/10','Kpp=Wvc/4'};%位置比例ゲイン設定値
tlast=0.1;t1=0:5e-4:tlast;%シミュレーション時間
lspec={':k','-b'};mkspec={'*','+'};
for ii=1:length(Kby)
    eval(Kby{ii});
    lgtext{ii}=['極の位置',mkspec{ii},'(',Kby{ii},')',];
    [A B C D]=linmod(slk);sysT=ss(A,B,C,D);
    [p1 z1]=pzmap(sysT(1,1));
    axes(ax1);plot(p1,mkspec{ii});
    Xm=step(sysT(2,1),t1);
    Xt=step(sysT(3,1),t1);
    subplot(222);plot(t1, Xm, lspec{ii});axR1=gca;hold on
    subplot(224);plot(t1, Xt, lspec{ii});axR2=gca;hold on
end
axes(axR1);ylabel('応答 [-]');xlabel('t    s');legend(lgtext{:});
axis([0 tlast 0 1.5]);
axes(axR2);ylabel('応答 [-]');xlabel('t    s');legend(lgtext{:});
axis([0 tlast 0 1.5]);
```

図 **8.18** シミュレーションに用いた M ファイル（ex8_4.m）

## 8.6 振動の抑制

### 8.6.1 共振比と共振極

8.5 節では，速度制御系の閉ループ極が反共振零点にトラップされ，位置ループの振動特性に影響を与えることを示した．これは，速度開ループの伝達関数の反共振零点

と共振極が近い，つまり共振比が1に近いことが原因である．共振比が変化すると軸サーボ系の制御性能はどのように変化するのであろうか．

図 8.19 は，慣性比 $\alpha = 0.5, 1.0, 2.2$ として共振比を変化させた場合の速度閉ループの根軌跡のシミュレーション例である．ただし，この例では被駆動体質量を固定し，回転慣性 $J_r$ の設定で $\alpha$ を変化させている．同図より，慣性比が大きくなると減衰比の増加する方向への共振極の動きが顕著になることがわかる．特に $\alpha = 2.2$ では PI 制御器のゲイン設定と併せて「よい制御特性」が得られることがわかっており，同図 (c) にそのときの極配置を ∗ 印で示している．この極配置が得られた理論的背景については，高度な制御の知識が必要になるので本書では解説しないが，興味のある方は文献 [53]–[55] を参照されたい．

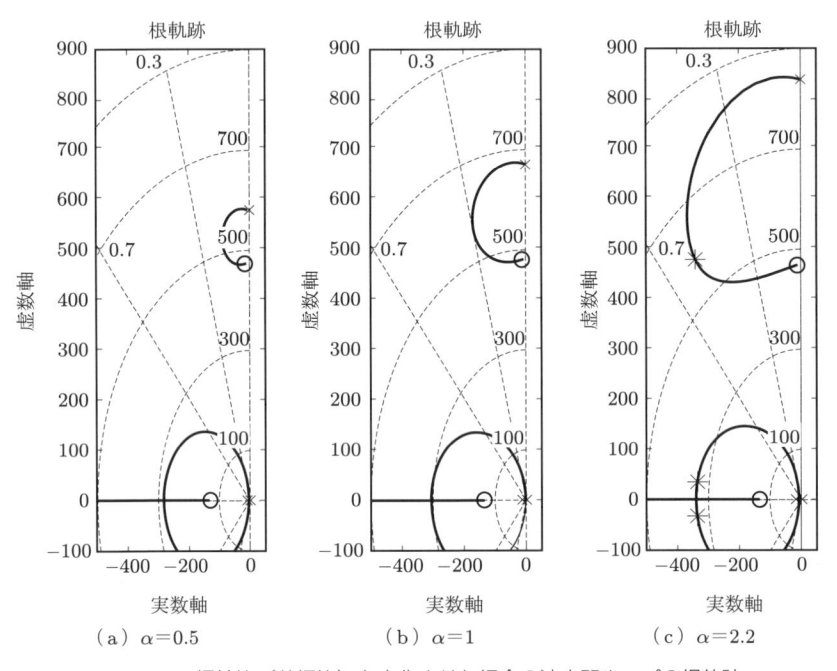

図 8.19 慣性比（共振比）を変化させた場合の速度閉ループの根軌跡

## 8.6.2 減衰と振動

被駆動体質量が決まっている場合，機械的に共振比を変えるためには，ボールねじリードを大きくするか，回転慣性を小さくするかの方策があるが，いずれもテーブル外乱のサーボ系への感度を大きくする．また，慣性比が大きくなると，式 (7.38) より共振ピークが高くなり，同時に共振周波数はより高い周波数にシフトするので，例 8.2

で示したように制御遅れのために共振ピークが速度ループの安定に影響を与える可能性が高くなる．

むしろ，案内機構の設計で直動減衰 $C_t$ を大きくし，反共振零点を減衰の高い領域に配置する方法を検討すべきであろう．もしくは，被駆動体に直接制御力を与えることができるアクチュエータを設置し，被駆動体速度をフィードバックすることで同様のことが実現できる[56]．

### 8.6.3 指令値のフィルタリング

振動抑制法として，指令値から共振周波数の成分を除去する対処法があり，現場ではよく使用されている．この方法を周波数応答を用いて説明しよう．

図 8.20（a）にフィードフォワード制御器を含む軸サーボ系（セミクローズドループ制御）の周波数応答を示す．この図が示すように共振周波数が低い場合に，フィードフォワード制御を行うと共振ピークが高くなり，ステップ指令を与えると応答は振動的になる．

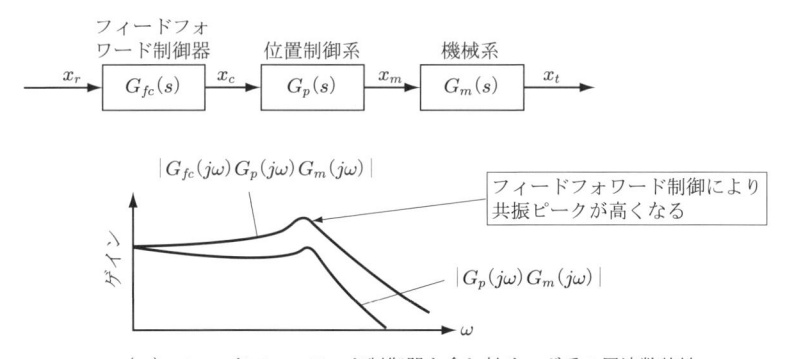

図 8.20 指令値のフィルタリングによる振動抑制

（a）フィードフォワード制御器を含む軸サーボ系の周波数特性

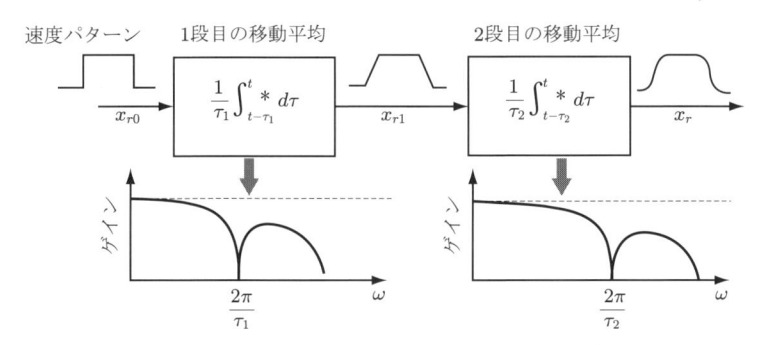

（b）2段移動平均を用いた加減速処理回路とその周波数特性

指令値生成部の加減速回路に，図 8.20 (b) に示す 2 段移動平均処理を用いたとする．ただし，$x_{r0}$ は加減速処理前の位置指令，$x_{r1}$ は 1 段目の移動平均処理の出力（直線加減速指令となる），$x_r$ は 2 段目の移動平均処理の出力（S 字加減速指令となる）である．

各移動平均の周波数特性は，同図に示すようにノッチフィルタと同様の周波数特性をもつ．つまり，各移動平均時間 $\tau_1, \tau_2$（1 次，2 次加減速時定数）の逆数はノッチの中心周波数となる．

1 段目の移動平均で高域のゲインが抑制されるため，直線加減速指令 ($x_{r1}$) でも振動は抑制できる．しかし，1 次加減速時定数 $\tau_1$ は通常，移動時間を短くするように設定する必要がある．したがって，直線加減速指令で振動が発生する場合には，2 段目の移動平均処理を用いて振動を抑制する．2 次加減速時定数の逆数 $1/\tau_2$ を振動の周波数に設定するだけでよいので調整は簡便であるが，位置決め時間が長くなることに注意する．

## 演習問題

**8-1** 図 8.12 に示すノッチフィルタを追加した速度開ループの周波数応答の位相交差周波数を求めよ．

**8-2** 図 8.21 中に示す直線加減速指令をある位置フィードバック制御系に与えたとき図中に示すように応答性が悪かったので，フィードフォワード（FF）制御を行ったところ速度応答が振動的になった．この振動を抑制するため，指令値に 2 段目の移動平均を施して S 字加減速指令を生成する．2 段目の移動平均の時定数をいくらに設定すればよいか．

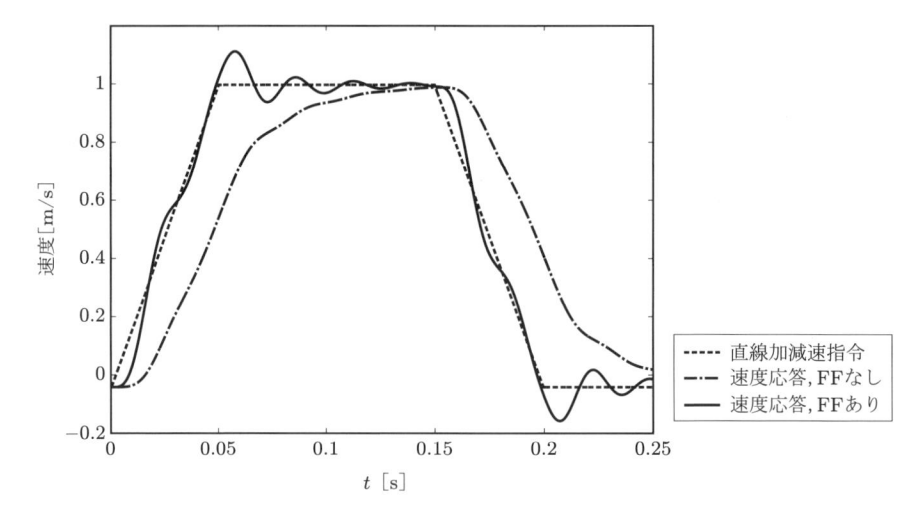

図 8.21 直線加減速指令に対する速度応答

# 第9章 輪郭運動誤差の解析

　位置決め・送り系の運動誤差は，静的な誤差と動的な誤差に分類される．動的な運動誤差は，サーボ系の応答遅れや振動によって発生し，制御パラメータの設定，機械系の特性，運転条件によって変化する．本章では，前章までに説明した軸サーボモデルを用いて動的な輪郭運動誤差の発生原因を解析する．解析の対象とするのは，輪郭運動の基本単位である直線補間運動・円弧補間運動・コーナー運動である．

## 9.1 輪郭運動誤差とは

　まず，輪郭運動誤差について図 9.1 の 2 次元 $XY$ 平面運動の例を用いて説明する．ただし，図中において，$P_r(x_r, y_r)$ は軸サーボ系への指令位置，$P_t(x_t, y_t)$ は被駆動体位置であり，各軸の指令位置に対する被駆動体位置の偏差を

$$e_{tx} = x_t - x_r \tag{9.1a}$$
$$e_{ty} = y_t - y_r \tag{9.1b}$$

とし，偏差ベクトルを $\bm{e}_p = (e_{tx}, e_{ty})$ としている．ここで，上記の定義は，サーボ系の偏差の定義である"指令 マイナス 応答位置"と逆であることに注意されたい．ま

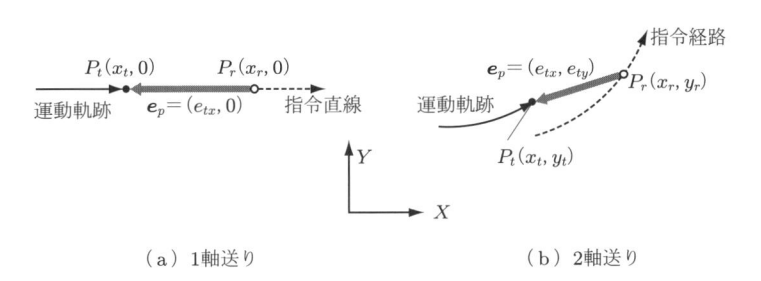

　　　　　　（a）1軸送り　　　　　　　　　　（b）2軸送り

図 **9.1** 位置偏差と輪郭運動誤差

た，モータ位置の運動誤差を評価する場合は，$(x_t, y_t)$ を $(x_m, y_m)$ とする．

まず，図 9.1 (a) に示す 1 軸送り（直線補間運動）の場合は，偏差ベクトル $\boldsymbol{e}_p$ と指令直線が平行なので，位置偏差によって $P_t$ が指令直線上からはずれることはない．

一方，図 9.1 (b) は 2 軸送りで位置偏差によって $P_t$ が指令経路上からはずれる場合を示しており，$P_t$ の指令経路からの乖離度合いが輪郭運動誤差となる．DBB や KGM などを用いた測定では，輪郭運動誤差は運動軌跡上の各点から最も近い指令経路への垂線の長さと定義されており，本書でもこの定義を用いることにする．

図 9.2 (a) は輪郭運動誤差の定義を示しており，$P_r'$：$P_t$ から指令経路への垂線と指令経路との交点で $P_t$ に最も近い点，$e_n$：輪郭運動誤差としている．輪郭運動誤差を拡大して指令軌跡とともに表示した図が誤差軌跡であり，その表示法を同図 (b) に示す．この例では，指令経路 1 と指令経路 2 がコーナを形成している．まず，運動軌跡上の点が $P_q$ に達するまでは，指令経路 1 が運動軌跡に近い．したがって，指令経路 1 が参照されて輪郭運動誤差 $e_n$ が計算され，拡大率を乗じて誤差軌跡が描かれる．そして，点 $P_q$ 以降の運動に対しては，指令経路 2 が参照され，同様に誤差軌跡が描かれる．このように指令経路が滑らかではない場合は，誤差軌跡が不連続になるので注意が必要となる．

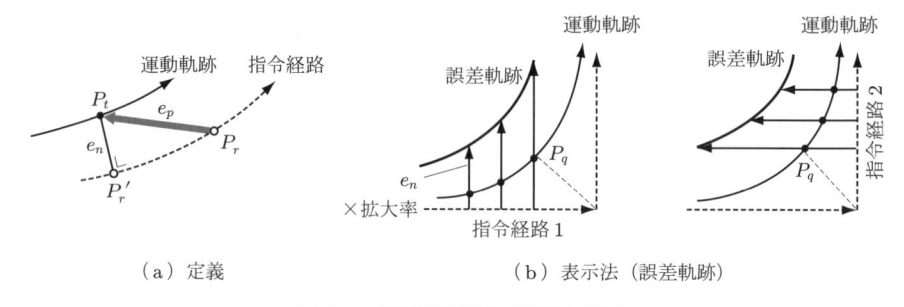

図 9.2　輪郭運動誤差の定義と表示

## 例 9.1　輪郭運動誤差の例

KGM を用いて測定した動的な輪郭運動誤差の例を示しておく．

① 45° 方向への 2 軸同期直線補間運動（図 9.3 参照）

　　直線加減速指令で，加速度を変化させた場合の誤差軌跡を示す．加速度は 1 次加減速時間により変化させている．加速度が増加するにつれ，加減速時の輪郭運動誤差が大きくなることがわかる．

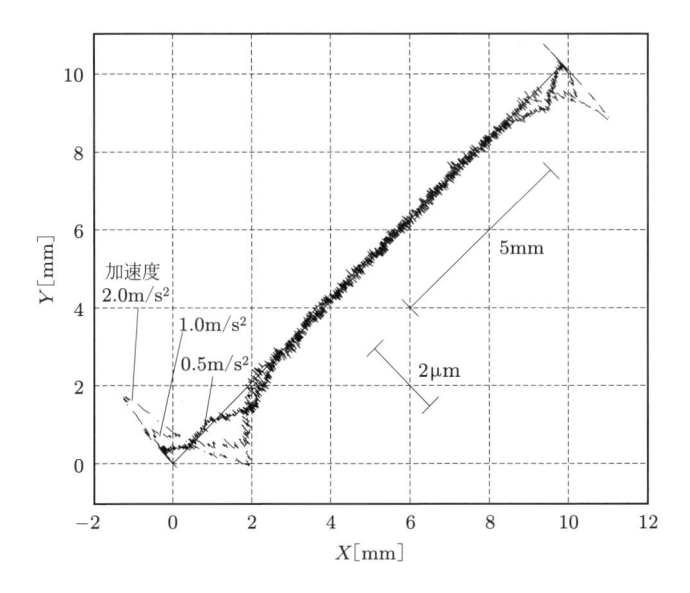

図 9.3　45° 方向への直線補間運動の誤差軌跡

② 高速円弧補間運動（図 9.4 参照）

円弧補間運動を高速化したり，指令半径を小さくすると，円弧縮小，円弧ひずみ，象限切換時の突起状の誤差（スティックモーション）が顕著になる．同図は円弧ひずみとスティックモーションが顕著な例である．スティックモーションについては第 10 章で説明する．

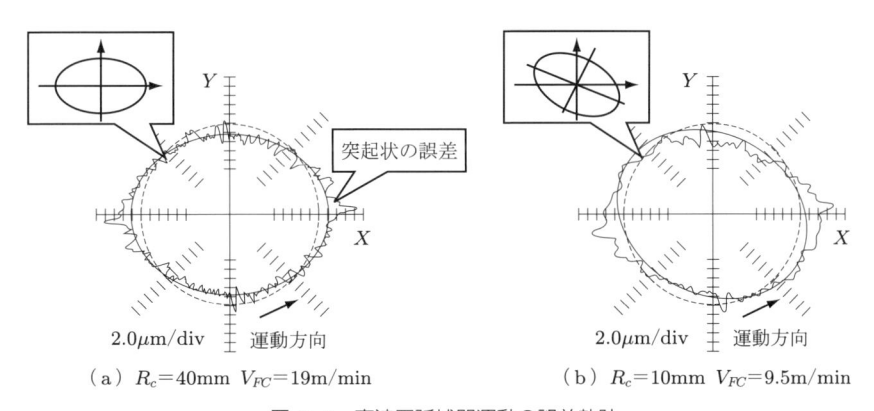

（a）$R_c=40$mm　$V_{FC}=19$m/min　　　（b）$R_c=10$mm　$V_{FC}=9.5$m/min

図 9.4　高速円弧補間運動の誤差軌跡

③ 直角コーナ（図 9.5 参照）

指令経路において $X$ 軸直線補間から $Y$ 軸直線補間へのつなぎ部分が直角コーナと

なる．コーナでは誤差軌跡がジャンプしているように見えるが，これは先に述べたように，参照する指令経路が切り替わるために発生する表示上の問題である（同図（a）の○囲みの部分）．実際に運動軌跡を拡大してみると，コーナがだれていることがわかる（同図（b））．

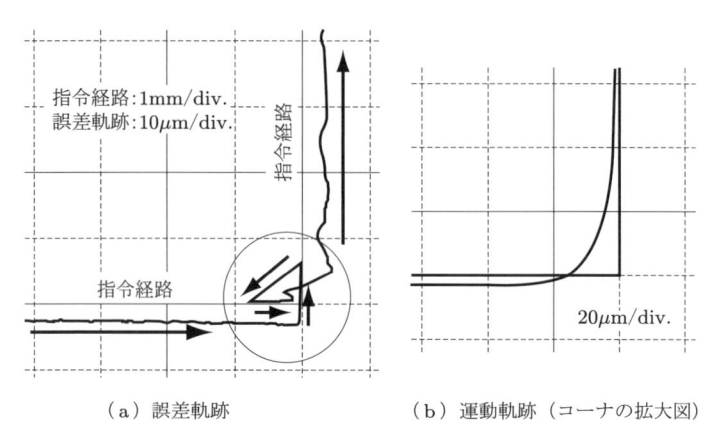

（a）誤差軌跡　　　　　　（b）運動軌跡（コーナの拡大図）

図 9.5　直角コーナを含む輪郭運動の誤差軌跡と運動軌跡

## 9.2 軸サーボモデル

　位置決め・送り系は，制御形態，制御器の性能，機械構造によってさまざまなバリエーションがあるため，運動誤差の解析は難しい．そこで，まず軸サーボ系のどこに着目したらよいか，また，どんな誤差が発生するのかを理解しておくことが重要である．このため，本章では図 9.6 に示す 2 軸サーボ系を用いて，基本的な運動誤差と制御・機械パラメータの関係を説明する．ただし，1 軸のモデルは図 8.13 に示したモデルとし，制御方式はセミクローズドループ制御としている．

　図中で，$G_r(s)$, $G_f(s)$, $G_p(s)$, $G_v(s)$, $G_m(s)$ は軸サーボ系全体，フィードフォワード制御器，位置制御系，速度制御系，機械系の伝達関数であり，$x, y$ のサフィックスを追加したものを $X, Y$ 軸の伝達関数としている（ゲインについても同様）．また，$x_c$, $y_c$ は位置制御系への指令値である．

### 例 9.2　輪郭運動誤差のシミュレーション方法

　図 9.6 の 2 軸サーボ系には軸間の相互干渉はない．したがって，本章で行うシミュレーションでは，1 軸ごとに $X$ 軸・$Y$ 軸指令値を与えて応答を計算し，この結果を用いて輪

## 9.2 軸サーボモデル

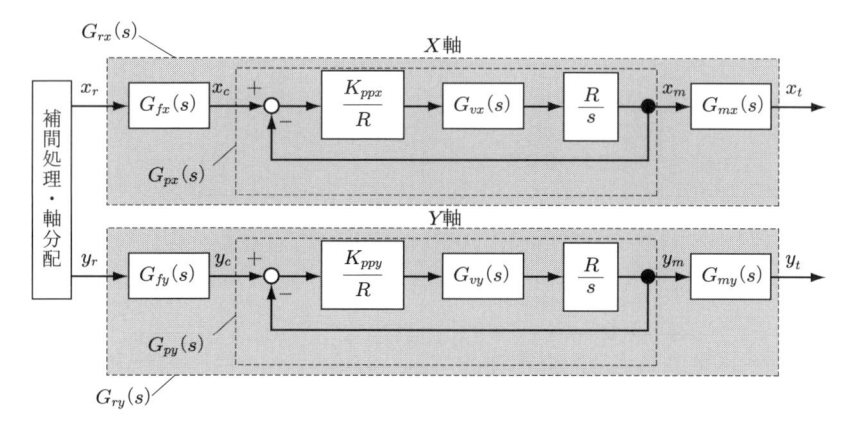

図 9.6 2軸サーボ系

郭運動誤差を求める．このために図 8.17 の SLK モデルに速度フィードフォワード制御器を追加する必要がある．フィードフォワード（FF）制御器のモデル化の代表的な方法を次に示す．

【方法 1】 図 9.7（a）は Simulink の微分器を用いたモデルである．微分器は `linmod` 関数で MATLAB 上へ変換することができない．このため，微分器を含んだモデルで時間応答シミュレーション行う場合は Simulink を用いる必要がある．

（a）微分器を用いた FF 制御器

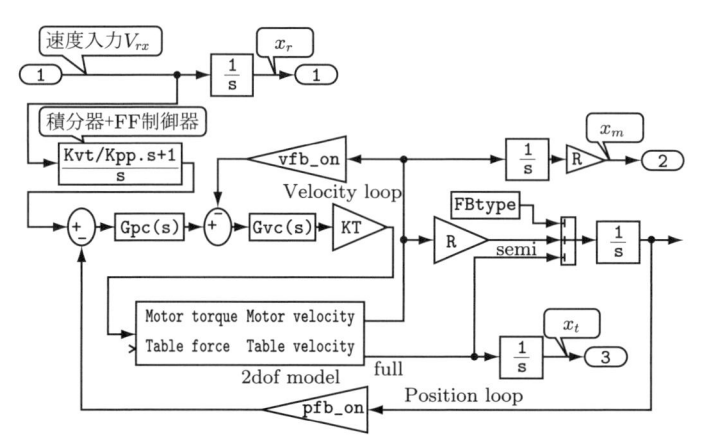

（b）積分器＋FF 制御器を追加した1軸サーボ系（`c_ffpvcm_2dof_axl.mdl`）

図 9.7 シミュレーションに用いる SLK モデルと M ファイルの例

**168** 第 9 章 輪郭運動誤差の解析

```
Mt=100;    %kg 被駆動体質量
Kt=1.0e8;  %N/m 軸方向剛性
Ct=2.0e8;  %Ns/m 直動減衰
Jr=3.0e-2; %kgm^2 回転系の慣性モーメント
Dr=0;      %Nms/rad 回転系の粘性摩擦
lp=1e-2;   %m ボールねじリード
R=lp/2/pi; %m/rad 回転から直動への変換係数

KT=1;      %Nm/A トルク定数
Wvc=240;   %rad/s 速度制御系の帯域
Ja=Jr+Mt*R^2; %kgm^2 総慣性モーメント
Kvp=(Ja*Wvc)/KT; %rad/s 速度制御器の比例ゲイン
Kvi=60;    %rad/s 速度制御器の積分ゲイン
Kpp=40;    %rad/s 位置比例ゲイン
Kvf=0.7;   %[-] 速度フィードフォワードゲイン
```

```
vfb_on=1;
pfb_on=1;
FBtype=1;

slk='c_ffpvcm_2dof_ax1';
[A B C D]=linmod(slk);
sysT=ss(A,B,C,D);
[Xout,t] = lsim(sysT,Vrx,tri) ;
xr=Xout(:,1);xm=Xout(:,2);xt=Xout(:,3);

emx=(xm-xr);%モータ位置での偏差
etx=(xt-xr);%被駆動体位置での偏差
%同様に Y 軸速度指令 Vry を与えて偏差を求める
```

(c) パラメータ設定用 M ファイル　　　　(d) 応答と偏差を求める M ファイル

図 **9.7**　シミュレーションに用いる SLK モデルと M ファイルの例（つづき）

【方法 2】　指令値を速度で与えると，積分器＋フィードフォワード制御器のブロックが構成できる．図 9.7 (b) はこのブロックを位置制御系に接続したモデルであり，本章ではこのモデルを用いてシミュレーションを行う．同図 (c) はパラメータ設定用の M ファイル，同図 (d) は応答から偏差を求める M ファイルの例であり，これらは本章の例で共通に使用している．

## 9.3　直線補間指令に対する輪郭運動誤差

$X$ 軸とのなす角が $\theta_L$ の直線補間運動（図 9.8）を考えてみよう．以下では，各変数について $t$ の関数か，$s$ の関数かを明記しておく．

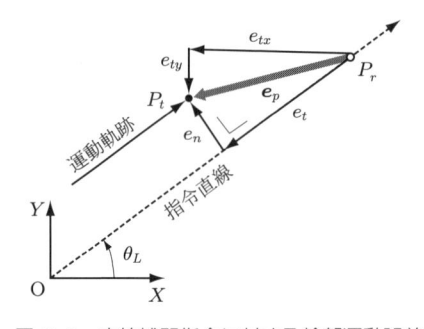

図 **9.8**　直線補間指令に対する輪郭運動誤差

## 9.3 直線補間指令に対する輪郭運動誤差

図 9.8 に示す偏差ベクトル $\boldsymbol{e}_p$ を指令直線の方向成分 $e_t(t)$ と法線方向成分 $e_n(t)$ に分解する.ただし,ベクトル成分 $e_{tx}(t), e_{ty}(t)$ は同図の $XY$ 座標系の方向を正とし,ベクトル成分 $e_t(t), e_n(t)$ は,$XY$ 座標を $\theta_L$ 回転した座標系の方向を正とする.

このとき,$e_t(t)$ と $e_n(t)$ はそれぞれ

$$e_t(t) = e_{tx}(t)\cos\theta_L + e_{ty}(t)\sin\theta_L \tag{9.2a}$$

$$e_n(t) = -e_{tx}(t)\sin\theta_L + e_{ty}(t)\cos\theta_L \tag{9.2b}$$

となり,$e_n(t)$ が輪郭運動誤差となる.

指令直線に沿って補間前加減速を行った指令関数を $g_T(t)$ とおくと,各軸の指令値は次式となる.

$$x_r(t) = g_T(t)\cos\theta_L \tag{9.3a}$$

$$y_r(t) = g_T(t)\sin\theta_L \tag{9.3b}$$

式 (9.1a), (9.1b) をラプラス変換し,$X, Y$ 軸の指令値から被駆動体位置までの伝達関数 $G_{rx}(s), G_{ry}(s)$ を用いると次式を得る.

$$E_{tx}(s) = X_r(s)\{G_{rx}(s) - 1\} \tag{9.4a}$$

$$E_{ty}(s) = Y_r(s)\{G_{ry}(s) - 1\} \tag{9.4b}$$

上式に,式 (9.3a), (9.3b) のラプラス変換を代入すると次式になる.

$$E_{tx}(s) = G_T(s)\cos\theta_L\{G_{rx}(s) - 1\}$$

$$E_{ty}(s) = G_T(s)\sin\theta_L\{G_{ry}(s) - 1\}$$

ただし,$G_T(s)$ は指令関数 $g_T(t)$ のラプラス変換である.式 (9.2) をラプラス変換して,上式を代入すると

$$\begin{aligned} E_n(s) &= -E_{tx}(s)\sin\theta_L + E_{ty}(s)\cos\theta_L \\ &= -G_T(s)\cos\theta_L\{G_{rx}(s)-1\}\sin\theta_L + G_T(s)\sin\theta_L\{G_{ry}(s)-1\}\cos\theta_L \\ &= G_T(s)\cos\theta_L\sin\theta_L\{G_{ry}(s) - G_{rx}(s)\} \end{aligned} \tag{9.5}$$

となる.この式より,$G_{rx}(s) = G_{ry}(s)$ であれば輪郭運動誤差は 0 となることがわかる.

次に,$G_{rx}(s)$ と $G_{ry}(s)$ をできるだけ同じにするという観点で図 9.6 中の各ブロックを検証すると,

① 位置ループは制御系のメジャーループであるため,位置比例ゲイン $K_{pp}$ の応答性

への影響は速度制御器のゲインに比べて格段に大きい．したがって，$K_{pp}$ は軸間で同じ値に設定される．

② 速度制御器のゲインは，外乱特性と速度ループの安定性を考慮して設定されるので，各軸の速度制御系の伝達関数 $G_v(s)$ が同じ帯域幅をもつように設定できないケースが多い．また，$G_v(s)$ は基本的に機械特性の影響を受ける．

③ 機械系の伝達関数 $G_m(s)$ は軸間で異なる．

④ フィードフォワード制御器が速度フィードフォワード制御器であるとすると，フィードフォワードゲイン $K_{vf}$ も軸間で同じ値に設定される．このとき，フィードフォワード制御器の伝達関数 $G_f(s)$ も軸間で同じになる．

以上より，$G_v(s)$ と $G_m(s)$ の動特性差が直線補間指令に対する輪郭運動誤差の原因となることがわかる．

### 例 9.3　直線補間指令に対する輪郭運動誤差のシミュレーション

$G_v(s)$ と $G_m(s)$ が軸間で異なる場合に，45°方向直線補間運動で発生する輪郭運動誤差をシミュレートし，その誤差軌跡パターンを調べる．

シミュレーションモデルには図 9.7 (b) に示すモデルを用い，各軸のモデルパラメータは同図 (c) に示す値を用いる．

ただし，Y 軸のパラメータを次のように変化させて，輪郭運動誤差を計算する．

① $K_{vp} \times 1.05$
② $K_{vi} \times 1.05$
③ $M_t \times 2$
④ $C_t \times 1.05$

同図 (d) に示した M ファイルで，1 軸ごとに位置偏差を計算し，式 (9.2b) を用いて輪郭運動誤差 $e_n$ を求める．ただし，指令値は直線加減速指令（補間前加減速）とした．軸分配前の指令加速度と軸分配後の指令速度を，それぞれ図 9.9 (a), (b) に示しておく．

輪郭運動誤差 $e_n(t)$ の計算結果を図 9.10 に示し，誤差軌跡を図 9.11 に示す．ただし，いずれもモータ位置での運動誤差をあわせて示した．

上記の①，②の場合，モータ位置と被駆動体位置はほぼ同じであり図 9.10 (a), (b)，図 9.11 (a), (b) に示すように，速度制御器の動特性がわずかに異なるだけでも数 $\mu$m の輪郭運動誤差が発生する．

一方，③，④の場合は機械特性差のみが変化した場合であるが，図 9.10 (c), (d) と図 9.11 (c) を見るとモータ位置での輪郭運動誤差は小さいので，機械特性差の位置制御系への影響は小さいことがわかる．逆に，被駆動体位置では数 $\mu$m の輪郭運動誤差が発生しており，これは機械系の伝達関数 $G_m(s)$ の差によるものである．

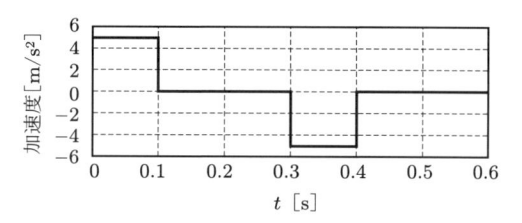

9.3 直線補間指令に対する輪郭運動誤差

（a）指令加速度（軸分配前）

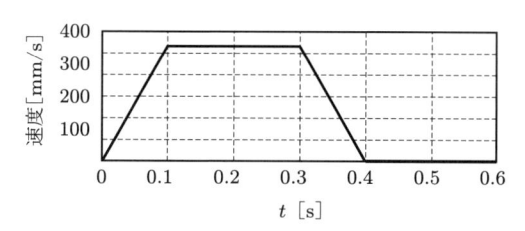

（b）指令速度（$XY$軸分配後）

図 **9.9** シミュレーションに用いた指令値（軸分配前の指令速度 $V_{FC} = 500\,\mathrm{mm/s}$）

（a）$K_{vp} \times 1.05$

（b）$K_{vi} \times 1.05$

（c）$M_t \times 2$

（d）$C_t \times 1.05$

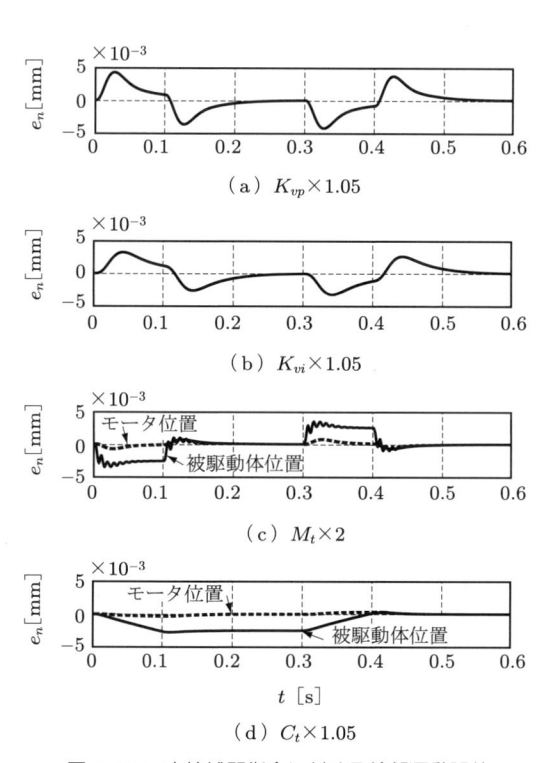

図 **9.10** 直線補間指令に対する輪郭運動誤差

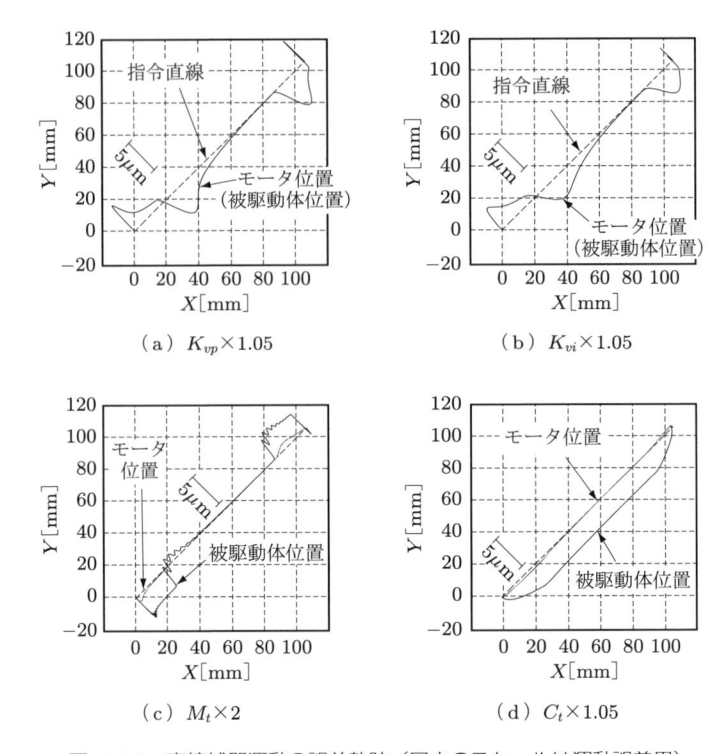

図 **9.11** 直線補間運動の誤差軌跡（図中のスケールは運動誤差用）

## 9.4 機械特性差と輪郭運動誤差

図 9.11 (c), (d) に示した輪郭運動誤差は機械系の伝達関数 $G_m(s)$ の差によって発生していた．この誤差量を数学的に求めてみよう．$G_f(s), G_p(s)$ が各軸で同じであると仮定すると，伝達関数差 $\Delta G_r(s)$ は次式のように計算できる．

$$\Delta G_r(s) = G_{ry}(s) - G_{rx}(s) = G_f(s)G_p(s)\Delta G_m(s) \tag{9.6}$$

ただし，$\Delta G_m(s) = G_{my}(s) - G_{mx}(s)$ である．$X, Y$ 軸の被駆動体質量を $M_{tx}, M_{ty}$，直動減衰を $C_{tx}, C_{ty}$，軸方向剛性を $K_{tx}, K_{ty}$ とおくと，$\Delta G_m(s)$ は次式で計算される．

$$\Delta G_m(s) = \frac{(M_{tx}K_{ty} - M_{ty}K_{tx})s^2 + (C_{tx}K_{ty} - C_{ty}K_{tx})s}{(M_{tx}s^2 + C_{tx}s + K_{tx})(M_{ty}s^2 + C_{ty}s + K_{ty})} \tag{9.7}$$

直線加減速指令は加速中には

$$G_T(s) = \frac{A_{cc}}{s^3} \tag{9.8}$$

と表すことができ，式 (9.7) を式 (9.6) に代入して得た $\Delta G_r(s)$ および上式を式 (9.5) に代入すると

$$E_n(s) = \frac{A_{cc}}{s^3} \cos\theta_L \sin\theta_L G_f(s) G_p(s) \Delta G_m(s) \tag{9.9}$$

となる．

この式を用いて図 9.10 (c) 中で，加減速時に発生しているステップ状の輪郭運動誤差量を計算する．式 (9.7) で $C_{tx}K_{ty} = C_{ty}K_{tx}$ とおいて上式に代入し，ラプラス変換の最終値定理を用いて，加速時の輪郭運動誤差の定常値 $E_{n0}$ を求めると次式のようになる．

$$E_{n0} = \lim_{s\to 0}\{sE_n(s)\} = A_{cc}\left(\frac{M_{tx}}{K_{tx}} - \frac{M_{ty}}{K_{ty}}\right)\cos\theta_L \sin\theta_L \tag{9.10}$$

ただし，$G_f(0)G_p(0) = 1$ を用いている．

$E_{n0}$ の発生については次のように直感的に理解することができる．加速度 $A_{cc}$ によって $X, Y$ 軸にはそれぞれ $A_{cc}M_{tx}, A_{cc}M_{ty}$ の慣性力が発生し，この慣性力によって $K_{tx}, K_{ty}$ の剛性をもつばねが伸びる．この伸びの差により輪郭運動誤差が発生する．$E_{n0} = 0$ となる条件は

$$\frac{M_{tx}}{K_{tx}} = \frac{M_{ty}}{K_{ty}} \tag{9.11}$$

であり，$G_{mx}(s), G_{my}(s)$ の固有振動数は $\omega_{tx} = \sqrt{K_{tx}/M_{tx}}, \omega_{ty} = \sqrt{K_{ty}/M_{ty}}$ であるので，式 (9.11) は $XY$ 軸の固有振動数を同じにすることを意味する．なお，図 9.10 (d) の被駆動体位置で発生している輪郭運動誤差の計算は読者で試みて頂きたい（演習問題 9–1）．

## 9.5 円弧補間指令に対する輪郭運動誤差

### 9.5.1 半径減少

図 9.12 に示すように，半径 $R_c$ [m]，指令速度 $V_{FC}$ [m/s] の円弧指令を $XY$ 軸サーボ系に与え，各軸の応答が定常状態となっている場合を考える．図中で，各軸の応答振幅を $R_{tx}, R_{ty}$，位相遅れを $\phi_{tx}, \phi_{ty}$，角速度を

$$\omega_c = \frac{V_{FC}}{R_c} \tag{9.12}$$

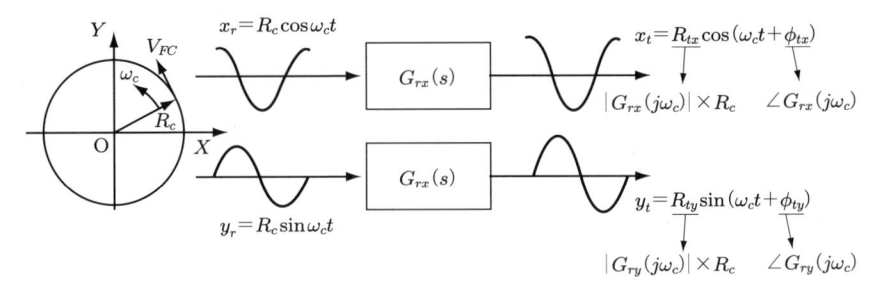

図 9.12　円弧補間指令に対する軸サーボ系の定常応答

としている．

$G_{rx}(s) = G_{ry}(s) = G_r(s)$ とすると，各軸の応答振幅は $|G_r(j\omega_c)| \times R_c$ となるので，円弧軌跡の半径は軸サーボ系の周波数応答のゲインによって増加または減少する．そこで，指令半径からの半径誤差を

$$\Delta r = R_c(|G_r(j\omega_c)-1|) \tag{9.13}$$

と定義する．この定義では，$\Delta r < 0$ で半径減少となるが，文献によっては上式と逆符号の式を用いている場合もあるので注意されたい．

### 例 9.4　位置制御系を 1 次遅れ系とみなしたときの半径減少量の計算

速度制御系の伝達関数 $G_v(s) = 1$，機械系の伝達関数 $G_m(s) = 1$ としたとき，指令から応答への伝達関数 $G_r(s)$ は

$$G_r(s) = \left(\frac{K_{vf}}{K_{pp}}s + 1\right)\left(\frac{K_{pp}}{s + K_{pp}}\right) = \frac{K_{vf}s + K_{pp}}{s + K_{pp}} \tag{9.14}$$

となる．上式のゲインを次式に示すように近似する．

$$\begin{aligned}|G_r(j\omega)| &= \sqrt{\frac{K_{vf}^2\omega^2 + K_{pp}^2}{\omega^2 + K_{pp}^2}} = \sqrt{\frac{(K_{vf}\omega/K_{pp})^2 + 1}{(\omega/K_{pp})^2 + 1}} \\ &\simeq \left(1 - \frac{\omega^2}{2K_{pp}^2}\right)\left(1 + \frac{\omega^2 K_{vf}^2}{2K_{pp}^2}\right) \simeq 1 - \frac{\omega^2}{2K_{pp}^2}(1 - K_{vf}^2)\end{aligned} \tag{9.15}$$

したがって，半径誤差（半径減少量）は式 (9.13) より，

$$\Delta r = R_c(|G_r(j\omega_c)-1|) \simeq \frac{R_c\omega_c^2}{2}\frac{K_{vf}^2-1}{K_{pp}^2} = \frac{V_{FC}^2}{2R_c}\frac{K_{vf}^2-1}{K_{pp}^2} \tag{9.16}$$

となる．上式より，円弧半径 $R_c$ が小さくなるほど，あるいは指令速度 $V_{FC}$ が大きくなるほど $\Delta r$ が大きくなることがわかる．速度フィードフォワードによって半径減少は抑制され，$K_{vf}=1$ のとき $\Delta r$ が 0 となる．しかし，$K_{vf} = 1$ とすると機械端で残留振動やオー

バシュートが発生するので，経験的に $K_{vf} = 0.7$ 程度に調整される．

## 9.5.2 円弧ひずみ

各軸に応答差がある場合，円弧軌跡は真円にならない．以下では，振幅差と位相差が円弧補間運動に与える影響を説明する．

### (1) 振幅差と誤差軌跡

図 9.12 において，各軸の応答の位相遅れは同じであり，振幅差のみがあるとする．次式に示すように，振幅差を $R_{tx}$ で除した値を $\varepsilon_r$ と定義する．

$$\varepsilon_r = \frac{R_{ty} - R_{tx}}{R_{tx}} = \frac{R_{ty}}{R_{tx}} - 1 = \frac{|G_{ry}(j\omega_c)|}{|G_{rx}(j\omega_c)|} - 1 \tag{9.17}$$

各軸の応答の位相を $\theta_{ct}$ とし，被駆動体位置を次式で表す．

$$x_t = R_{tx} \cos \theta_{ct} \tag{9.18a}$$
$$y_t = R_{tx}(1 + \varepsilon_r) \sin \theta_{ct} \tag{9.18b}$$

上式を極座標表示したときの半径を $r_{tm}$ とおくと，$r_{tm}$ は次式となる．

$$\begin{aligned} r_{tm} &= \sqrt{x_t^2 + y_t^2} = R_{tx}\sqrt{\cos^2 \theta_{ct} + (1 + \varepsilon_r)^2 \sin^2 \theta_{ct}} \\ &= R_{tx}\sqrt{1 + (2\varepsilon_r + \varepsilon_r^2)\sin^2 \theta_{ct}} \end{aligned} \tag{9.19}$$

$\varepsilon_r^2$ は微小であるとして，これを含む項を無視し，上式を

$$r_{tm} \simeq R_{tx}(1 + \varepsilon_r \sin^2 \theta_{ct}) \tag{9.20}$$

と近似する．$R_{tx}$ からの半径誤差を $\Delta r_m$ とすると

$$\Delta r_m = r_{tm} - R_{tx} = R_{tx}\varepsilon_r \sin^2 \theta_{ct} = \frac{R_{tx}\varepsilon_r}{2}(1 - \cos 2\theta_{ct}) \tag{9.21}$$

となる．

$\Delta r_m$ は図 9.13 に示すように楕円状の誤差となり，楕円の長軸は $\varepsilon_r < 0$ で $X$ 軸，$\varepsilon_r > 0$ で $Y$ 軸となる．円弧ひずみを真円度で評価し，$r_{dm}$ とおくと

$$r_{dm} = |R_{tx}\varepsilon_r| = |R_{ty} - R_{tx}| = R_c \left\{|G_{ry}(j\omega_c)| - |G_{rx}(j\omega_c)|\right\} \tag{9.22}$$

となる．

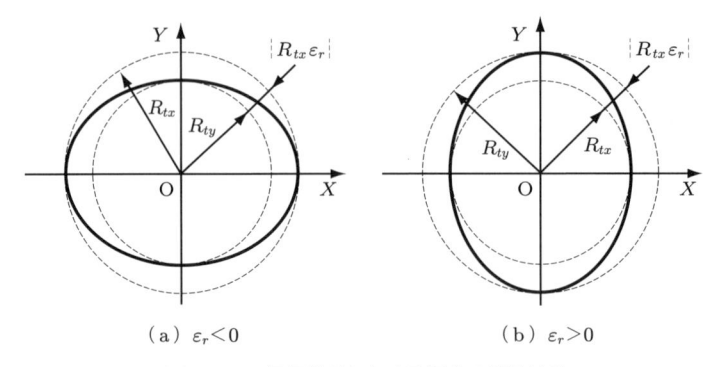

図 **9.13** 振幅差が存在する場合の誤差軌跡

## (2) 位相差と誤差軌跡

応答の振幅は同じで，位相差のみが存在するとしたときの運動誤差を計算する．$x_t$ の位相を $\theta_{ct}$，$y_t$ の位相を $\theta_{ct} + \varepsilon_\theta$ とすると，位相差は

$$\varepsilon_\theta = \angle G_{ry}(j\omega_c) - \angle G_{rx}(j\omega_c)$$

となる．被駆動体位置を極座標表示したときの半径を $r_{tp}$ とおくと，$r_{tp}$ は次式のように近似できる．

$$\begin{aligned}
r_{tp} &= R_{tx}\sqrt{\cos^2\theta_{ct} + \sin^2(\theta_{ct}+\varepsilon_\theta)} \simeq R_{tx}\sqrt{\cos^2\theta_{ct} + (\sin\theta_{ct} + \varepsilon_\theta\cos\theta_{ct})^2} \\
&= R_{tx}\sqrt{1 + 2\varepsilon_\theta\cos\theta_{ct}\sin\theta_{ct} + \varepsilon_\theta^2\cos^2\theta_{ct}} \\
&\simeq R_{tx}(1 + \varepsilon_\theta\cos\theta_{ct}\sin\theta_{ct}) \tag{9.23}
\end{aligned}$$

したがって，位相差により発生する半径誤差を $\Delta r_p$ とおくと，$\Delta r_p$ は次式で表される．

$$\Delta r_p = r_{tp} - R_{tx} = \frac{R_{tx}\varepsilon_\theta}{2}\sin 2\theta_{ct} \tag{9.24}$$

$\Delta r_p$ も図 9.14 に示すように楕円状の誤差になり，楕円の長軸の $X$ 軸からの方向角は $\varepsilon_\theta < 0$ で $-\pi/4$，$\varepsilon_\theta > 0$ で $\pi/4$ となる．

この場合の円弧ひずみ（真円度）を $r_{dp}$ とすると

$$r_{dp} = |R_{tx}\varepsilon_\theta| = R_c|G_{rx}(j\omega_c)||\varepsilon_\theta| \simeq R_c|\angle G_{ry}(j\omega_c) - \angle G_{rx}(j\omega_c)| \tag{9.25}$$

となる．ただし，上式中の近似は $|G_{rx}(j\omega_c)| \simeq 1$ である場合のみ可能である．

## (3) 振幅差と位相差が誤差軌跡に与える影響

実際の誤差軌跡は振幅差と位相差による誤差成分を合成したものとなり，半径誤差

9.5 円弧補間指令に対する輪郭運動誤差

(a) $\varepsilon_\theta < 0$  (b) $\varepsilon_\theta > 0$

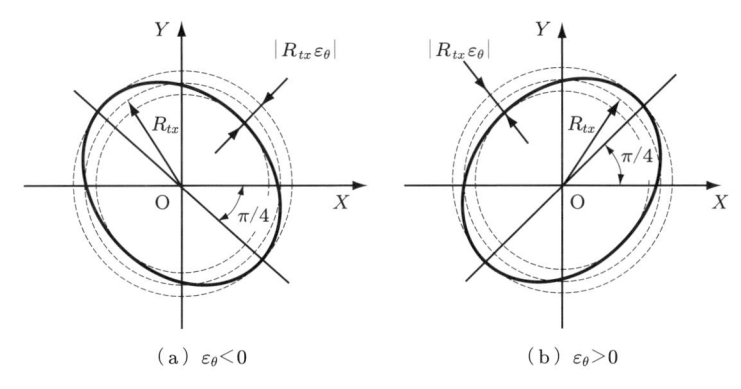

図 **9.14** 位相差が存在する場合の誤差軌跡

は次式で近似できる．

$$\Delta r_s = \Delta r_m + \Delta r_p = \frac{R_{tx}}{2}\sqrt{\varepsilon_r^2 + \varepsilon_\theta^2}\sin(2\theta_{ct} - \theta_1) + \frac{R_{ty} - R_{tx}}{2} \quad (9.26)$$

$$\theta_1 = \tan^{-1}\left(\frac{\varepsilon_r}{\varepsilon_\theta}\right) \quad (9.27)$$

すなわち，楕円の長軸の $X$ 軸（または $Y$ 軸）に対する傾きは振幅差と位相差の比により決定され，その真円度を $r_{ds}$ とおくと

$$r_{ds} = R_{tx}\sqrt{\varepsilon_r^2 + \varepsilon_\theta^2} = \sqrt{r_{dm}^2 + r_{dp}^2} \quad (9.28)$$

となる．このときの誤差軌跡を図 9.15 に示す．ただし，楕円の内接円と外接円の半径の平均値

$$R_{t0} = \frac{R_{tx} + R_{ty}}{2} = R_c \times \frac{|G_{ry}(j\omega_c)| + |G_{rx}(j\omega_c)|}{2} \quad (9.29)$$

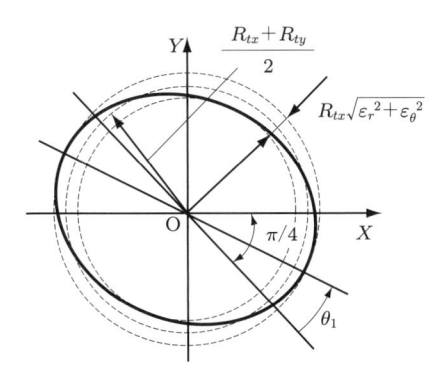

図 **9.15** 振幅差と位相差が存在する場合の誤差軌跡

を平均半径とする．平均半径は誤差軌跡中の基礎円を描画する際に利用する．

### 例 9.5　円弧補間運動誤差のシミュレーション

図 9.7 のモデルを用いて 2 軸の動特性差に起因する円弧補間運動誤差を求める．シミュレーションのモデルパラメータは同図 (c) の値を基本とし，$Y$ 軸の機械パラメータを変化させる．シミュレーションの手順を次に示す．

① モデルパラメータを設定し，各軸の LTI モデルを求める．
② LTI モデルを用いて，各軸の周波数応答を求め，ゲイン差と位相差を計算し，指令半径 $R_c$ を乗じて円弧ひずみを予測する．
③ 第 5 章の演習問題の SLK モデルで補間前加減速処理を行った円弧補間指令を生成し，LTI モデルに与えて応答を計算する．
④ 応答から誤差軌跡を計算しプロットする．

手順 ①～③ は今までの例の応用なので，手順 ④ の M ファイルだけを図 9.16 に示しておく．

```
%変数の説明
%X,Y は応答，xc0,yc0 は円弧の中心座標，Rt0 は基礎円の半径（平均半径）
%ただし，指令値は 2 周分を与えている．

phi=unwrap(atan2(Y-yc0,X-xc0));%円弧の位相を求める．
dr=sqrt((X-xc0).^2+(Y-yc0).^2)-Rt0;%平均半径からの誤差を計算する．

%誤差軌跡描画用の基礎円を求める．
Xcr=Rt0*cos(phi)+xc0;
Ycr=Rt0*sin(phi)+yc0;

ind=(phi>=2*pi)&(phi<=4*pi);%2 周目のデータを抽出するためのインデックス

%誤差を拡大する．SC1 は拡大率
SC1=200;
Xcp=Xcr+SC1*dr.*cos(phi);
Ycp=Ycr+SC1*dr.*sin(phi);

%以下は描画のためのコマンド
figure(2);subplot(212)
plot(Xcr(ind)*1e3,Ycr(ind)*1e3,'--g',Xcp(ind)*1e3,Ycp(ind)*1e3);
hold on;axis('square');grid on;
title('誤差軌跡');xlabel('X mm'), ylabel('Y mm')
axis([-0.045 0.005 -0.025 0.025]*1e3)
```

図 **9.16**　誤差軌跡描画のための M ファイル

## 9.5 円弧補間指令に対する輪郭運動誤差

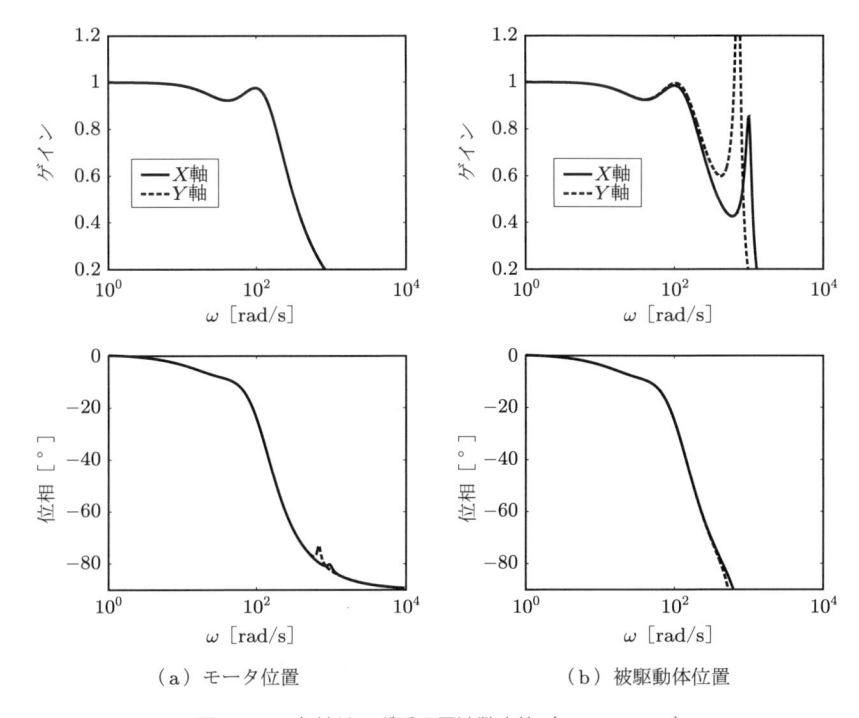

（a）モータ位置

（b）被駆動体位置

図 **9.17** 各軸サーボ系の周波数応答（$M_{ty} = 2M_{tx}$）

シミュレーション結果を以下に示す．

まず，$Y$ 軸の被駆動体質量 $M_{ty}$ を基本パラメータ（$M_t = M_{tx}$）の 2 倍にしたときの，サーボ系の周波数応答を図 9.17 に示す．ただし，ゲインは dB 値ではなく比で示している．同図より，$Y$ 軸の固有振動数が低くなっていることがわかる．

次に，$XY$ 軸のゲイン差と位相差から計算した円弧ひずみ量を図 9.18 に示す．同図（a）よりモータ位置では円弧はほとんどひずまず，同図（b）から被駆動体位置では，$\omega_c > 2\,\mathrm{rad/s}$ 以上でゲイン差による円弧ひずみが顕著になることがわかる．

円弧補間指令（$\omega_c = 10\,\mathrm{rad/s}$，$R_c = 20\,\mathrm{mm}$，補間前加減速）に対する応答を計算した結果を誤差軌跡として描くと図 9.19 のようになる．同図（a）のモータ位置では誤差軌跡は真円に近いが，同図（b）の被駆動体位置では $Y$ 軸を長軸にもつ楕円誤差が発生していることがわかる．これは，指令角速度において $Y$ 軸のゲインが $X$ 軸のゲインより大きくなるためである．

各軸のゲイン差を小さくするために，$Y$ 軸の軸方向剛性 $K_{ty}$ も基本パラメータ（$K_t = K_{tx}$）の 2 倍にしてみる．このときのゲイン差・位相差から計算した円弧ひずみを図 9.20（a）に示す．同図より，ゲイン差により円弧ひずみは小さくなったが，位相差による円弧ひずみが大きくなることがわかる．このため，同図（b）に示すように非常に大きな楕円状の

誤差が発生してしまう．この問題を解決するための方策は読者に考えてもらいたい（演習問題 9–3 参照）．

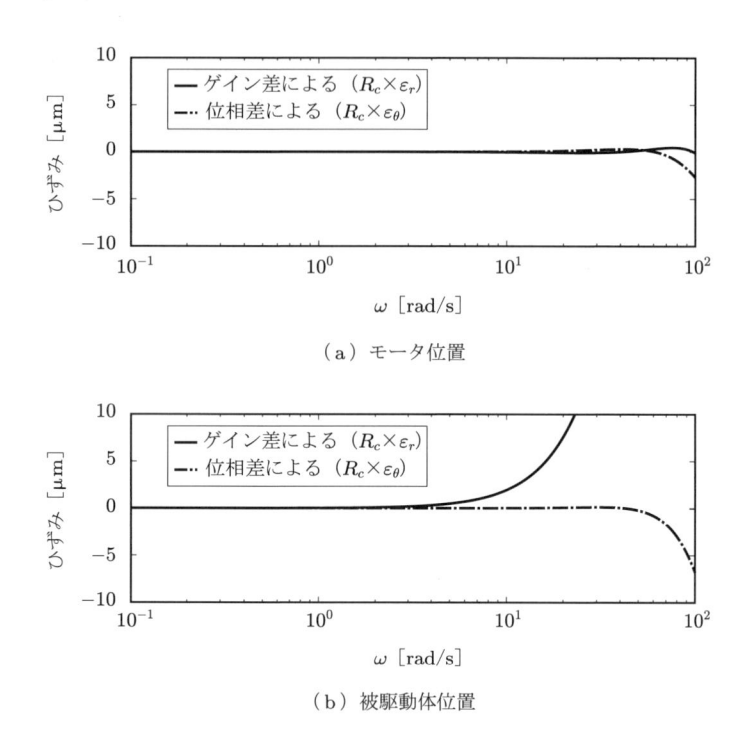

（a）モータ位置

（b）被駆動体位置

図 **9.18** ゲイン差，位相差から計算した円弧ひずみ（$M_{ty} = 2M_{tx}$）

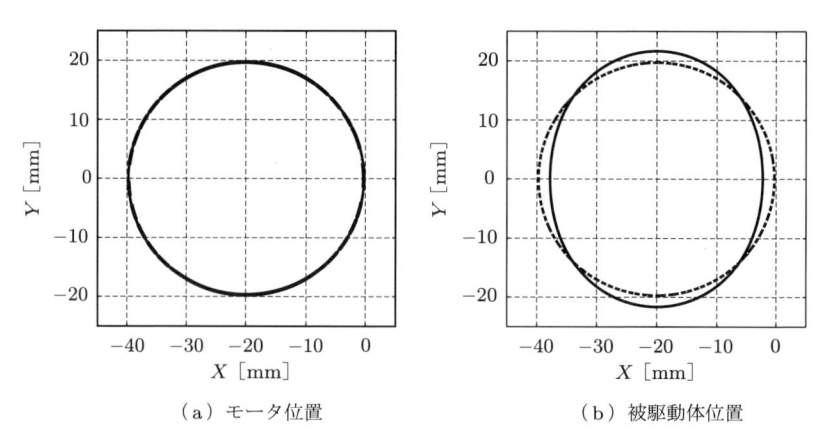

（a）モータ位置

（b）被駆動体位置

図 **9.19** 誤差軌跡のシミュレーション結果（$M_{ty} = 2M_{tx}$，誤差軌跡：$1\,\mathrm{div.} = 4\,\mu\mathrm{m}$，破線：基礎円）

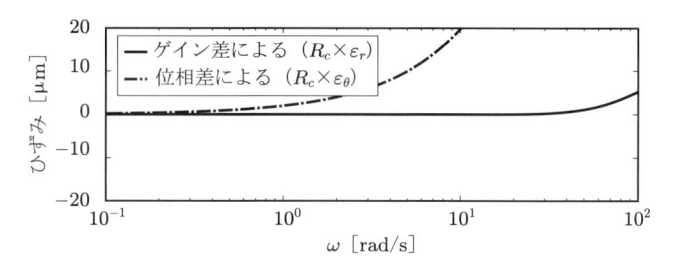

(a) ゲイン差，位相差から計算した円弧ひずみ

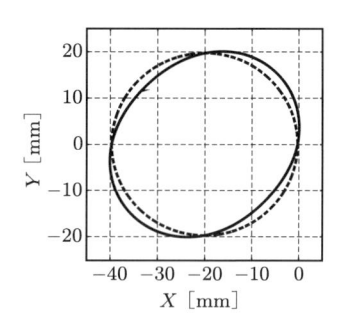

(b) 誤差軌跡(1div. ＝50μm, 破線：基礎円)

図 **9.20** 円弧ひずみと誤差軌跡（$M_{ty} = 2M_{tx}, K_{ty} = 2K_{tx}$）

## 9.6 コーナを含む直線補間指令に対する輪郭運動誤差

1軸の直線補間運動では動的な輪郭運動誤差は発生しないが，2軸をつないだコーナ部分では輪郭運動誤差が発生する．図 9.21 は，この運動誤差の発生の様子を説明した図である．まず，同図 (a) では，被駆動体位置 $P_t$ が指令直線上にあるため輪郭運動誤差 $e_n = 0$ であるが，同図 (b) では，$X$軸がコーナに達する前に $Y$軸が移動を開始するため運動誤差が発生し，$e_n = y_t$ となる．同図 (c) では，$X$ 軸の位置偏差が 0 に近づくが，この位置偏差が $e_n$ にあらわれる．

コーナでの運動誤差の抑制のために，位置偏差が 0 になってから次の指令を与えるという方法があり，エグザクトストップとよばれている．しかし，この方法は送り時間が長くなるという欠点がある．

したがって，フィードバック制御のハイゲイン化やフィードフォワード制御で軸サーボ系の応答性を高め，位置偏差自体を小さくする必要がある．しかし，軸サーボ系の応答性を高めると，駆動力も大きくなり，機械系に衝撃を与えるためコーナ部で振動

**182** 第 9 章 輪郭運動誤差の解析

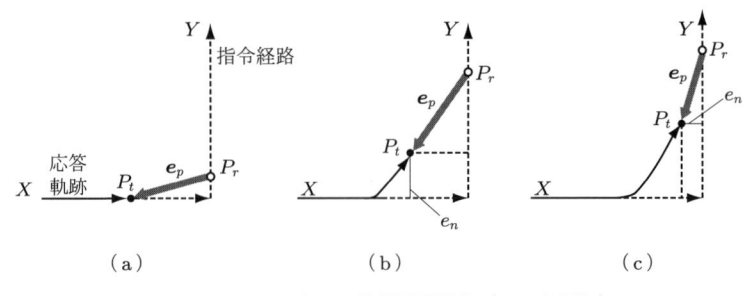

**図 9.21** コーナでの輪郭運動誤差（コーナだれ）

やオーバシュートが発生する．オーバシュートは，モータが出力可能なトルクを超える場合にも発生する．

### 例 9.6 直角コーナでの輪郭運動誤差

図 9.21 のような直線補間指令を与えたときのコーナでの輪郭運動を調べてみる．シミュレーションで用いる指令値は直線加減速指令と S 字加減速指令とし，その速度パターンを図 9.22 に示す．ただし，1 次加減速時間 $\tau_1 = 0.1\,\mathrm{s}$，2 次加減速時間 $\tau_2 = 0.05\,\mathrm{s}$ としている．$X$ 軸の減速が終了してから $Y$ 軸の加速が始まるため，S 字加減速の場合，直線加減速の場合と比べて，$2\tau_2\,[\mathrm{s}]$ だけ送り時間が長くなることが同図からわかる．S 字加減速

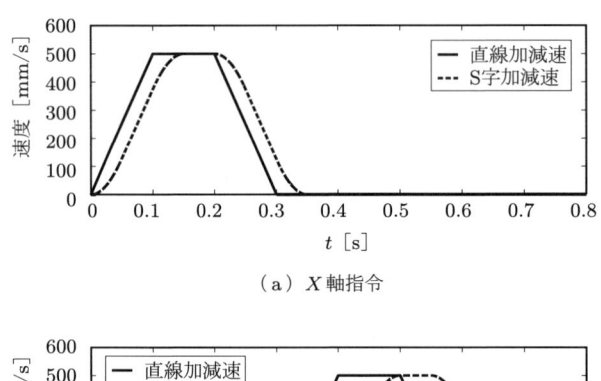

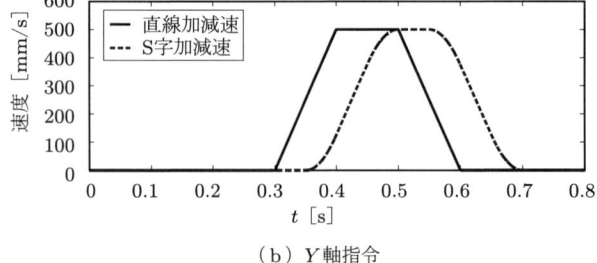

**図 9.22** シミュレーションに用いた指令値の速度パターン

の指令時間を直線加減速と同じにするには1次加減速時間を短くしなければならないが，ここではそのままにしておく．

各軸のモデルパラメータ設定は同じとし，図 9.7 (b) のモデルで各軸の応答を計算した後，コーナでの応答をそのまま拡大表示する（シミュレーション用の M ファイルについては省略する）．

図 9.7 (c) の基本パラメータを用いた場合と，速度フィードフォワードゲイン $K_{vf} = 1$ とした場合の輪郭運動をそれぞれ図 9.23 (a)，(b) に示す．なお，図中では被駆動体位置を示したが，モータ位置とほぼ同じであった．同図 (a) ではコーナだれが発生しており，$K_{vf} = 1$ にすることで，同図 (b) に示すように輪郭はコーナに近づくが，逆にオーバシュートが発生することがわかる．

同図 (c) は基本モデルパラメータ設定のままで，S字加減速指令を与えた場合のコーナ部での輪郭運動を表す．S字加減速によりコーナでの運動誤差は小さくなるが，これは指令値の変化が小さくなり，位置偏差が減少するためである．同図 (d) は，位置比例ゲイン $K_{pp}$ を増加した場合の輪郭運動であり，運動誤差はさらに抑制されることがわかる．

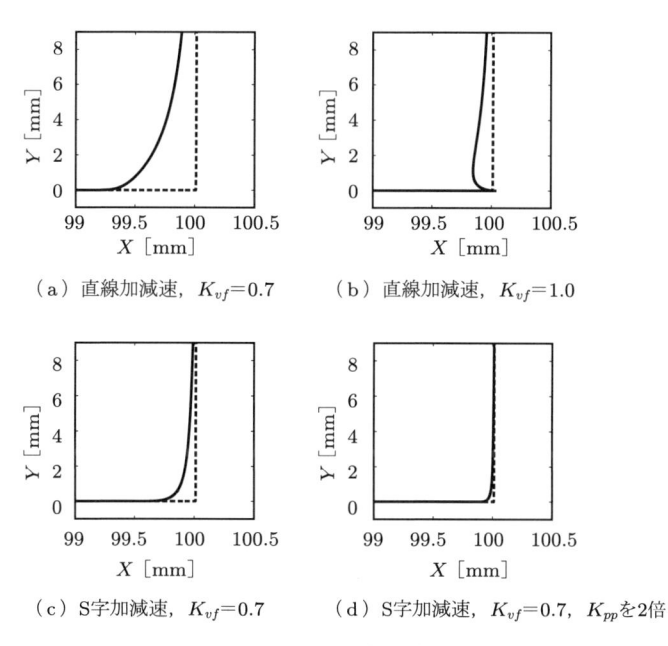

（a）直線加減速，$K_{vf}=0.7$　　（b）直線加減速，$K_{vf}=1.0$

（c）S字加減速，$K_{vf}=0.7$　　（d）S字加減速，$K_{vf}=0.7$，$K_{pp}$を2倍

図 **9.23** コーナ部の輪郭運動

## 9.7 まとめ

輪郭運動誤差は位置偏差によって発生する．システムを複雑にせず輪郭運動精度を向上するためには，各軸の応答性を向上し，かつ伝達関数をできるだけあわせておく．それでも誤差が生じる場合は，指令値を修正する．

この考え方はシンプルであり，サーボ系の基本性能が飛躍的な発展を遂げた現在，まず検討すべき手法である．同時に，この限界も理解しておく必要がある．各軸サーボ系の応答を同じにするには，速度制御系の動特性 ($G_v(s)$) と機械系の動特性 ($G_m(s)$) を軸間であわせる必要がある．$G_v(s)$ を軸間で同じにするには速度制御の帯域幅を応答が低い方の軸にあわせる必要がある．このとき，ゲインを下げた軸は外乱に弱くなるという問題がある．また，機械系の減衰は実際は線形ではない．したがって，減衰を設計することは容易ではない．

これらの問題を解決するための，より高度な制御法として

① 高次フィードフォワード制御器（たとえば加速度フィードフォワード）で速度制御系や機械系の動特性差を補償する方法
② 各軸の偏差をベクトル変換してフィードバック制御する方法
③ 制御軸をタンデム制御する方法

があり，一部は実用化されている．

## 演習問題

**9-1** 図 9.10（d）の速度定速状態で発生している輪郭運動誤差量を計算せよ．

**9-2** 動特性が完全に一致している 2 軸サーボ系に指令半径 $R_c$，角速度 $\omega_c$ の円弧補間指令を与える．各軸の指令から被駆動体位置への伝達関数 $G_r(s)$ が

$$G_r(s) = \left(\frac{K_{vf}}{K_{pp}}s + 1\right) G_{pm}(s) \tag{9.30}$$

であるとする．ただし，$G_{pm}(s)$ は位置制御系と機械系の伝達関数の積であり，未知である．このとき，次の問いに答えよ．
(1) フィードフォワードゲインを $K_{vf1}$ としたとき，指令に対する応答円弧の半径が $R_{c1}$ であったとする．このとき，$|G_{pm}(\omega_c)|$ を求めよ．
(2) 半径誤差が 0 となるフィードフォワードゲインを求めよ．

**9-3** 図 9.20（b）の円弧ひずみを抑制するためには機械系の伝達関数のパラメータをどのように設計すればよいか．

# 第10章 摩擦に起因する輪郭運動誤差

　駆動機構を構成する直動案内，ボールねじのナット，ボールねじ支持軸受などにはさまざまな摩擦が存在する．これらの摩擦は，回転体や被駆動体（慣性体）が運動する際に，制御系に対する外乱となって運動を阻害する．この他，テーブルカバー，配線・配管ケーブルからの反力も外乱の要因となる．本章では，特に慣性体に作用する摩擦力が運動誤差に与える影響について解析する．

## 10.1 摩擦のモデル

　ボールねじ駆動機構の力学モデルを構築した際には，摩擦を表現するために粘性要素を用いた．粘性摩擦要素を用いると，システムを線形で扱えるので便利である．しかし，摩擦に起因する運動誤差を解析する際には，次の問題がある．

- 速度が小さい領域では，モデルで計算された摩擦力が実際の摩擦力より小さくなる．
- 速度が大きい領域では，モデルで計算された摩擦力が実際の摩擦力より大きくなる．

　これらの問題を解決するのが**非線形摩擦モデル**である．最も簡単な非線形摩擦モデルは図 10.1 (a) に示す**クーロン摩擦モデル**であり，このモデルでは，速度が反転したとき，運動方向と反対の方向に一定の摩擦力が発生する．実際には摩擦力の速度依存性を表現するために，同図 (b) に示すように粘性摩擦を組み合わせたモデルが使用される．しかし，このモデルにも次の問題点がある．

- 現実には，速度が微小なとき静摩擦状態となり，摩擦力が大きくなる．このときの摩擦力を静摩擦力という．
- 速度 0 を境に摩擦力が急激にスイッチする現象は起こらない．

　この問題を解決するために，実に多くの研究がなされ[63]，いまなお，新しいモデル

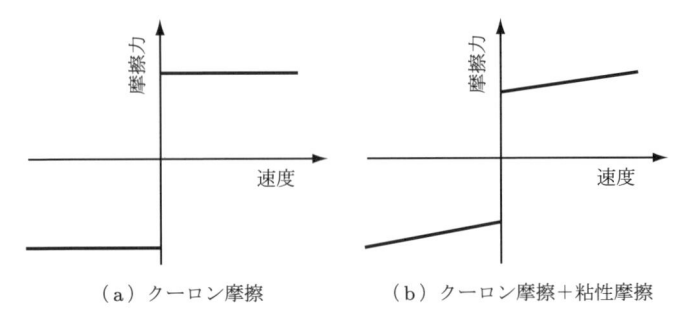

**図 10.1** クーロン摩擦を導入したモデル

(a) クーロン摩擦　　(b) クーロン摩擦＋粘性摩擦

が提案されている[64],[65]．以下では，運動誤差の予測と制御に用いられてきた代表的な二つの摩擦モデルを簡単に説明する．

① Karnopp のモデル

Karnopp は図 10.2 に示す摩擦モデル[66]を提案した．このモデルでは，速度が微小となる領域 $[-\Delta v, +\Delta v]$ を静摩擦領域（図中のハッチング部分）とし，この領域では駆動力が摩擦力とつりあうとしている．駆動力の絶対値が最大静摩擦力 $S_{fric}$ を超えると，被駆動体は運動を開始し，運動と逆方向に動摩擦力 $D_{fric}$ が作用する．

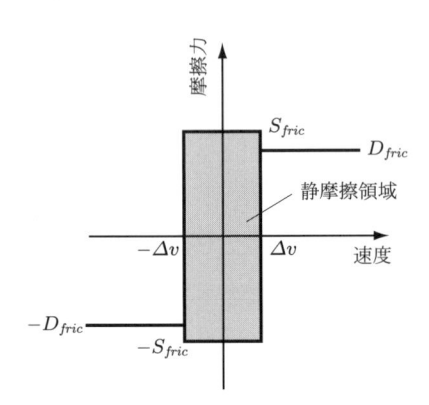

**図 10.2** Karnopp の摩擦モデル

② 摩擦力を位置の関数とするモデル

摩擦力を位置の関数として導入する．たとえば，図 10.3 のように慣性 $m$ と摩擦パッドとがばねでつながれている場合を考えてみる．慣性 $m$ と摩擦パッドが運動している際は，パッドに作用する動摩擦力は，ばね $k$ を通じて $m$ に伝わる．速度が微小になるとパッドは静止し，ばねの変形に応じた外力が $m$ に伝わる．

② のモデルは一見簡単そうなモデルに見えるが，摩擦パッドとばねに相当する要素がどこにあるかが不明な場合が多いので，実際のモデル化は難しい．特に，ばねの伸びに相当する位置情報をどのように扱うかが問題となる．

Karnopp のモデルは，図 10.3 の静摩擦領域での力のつりあいを結果側から説明したモデルであり，原因については曖昧であるが，モデル自体が簡単である．したがって，本書では Karnopp のモデルを用いて摩擦に起因する輪郭運動誤差のシミュレーションを行う．

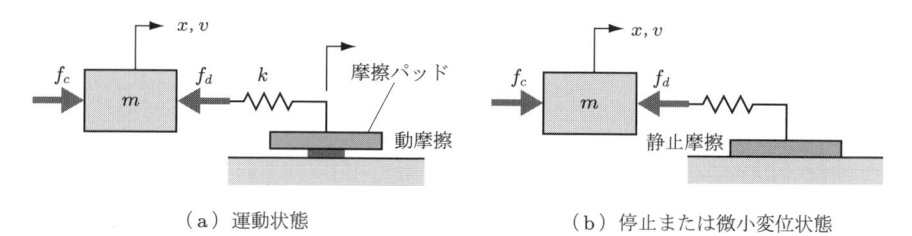

(a) 運動状態　　　　　　　　　(b) 停止または微小変位状態

図 10.3　慣性・ばね・摩擦パッドモデル

### 例 10.1　Karnopp の摩擦モデル

図 10.4 に Karnopp の摩擦モデルを Simulink で表現したモデルを示す．モデルのパラメータは Statfric：最大静摩擦力 $S_{fric}$，Dynafric：動摩擦力 $D_{fric}$，deltaV：静摩擦領域の最大速度 $\Delta v$ である．静摩擦領域の速度判定および駆動力＜静摩擦力の判定に二つの論理演算子を用い，その結果を用いて摩擦力を出力している．なお，本章では 1 慣性系に摩擦モデルを用いるので，上記の摩擦力と駆動力は摩擦トルクと駆動トルク，速度は角速度に置き換える．

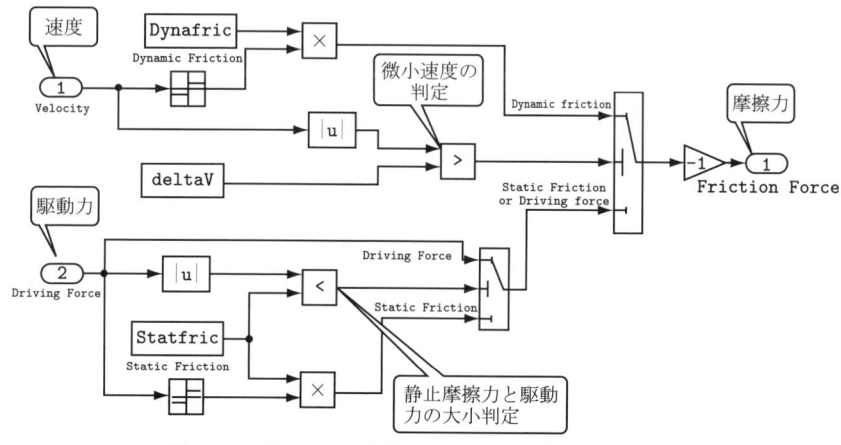

図 10.4　Karnopp 摩擦の SLK モデル (karnopp.mdl)

## 10.2 スティックモーションとロストモーション

スティックモーションとロストモーションは摩擦に起因し，円弧補間運動の象限切換時に誤差軌跡上に発生する誤差である[11]．

図 10.5 はスティックモーションについて説明した図である．$Y$ 軸が反転した直後は摩擦力により被駆動体が停止し，やがて駆動力が摩擦力に打ち勝つと被駆動体が運動を開始する．反転軸が停止している間に，運動誤差は大きくなり，誤差軌跡上で突起として観察される．このときの突起の高さ $\delta_{SM}$ [m] をスティックモーション量という．

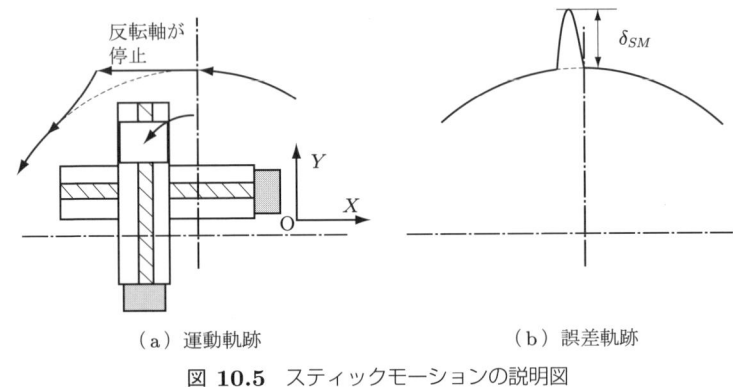

(a) 運動軌跡　　　　　　　(b) 誤差軌跡

図 10.5　スティックモーションの説明図

一方，ロストモーションとは駆動機構が摩擦力によって送り運動とは逆方向に弾性変形することにより発生する運動誤差であるが，これは JIS で定義されているロストモーションとは異なるので注意されたい．図 10.6 はロストモーションの説明図であり，ボールねじ系が直動案内の摩擦力によって弾性変形している様子を示している．ロストモーション量 $\delta_{LM}$ [m] は，軸方向剛性 $K_t$ [N/m] と直動摩擦力 $F_{fr}$ [N] を用い

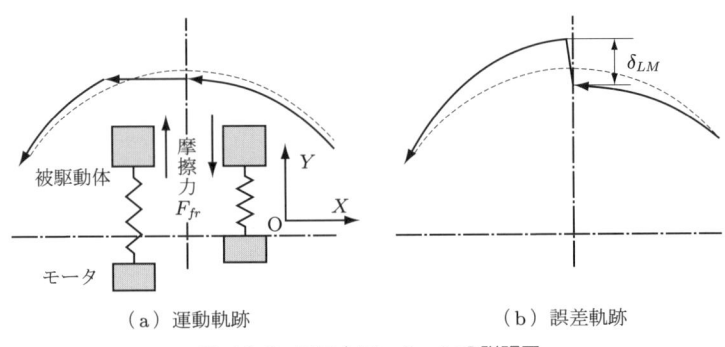

(a) 運動軌跡　　　　　　　(b) 誤差軌跡

図 10.6　ロストモーションの説明図

## 10.2 スティックモーションとロストモーション

て次式で計算される．

$$\delta_{LM} = \frac{2F_{fr}}{K_t} \tag{10.1}$$

この他にも，ばね的に振る舞う要素の先に摩擦力が存在すればロストモーションの原因となる．たとえば，案内面のワイパーシールが，ややゆっくりと変化するロストモーションを発生させることが報告されている[67]．

### 例 10.2　スティックモーションのシミュレーション

Karnopp の摩擦モデルを 2 軸サーボモデルの $Y$ 軸に組み込んで，円弧補間運動をシミュレートする．ただし，駆動機構は 1 慣性系モデルとする．図 10.7 (a) に SLK モデルを，同図 (b) にシミュレーション実行用 M ファイルを示す．ただし，同図 (a) 中のフィードフォワード制御器 $G_{fc}(s)$ には図 9.7 (a) のブロックを用い，時間応答は Simulink 上で計算する．

2 軸シミュレーションは 1 軸ずつでも可能であるが，時間軸をあわせる必要があるので，今回は 2 軸同時にシミュレーションを行う．このためにモデルパラメータはベクトルで与えている．SLK モデル内での設定の注意点としては，シミュレーションの終了時間を適度に設定することと，'ゼロクロッシングの検知' の設定をすることである．'ゼロクロッシングの検知' とは，積分計算で状態変数の不連続点を検出してシミュレーションの精度を向上するための機能[68]であるが，計算時間がかかりすぎるので 'オフ' にしておく．

前章の例 9.3 と同様に，直線加減速処理を施した円弧指令を各軸に与える．ただし，指令円弧半径 $R_c = 0.07\,\mathrm{m}$，送り速度 $V_{FC} = 1.0\,\mathrm{m/min}$ とし，指令値は位置で与える．誤差軌跡の表示法は図 9.16 に示したものと同様であり，M ファイルは省略する．

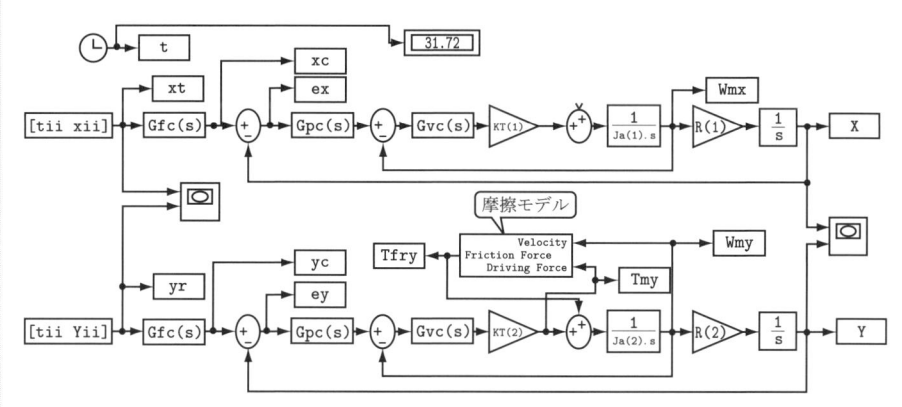

（a）$Y$ 軸に摩擦モデルを組み込んだ SLK モデル（`c_ffpvcm_friction.mdl`）

図 10.7　シミュレーションに用いる SLK モデルと M ファイル

```
%シミュレーションパラメータ [X軸 Y軸]
Ja=[3.0e-2 3.0e-2];%kgm^2 総慣性モーメント
KT=[1 1];          %Nm/A トルク定数
lp=[1e-2 1e-2];    %m ボールねじリード
R=lp/2/pi;

%サーボパラメータの設定値
Wvc=[300 300];       %rad/s 速度制御系の帯域幅
Kvp=(Ja.*Wvc)./KT;   %rad/s 速度制御器の比例ゲイン
Kvi=[100 100];       %rad/s 速度制御器の積分ゲイン
Kpp=[50 50];         %rad/s 位置比例ゲイン
Kvf=[0 0];           %[-] 速度フィードフォワードゲイン

%Karnopp パラメータ
Statfric=2.8;       %静摩擦トルク    Nm
Dynafric=2.8;       %動摩擦トルク    Nm
deltaV=1e-8;        %静摩擦領域角速度  rad/s

sim('c_ffpvcm_friction')
```

(b) M ファイル (ex10_2.m)

図 10.7 シミュレーションに用いる SLK モデルと M ファイル（つづき）

応答から誤差軌跡を計算した結果を図 10.8 に示す．同図より摩擦トルクを与えた $Y$ 軸の反転時にスティックモーションが観察されることがわかる．

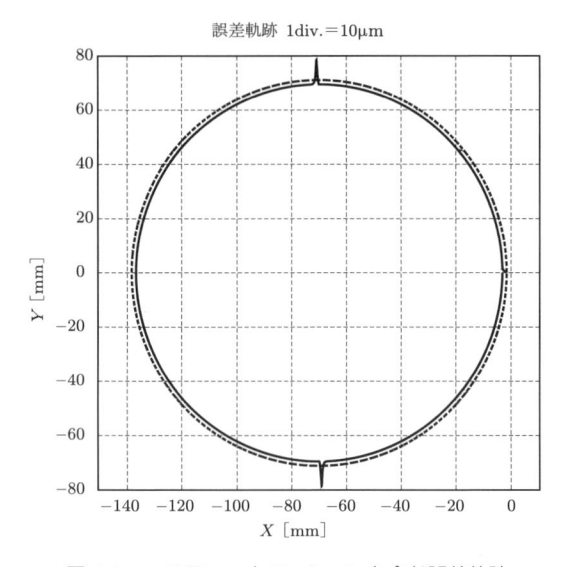

図 10.8 スティックモーションを含む誤差軌跡

図 10.9 には $Y$ 軸の状態を表す変数を示している．指令値が反転した後，やや遅れて慣性体位置が反転する（同図 (a)）．この際，角速度が 0 となり（同図 (b)），その状態を維持（スティック）する．この間に位置偏差（同図 (a)）が大きくなり，スティックモーションが発生する．モータトルクが反転して，静止摩擦トルクに達すると（同図 (c)），慣性体が移動を開始していることがわかる．

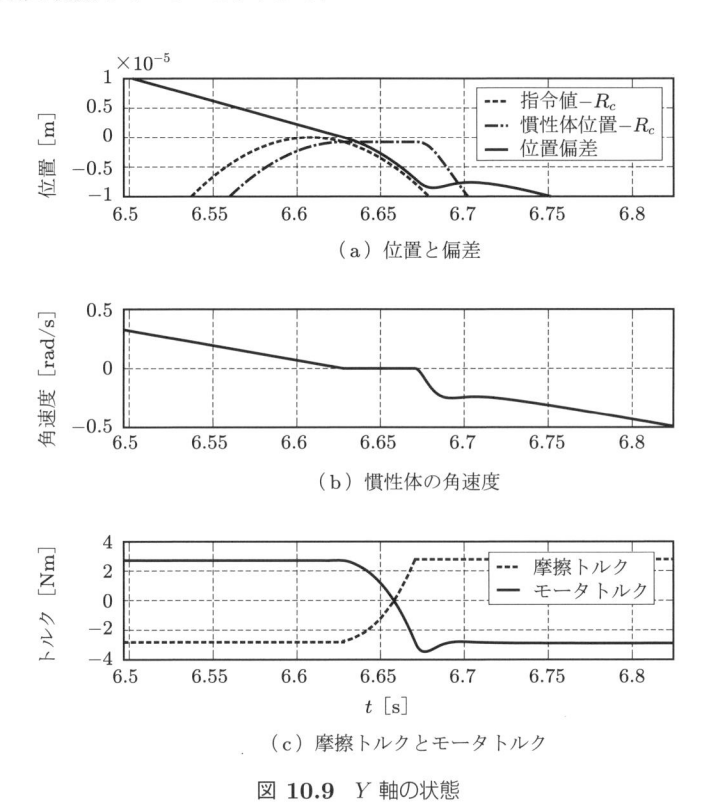

**図 10.9** $Y$ 軸の状態

## 10.3 摩擦に起因する運動誤差の抑制

スティックモーションとロストモーションは，駆動機構内の摩擦に起因し，円弧補間運動の象限切換時にあらわれるという点では同じであるが，その制御法は異なる．

### 10.3.1 ロストモーションの抑制

ロストモーションについては式 (10.1) で推定できるので，位置指令を補正する対策がとられる．被駆動体位置によって軸方向剛性 $K_t$ や直動摩擦力 $F_{fr}$ が変化し，ロス

トモーションも変化するが，最近では $K_t$ の変化に応じて指令を補正する方法が提案されている[69]．

また，フルクローズドループ制御も有効な手段であるが，被駆動体までの応答の遅れが制御ループ内に入るためロストモーションによる運動誤差がスティックモーションと同様な現れ方をする．

### 10.3.2 スティックモーションの抑制

スティックモーションは，移動軸反転時の摩擦力の変化に対して制御系が応答を開始するまでの遅れにより発生する．したがって，その遅れをどのように解消するかが対策のポイントとなり，次の三つの方法が代表的である．

#### (1) 電流（トルク）フィードフォワード

図10.10に示すように，移動軸反転時の摩擦トルクの変化と反対のパターンのトルクを発生するように電流制御系に指令を与える．最も簡単な方法は，外乱トルク $T_{fr}$ に対してステップ状の電流指令を与える方法であり，古くから用いられてきた．しかし，速度変化によって摩擦パターンが変化すると，補正タイミングがずれて誤差軌跡上で突起とは逆の食い込みが発生する．また，後述するように外乱トルクは移動軸反転時にステップ状に変化しない．より正確に補正する手段として，ばねやダンパなどで摩擦力の制御系への影響をモデル化して補正指令を与える方法が提案されている[70]．

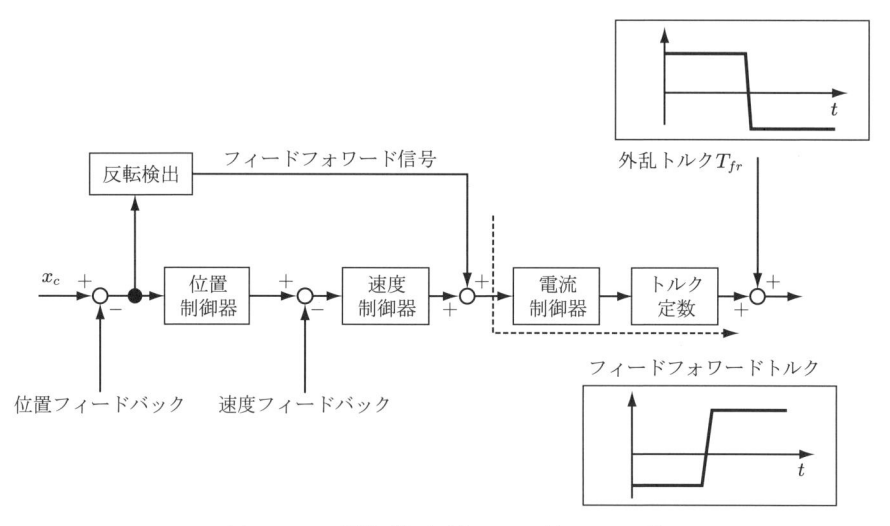

図 10.10　電流（トルク）フィードフォワード

### (2) 外乱オブザーバを用いたトルク補償

モータトルクとモータ速度から外乱を推定する機構を**外乱オブザーバ**という．実際にはモータトルクにはモータ電流値を用いる．図 10.11 は，外乱オブザーバを用いた摩擦補償のブロック線図である．モータの角速度を微分し，慣性体の総慣性モーメントの推定値 $\hat{J}_a$ を乗ずると，駆動トルク中の加減速トルクが推定できる．電流値にトルク定数の推定値 $\hat{K}_T$ を乗じた量から，加減速トルクの推定値をひけば，残った成分は外乱である．ただし，モータ速度を微分しているので信号には雑音成分が含まれ，これを図中の 1 次遅れフィルタで取り除く．このフィルタのゲイン $g_d$ をオブザーバゲインという．外乱オブザーバによる摩擦の推定値 $\hat{T}_{fr}$ を電流値に換算して電流制御系へフィードバックすると $T_{rf}$ がキャンセルされる．

外乱オブザーバは構造が明快であり，PI 制御より優れた外乱抑制特性があるという報告もある[71]．ただし，外乱オブザーバを用いるには慣性モーメントやトルク定数の推定とオブザーバゲインの調整が必要となる．

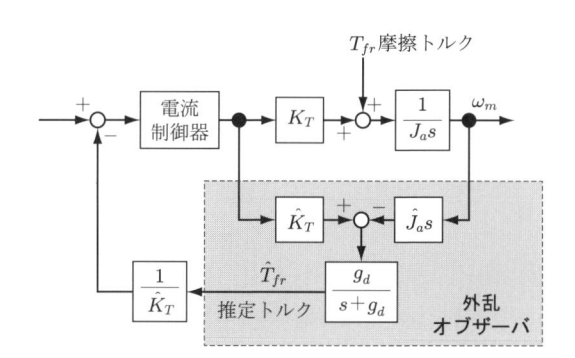

図 10.11　外乱オブザーバを用いた摩擦補償

### (3) ハイゲインフィードバック

反転した摩擦トルクに素速く打ち勝つことができるようにモータトルクを発生させる必要がある．このため位置偏差に対して乗じるゲインを高くする方法がハイゲインフィードバックである．

## 10.4　スティックモーションの解析

本節では，スティックモーションの発生メカニズム[72]についてモデルを用いて詳述する．

慣性体が停止しているときには，位置・速度フィードバック値はともに 0 となって

おり，この状態をブロック線図で描くと図 10.12 のようになる．ただし，$y$ は慣性体の変位であり，電流制御系や位置制御・速度制御の時間遅れは無視している．

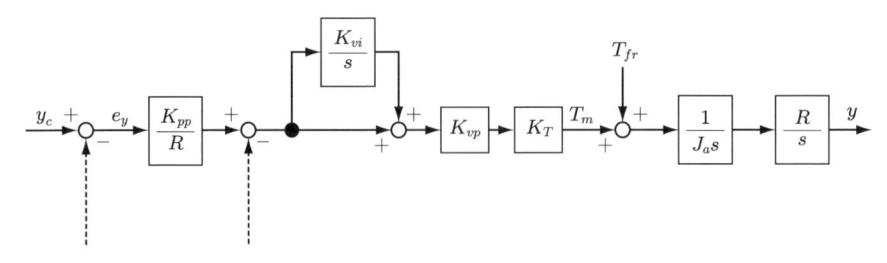

図 10.12 慣性体停止状態での軸サーボ系のブロック線図

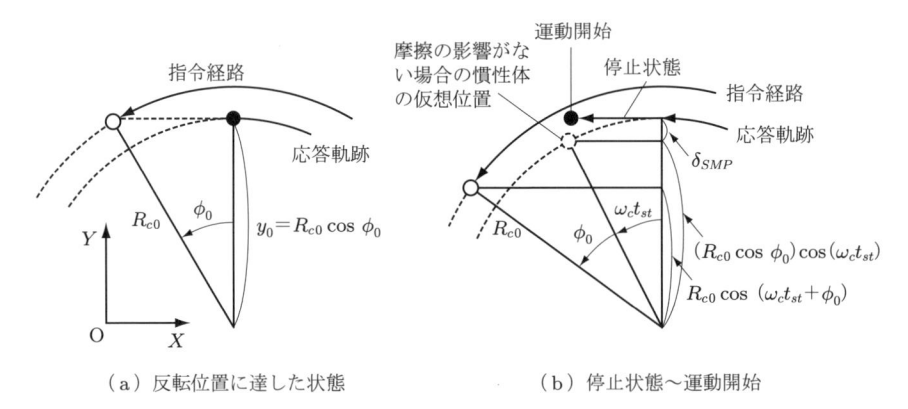

図 10.13 $Y$ 軸反転→停止→運動開始状態

図 10.13（a）は $Y$ 軸サーボ系の偏差 $e_y(t)$ が 0 になったときの指令値と応答の関係を表しており，このときの被駆動体の $Y$ 座標を $y_0$，時刻を $t=0$ とおきなおすと，$Y$ 軸への指令値と偏差は次式で表される．

$$y_c(t) = R_{c0} \cos(\omega_c t + \phi_0) \tag{10.2}$$

$$e_y(t) = y_c(t) - y_0 = R_{c0} \{\cos(\omega_c t + \phi_0) - \cos\phi_0\} \tag{10.3}$$

ただし，$R_{c0}$ はフィードフォワード処理後の円弧指令半径であり，$y_c$ から $y$ への閉ループ伝達関数 $G_p(s)$ を用いると，$y_0$ は次式で求められる．

$$y_0 = R_{c0} |G_p(j\omega_c)| = R_{c0} \cos\phi_0 \tag{10.4}$$

$$\phi_0 = -\angle G_p(j\omega_c) \tag{10.5}$$

一方，モータトルクは図 10.12 のブロック線図から，次式で表される．

## 10.4 スティックモーションの解析

$$T_m(s) = \frac{K_{pp}K_{vp}K_T}{R}\left(1 + \frac{K_{vi}}{s}\right)e_y(s) \tag{10.6}$$

ここで，

$$K_{ss} = \frac{K_{pp}K_{vp}K_T}{R} \tag{10.7}$$

とおく．$K_{ss}$ は位置比例ゲイン，速度比例ゲイン，トルク定数の積であり，積分器がない場合のサーボ系の静剛性を表している．

図 10.13 (b) は慣性体が運動を開始した状態を示している．ただし，慣性体の停止時間を $t_{st}$ とおいた（図中の $\delta_{SMP}$ については後述する）．$t_{st}$ はスティックモーションに大きな影響を与えるので，この値を解析的に求める．

解析を簡単にするため，最大静摩擦トルクと動摩擦トルクは同じとし，その絶対値を $T_{fr0}$ とする．式 (10.6) を $t$ 領域で表現すると次式となる．

$$T_m(t) = K_{ss}e_y(t) + K_{ss}K_{vi}\int_0^t e_y(\tau)d\tau + c_0 \tag{10.8}$$

式 (10.3) を上式に代入して積分を行い，初期条件 $T_m(0) = T_{fr0}$ から $c_0$ を決定して，次式を得る．

$$\begin{aligned} T_m(t) =\ & T_{fr0} + K_{ss}R_{c0}\left\{\cos\left(\omega_c t + \phi_0\right) - \cos\phi_0\right\} \\ & + K_{ss}R_{c0}\frac{K_{vi}}{\omega_c}\left\{\sin\left(\omega_c t + \phi_0\right) - \sin\phi_0 - (\omega_c t)\cos\phi_0\right\} \end{aligned} \tag{10.9}$$

トルクが静摩擦より大きくなると，慣性体が運動を開始する．したがって，慣性体の停止時間 $t_{st}$ は

$$T_m(t_{st}) = -T_{fr0} \tag{10.10}$$

を解くことで求められる．

式 (10.9) の各項を，比例制御によるモータトルク，積分制御によるトルク，両方を合計したトルクにわけてみる．

$$T_{m1}(t) = K_{ss}R_{c0}\left\{\cos\left(\omega_c t + \phi_0\right) - \cos\phi_0\right\} \tag{10.11a}$$

$$T_{m2}(t) = K_{ss}R_{c0}\frac{K_{vi}}{\omega_c}\left\{\sin\left(\omega_c t + \phi_0\right) - \sin\phi_0 - (\omega_c t)\cos\phi_0\right\} \tag{10.11b}$$

$$T_{m3}(t) = T_{m1}(t) + T_{m2}(t) = T_m(t) - T_{fr0} \tag{10.11c}$$

図 10.14 は上式から求めたトルクを描いた図である．同図から，モータトルクが静

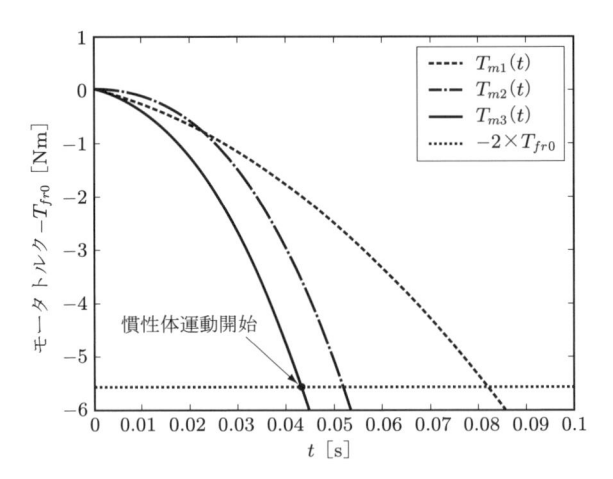

図 10.14 モータトルクの分析

止摩擦トルク（同図では $-2T_{fr0}$）に速く達するには，比例制御だけでなく積分制御も必要であることがわかる．このために，サーボ静剛性 $K_{ss}$ と $K_{vi}$ を大きく設定しなければならない．

式 (10.11a), (10.11b) に近似式

$$\cos(\omega_c t + \phi_0) - \cos\phi_0 \simeq \frac{(\omega_c t)^3}{6}\sin\phi_0 - \frac{(\omega_c t)^2}{2}\cos\phi_0 - (\omega_c t)\sin\phi_0 \tag{10.12a}$$

$$\sin(\omega_c t + \phi_0) - \sin\phi_0 \simeq -\frac{(\omega_c t)^3}{6}\cos\phi_0 - \frac{(\omega_c t)^2}{2}\sin\phi_0 + (\omega_c t)\cos\phi_0 \tag{10.12b}$$

を代入し，式 (10.10) を用いると，次の代数方程式を得る．

$$\frac{(\omega_c t)^3}{6}\left(\sin\phi_0 - \frac{K_{vi}}{\omega_c}\cos\phi_0\right) + \frac{(\omega_c t)^2}{2}\left(-\cos\phi_0 - \frac{K_{vi}}{\omega_c}\sin\phi_0\right) \\ - (\omega_c t)\sin\phi_0 + \frac{2T_{fr0}}{K_{ss}R_{c0}} = 0 \tag{10.13}$$

上式を $t$ について解いたときの実数解が停止時間 $t_{st}$ となる．

慣性体が停止中に半径誤差は増加する．慣性体が移動を開始した瞬間の半径誤差を図 10.13 (b) 中に示した $\delta_{SMP}$ で近似する．同図から，

$$\delta_{SMP} = R_{c0}\cos\phi_0\,(1 - \cos\omega_c t_{st}) \tag{10.14}$$

となる．ただし，$\delta_{SMP}$ は，摩擦のない仮想応答円弧軌跡（半径が $R_{c0}\cos\phi_0$）を基

準にした半径誤差であることに注意する．実際は，慣性体が移動を開始した後に半径誤差は最大となるので，$\delta_{SMP}$ はスティックモーション量 $\delta_{SM}$ より小さいが，停止時間が長いときは $\delta_{SMP}$ を $\delta_{SM}$ の目安として用いることができる．

### 例 10.3　運動条件とスティックモーション

送り速度 $V_{FC}$ と指令円弧半径 $R_{c0}$ を変化させたときの $t_{st}$ と $\delta_{SMP}$ を式 (10.13), (10.14) から求めてみる．モデルパラメータには図 10.7 (b) 中の値を用いる．ただし，運動条件は $V_{FC} = 0.01\,\mathrm{m/s}$, $R_c = 0.1\,\mathrm{m}$ を基準値とし，片方を固定して，片方を $\times 0.1 \sim 10$ と変化させる．

図 10.15 に $t_{st}$ と $\delta_{SMP}$ の計算結果を示す．同図より，送り速度が大きくなる，または指令円弧半径が小さくなると，停止時間は短くなり（図 (a), (b)），$\delta_{SMP}$ は大きくなる（図 (c), (d)）ことがわかる．同図 (c), (d) 中には，例 10.2 で示したシミュレーションで求めたスティックモーション量 $\delta_{SM}$ を〇印で示しているが，停止時間が短くなると $\delta_{SMP}$ と $\delta_{SM}$ の差が大きくなることがわかる．

図 10.16 は，$\delta_{SMP}$ を角速度と法線方向加速度に対して示した図である．同図より，$\delta_{SMP}$ は法線方向加速度と相関があることがわかるが，これは現場で知られている経験則であり，トルクフィードフォワード値を法線方向加速度に対して変化させるなどの補正に活用されている．

（a）送り速度と停止時間

（b）指令円弧半径と停止時間

（c）送り速度と $\delta_{SMP}$

（d）指令円弧半径と $\delta_{SMP}$

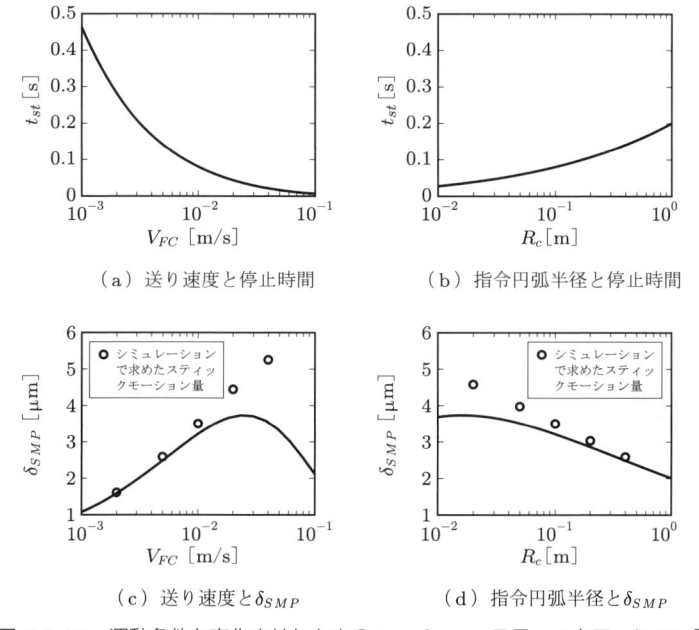

図 10.15　運動条件を変化させたときの $t_{st}$, $\delta_{SMP}$, スティックモーション量

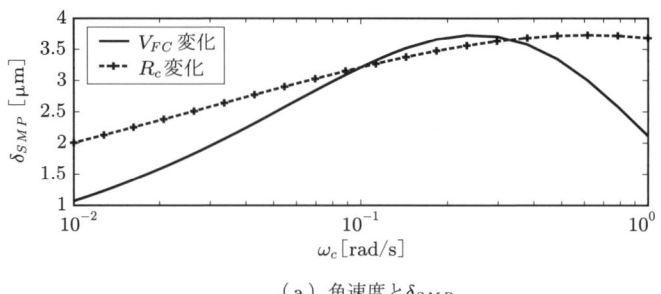

(a) 角速度と$\delta_{SMP}$

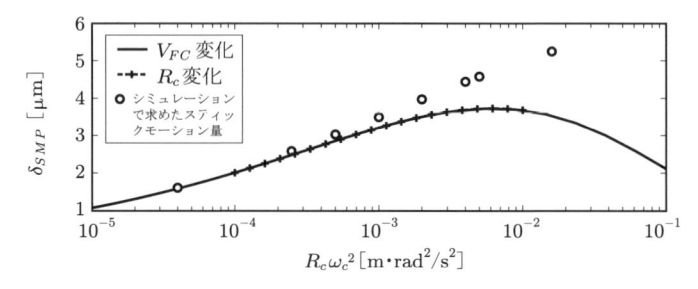

(b) 法線方向加速度と$\delta_{SMP}$

図 **10.16** 角速度・法線方向加速度と $\delta_{SMP}$ の関係

## 演習問題

10–1 ボールねじ送り機構で構成される $XY$ 軸サーボ系に円弧補間指令を与えて輪郭運動誤差を測定したところ，$Y$ 軸の移動反転時に $5\,\mu\mathrm{m}$ のロストモーションが観察された．$Y$ 軸の直動摩擦力が $500\,\mathrm{N}$ であるとすると，$Y$ 軸の軸方向剛性はいくらと推定されるか．

10–2 ボールねじ送り機構の機械パラメータを次のように変更した場合，スティックモーション量はどのように変化するか．理由もあわせて述べよ．ただし，軸サーボ系はセミクローズドループ運転しており，機械パラメータの変更により速度制御系の帯域は変化しないとする．
(1) 回転摩擦を大きくする．
(2) 回転系の慣性モーメントを大きくする．
(3) ボールねじリードを大きくする．

# 付録 A

# 制御理論

## A.1 ラプラス変換

ある時間関数 $f(t)$ のラプラス変換は次式で定義される.

$$F(s) = \mathcal{L}[f(t)] = \int_0^\infty e^{-st} f(t) dt \tag{A.1}$$

$f(t)$ が満たすべき条件は，① $t \geq 0$ で区分的に連続，② $t < 0$ で $f(t) = 0$，③ ある $s$ に対して上式が収束することである．また，ラプラス逆変換は次式で定義される．

$$f(t) = \mathcal{L}^{-1}[F(s)] = \frac{1}{2\pi j} \int_{c-j\infty}^{c+j\infty} F(s) e^{st} ds \tag{A.2}$$

代表的な関数のラプラス変換を表 A.1 に示す．

表 **A.1** ラプラス変換表

| 関数 | 図形表示 | ラプラス変換 | 関数 | 図形表示 | ラプラス変換 |
|---|---|---|---|---|---|
| 単位インパルス $\delta(t)$ | | $1$ | $e^{-at}$ | $a>0$, $a<0$ | $\dfrac{1}{s+a}$ |
| 単位ステップ $u_s(t)$ | | $\dfrac{1}{s}$ | $\sin \omega t$ | | $\dfrac{\omega}{s^2+\omega^2}$ |
| | | | $\cos \omega t$ | | $\dfrac{s}{s^2+\omega^2}$ |
| 単位ランプ $u_r(t)$ | | $\dfrac{1}{s^2}$ | $e^{-at}\sin \omega t$ | $a>0$ | $\dfrac{\omega}{(s+a)^2+\omega^2}$ |
| $t^n$ | | $\dfrac{n!}{s^{n+1}}$ | $e^{-at}\cos \omega t$ | $a<0$ | $\dfrac{s+a}{(s+a)^2+\omega^2}$ |

## A.2 ラプラス変換の性質

ラプラス変換の性質を以下に示す．

① 線形法則

$$\mathcal{L}\left[af(t)+bg(t)\right]=a\mathcal{L}[f(t)]+b\mathcal{L}[g(t)]$$

② $f(t)$ の導関数のラプラス変換

$$\mathcal{L}\left[\frac{df(t)}{dt}\right]=sF(s)-f(0)$$

ただし，$f(0)$ は $f(t)$ の初期値で，$t$ をプラス側から $0$ に近づけたときの $f(t)$ の値であり，厳密には $f(0^+)$ と表記されるが，本書では $f(0)$ と表記する．

③ $f(t)$ の $n$ 階導関数のラプラス変換

$$\mathcal{L}\left[\frac{d^n f(t)}{dt^n}\right]=s^n F(s)-s^{n-1}f(0)-\cdots-f^{(n-1)}(0)$$

ただし，$f^{(n)}(0)$ は $f(t)$ の $n$ 階導関数の初期値（$t$ をプラス側から $0$ に近づける）である．

④ $f(t)$ の積分関数のラプラス変換

$$\mathcal{L}\left[\int_0^t f(\tau)d\tau\right]=\frac{1}{s}F(s)$$

⑤ 初期値定理

$$\lim_{t\to 0}f(t)=\lim_{s\to\infty}sF(s) \quad (\text{ただし，}t>0)$$

⑥ 最終値定理

$$\lim_{t\to\infty}f(t)=\lim_{s\to 0}sF(s)$$

⑦ $f(t-T_d)$ のラプラス変換

$$\mathcal{L}\left[f(t-T_d)\right]=e^{-T_d s}F(s)$$

ただし，$T_d$ を時間遅れ，または，むだ時間とよぶ

⑧ $f(t)$ の時間スケールを変えた関数 $f(t/a)$ のラプラス変換

$$\mathcal{L}\left[f\left(\frac{t}{a}\right)\right]=aF(as)$$

⑨ $f(t)$ に指数関数を乗じた関数のラプラス変換

$$\mathcal{L}\left[e^{-at}f(t)\right] = F(s+a)$$

⑩ $F(s)$ と $G(s)$ の積の逆ラプラス変換（コンボリューション積分）

$$\mathcal{L}^{-1}[F(s)G(s)] = \int_0^t f(t)g(t-\tau)d\tau = \int_0^t f(t-\tau)g(\tau)d\tau$$

## A.3 ブロック線図の等価変換

代表的な等価変換を表 A.2 に示す．ただし，加算点の + 記号は省略している．

表 **A.2**

| | 変換 | ブロック線図 | 等価なブロック線図 |
|---|---|---|---|
| 1 | 直列結合 | $G_1$→$G_2$ / $G_2$→$G_1$ | $G_1G_2$ |
| 2 | 並列結合 | $G_1$ / $G_2$ | $G_1+G_2$ |
| 3 | フィードバック | $G_1$, $G_2$ | $\dfrac{G_1}{1+G_1G_2}$ / $\dfrac{1}{G_2}$, $G_1G_2$ |
| 4 | 単一フィードバック | $G$ | $\dfrac{G}{1+G}$ |
| 5 | ブロックを引き出し点の後ろへ | $G$ | $G$ / $G$ |
| 6 | ブロックを引き出し点の前へ | $G$ | $G$ / $\dfrac{1}{G}$ |
| 7 | ブロックを加算点の後ろへ | $G$ | $G$ / $\dfrac{1}{G}$ |
| 8 | ブロックを加算点の前へ | $G$ | $G$ / $G$ |

## A.4 時間応答の計算

### (1) 部分分数展開を用いたラプラス逆変換

$Y(s)$ のラプラス逆変換は，① $Y(s)$ を部分分数展開，②展開された各項を表 A.1 のラプラス変換表を用いて $t$ 領域に変換，という手順で求められる．部分分数展開の手順は以下の通りである．ただし，$Y(s)$ の極を $p_1, p_2, \cdots, p_n$ とする．

(a) $Y(s)$ の極がすべて単極である場合

$$Y(s) = \frac{k_1}{s-p_1} + \frac{k_2}{s-p_2} + \cdots + \frac{k_n}{s-p_n} \tag{A.3}$$

と展開できる．ただし，$k_i\,(i=1,\ldots,n)$ は次式で求められる．

$$k_i = \left[(s-p_i)\,Y(s)\right]_{s=p_i} \tag{A.4}$$

(b) $Y(s)$ の極が重極を含む場合

重極を $p_1$ ($\tilde{n}$ 個)，残りの単極を $p_{\tilde{n}+1}, \ldots, p_n$ とすると，

$$Y(s) = \frac{N_Y(s)}{\underbrace{(s-p_1)^{\tilde{n}}}_{\text{重極}}\underbrace{(s-p_{\tilde{n}+1})\cdots(s-p_n)}_{\text{単極}}} \tag{A.5}$$

とおける．これを部分分数展開すると次式となる．

$$Y(s) = \underbrace{\frac{k_{1,\tilde{n}}}{(s-p_1)^{\tilde{n}}} + \frac{k_{1,\tilde{n}-1}}{(s-p_1)^{\tilde{n}-1}} + \cdots + \frac{k_{1,1}}{(s-p_1)}}_{\text{重極}} + \underbrace{\frac{k_{\tilde{n}+1}}{(s-p_{\tilde{n}+1})} + \cdots + \frac{k_n}{s-p_n}}_{\text{単極}} \tag{A.6}$$

上式中の $k_{\tilde{n}+1},\ldots,k_n$ は式 (A.4) を用いて求めることができる．$k_{1,\tilde{n}}$ に関しては同様の考え方で

$$k_{1,\tilde{n}} = \left[(s-p_1)^{\tilde{n}} Y(s)\right]_{s=p_1} \tag{A.7}$$

として求められる．しかし，$k_{1,\tilde{n}-1}$ を求めるために $(s-p_1)^{\tilde{n}-1}$ を式 (A.6) の両辺にかけて $s=p_1$ とすると，式 (A.6) の右辺の第 1 項が無限大になってしまう．そこで，$(s-p_1)^{\tilde{n}}$ を式 (A.6) の両辺にかけた後，$s$ で微分して $k_{1,\tilde{n}}$ を消去し，$s=p_1$ とする．

$$k_{1,\tilde{n}-1} = \left[\frac{d}{ds}(s-p_1)^{\tilde{n}} Y(s)\right]_{s=p_1} \tag{A.8}$$

この操作を繰り返すことで，$k_{1,\tilde{n}-2},\ldots,k_{1,1}$ が求められる．

### (2) 1 次遅れ系の時間応答

図 3.1 に示す 1 次遅れ系のインパルス・ステップ・ランプ応答を計算する．ただし，$y(0)=0$

とする．

**インパルス応答**

単位インパルス入力の場合，$U(s) = 1$ である．したがって，

$$Y(s) = \frac{K}{Ts+1} \tag{A.9}$$

となり，ラプラス逆変換により，時間応答を得る．

$$y(t) = \frac{K}{T}e^{-t/T} \tag{A.10}$$

**ステップ応答**

単位ステップ入力の場合，$U(s) = 1/s$ である．したがって，

$$Y(s) = \frac{1}{s}\frac{K}{Ts+1} \tag{A.11}$$

となり，部分分数展開

$$Y(s) = K\left(\frac{1}{s} - \frac{T}{Ts+1}\right) = K\left(\frac{1}{s} - \frac{1}{s+(1/T)}\right)$$

をラプラス逆変換して，時間応答を得る．

$$y(t) = K(1 - e^{-t/T}) \tag{A.12}$$

**ランプ応答**

単位ランプ入力の場合，$U(s) = 1/s^2$ である．したがって

$$Y(s) = \frac{1}{s^2}\frac{K}{Ts+1} \tag{A.13}$$

となり，部分分数展開

$$Y(s) = K\left(\frac{1}{s^2} - \frac{T}{s} + \frac{T^2}{Ts+1}\right)$$

をラプラス逆変換して，時間応答を得る．

$$y(t) = K(t - T + Te^{-t/T}) \tag{A.14}$$

$s$ 領域での応答は，インパルス→ステップ→ランプ応答の順に $1/s$ が 1 個ずつ増えるので，時間領域の応答はこの順に積分関係にあることがわかる．

## (3) 2次系のステップ応答

式 (3.21) に示す伝達関数をもつ 2 次系のステップ応答（$s$ 領域）は次式となる．

$$Y(s) = \frac{1}{s}\frac{\omega_n^2}{s^2+2\zeta\omega_n s+\omega_n^2} = \frac{1}{s}\frac{p_1 p_2}{(s-p_1)(s-p_2)} = \frac{1}{s} - \frac{s-(p_1+p_2)}{(s-p_1)(s-p_2)} \quad \text{(A.15)}$$

ただし，$p_1, p_2 = -\zeta\omega_n \pm j\omega_n\sqrt{1-\zeta^2}$ であり，ステップ応答は $\zeta$ の値によって次のように分類される（$\zeta < 0$ の場合は省略）．

$\boxed{\zeta > 1 \text{ のとき}}$　$p_1, p_2$ は異なる負の実数である．

$$Y(s) = \frac{1}{s} - \frac{1}{p_2-p_1}\left(\frac{p_2}{s-p_1} - \frac{p_1}{s-p_2}\right) \quad \text{(A.16)}$$

$$y(t) = 1 - \frac{1}{p_2-p_1}\left(p_2 e^{p_1 t} - p_1 e^{p_2 t}\right) \quad \text{(A.17)}$$

$\boxed{\zeta = 1 \text{ のとき}}$　$p_1, p_2$ は $-\omega_n$，すなわち同じ負の実数（2重極）となる．

$$Y(s) = \frac{1}{s} - \left(\frac{1}{s+\omega_n} + \frac{\omega_n}{(s+\omega_n)^2}\right) \quad \text{(A.18)}$$

$$y(t) = 1 - e^{-\omega_n t}(1+\omega_n t) \quad \text{(A.19)}$$

$\boxed{1 > \zeta > 0 \text{ のとき}}$　$p_1, p_2$ は共役複素数であり，実数部は負になる．$\omega_d = \omega_n\sqrt{1-\zeta^2}$ とおくと，応答は次式のようになる．

$$\begin{aligned}
Y(s) &= \frac{1}{s} - \frac{s+2\zeta\omega_n}{s^2+2\zeta\omega_n s+\omega_n^2} \\
&= \frac{1}{s} - \frac{s+\zeta\omega_n}{(s+\zeta\omega_n)^2+\omega_d^2} - \frac{\zeta\omega_n}{\omega_d}\frac{\omega_d}{(s+\zeta\omega_n)^2+\omega_d^2}
\end{aligned} \quad \text{(A.20)}$$

$$\begin{aligned}
y(t) &= 1 - e^{-\zeta\omega_n t}\left(\cos\omega_d t + \frac{\zeta}{\sqrt{1-\zeta^2}}\sin\omega_d t\right) \\
&= 1 - \frac{1}{\sqrt{1-\zeta^2}}e^{-\zeta\omega_n t}\sin\left(\omega_d t + \tan^{-1}\frac{\sqrt{1-\zeta^2}}{\zeta}\right)
\end{aligned} \quad \text{(A.21)}$$

$\boxed{\zeta = 0 \text{ のとき}}$　$p_1, p_2$ は共役な虚数 $\pm j\omega_n$ となり，応答は次式のようになる．

$$Y(s) = \frac{1}{s} - \frac{s}{s^2+\omega_n^2} \quad \text{(A.22)}$$

$$y(t) = 1 - \cos\omega_n t \quad \text{(A.23)}$$

### (4) 2次系の正弦波入力に対する定常応答

安定な LTI システムに正弦波関数 $u(t) = U_0 \sin\omega t$（$U_0$：定数）が入力されたときの定常応答 $y_{ss}(t)$ を求める．LTI システムの伝達関数を $G(s)$ とおくと，$s$ 領域での応答は

$$Y(s) = G(s)U(s) = G(s)\frac{U_0\omega}{s^2+\omega^2} \tag{A.24}$$

となる．$G(s)$ の極を単極であるとし，$p_i(i=1,2,\ldots,n)$ とおいて，上式を次式のように部分分数展開する．

$$Y(s) = \frac{k_0}{s+j\omega} + \frac{\bar{k}_0}{s-j\omega} + \frac{k_1}{s-p_1} + \frac{k_2}{s-p_2} + \cdots + \frac{k_n}{s-p_n} \tag{A.25}$$

ただし，$k_0, \bar{k}_0, k_i$ は，部分分数展開で得られる係数である．$k_0$ と $\bar{k}_0$ は複素共役であり，次式によって求められる．

$$k_0 = \left. G(s)\frac{U_0\omega}{s^2+\omega^2}(s+j\omega)\right|_{s=-j\omega} = -\frac{U_0 G(-j\omega)}{2j} \tag{A.26}$$

$$\bar{k}_0 = \left. G(s)\frac{U_0\omega}{s^2+\omega^2}(s-j\omega)\right|_{s=j\omega} = \frac{U_0 G(j\omega)}{2j} \tag{A.27}$$

式 (A.25) を，逆ラプラス変換すると次式となる．

$$y(t) = k_0 e^{-j\omega t} + \bar{k}_0 e^{j\omega t} + k_1 e^{p_1 t} + k_2 e^{p_2 t} + \cdots + k_n e^{p_n t} \tag{A.28}$$

$G(s)$ は安定であるので，$p_i$ は負の実数，または負の実数部をもつ複素数であり，$p_i$ を指数とする項は時間が十分たてばすべて 0 となる．したがって，定常応答は

$$y_{ss}(t) = k_0 e^{-j\omega t} + \bar{k}_0 e^{j\omega t} = U_0 \frac{-G(-j\omega)e^{-j\omega t} + G(j\omega)e^{j\omega t}}{2j} \tag{A.29}$$

となる．ここで，$\phi = \angle G(j\omega)$ として，

$$G(j\omega) = |G(j\omega)|e^{j\phi}$$

とおくと，$G(-j\omega) = |G(j\omega)|e^{-j\phi}$ であるから，式 (A.29) は次式となる．

$$\begin{aligned} y_{ss}(t) &= U_0 |G(j\omega)| \frac{-e^{-j(\omega t+\phi)} + e^{j(\omega t+\phi)}}{2j} \\ &= U_0 |G(j\omega)| \sin(\omega t + \phi) \end{aligned} \tag{A.30}$$

## A.5 根軌跡の性質

図 3.23 に示すフィードバック制御系の開ループ伝達関数を次式に示す零極ゲインモデルで表現する．

$$G_L(s) = K\frac{(s-z_1)(s-z_2)\cdots(s-z_{\hat{m}})}{(s-p_1)(s-p_2)\cdots(s-p_n)} \tag{A.31}$$

ただし，分母多項式の次数 $n$ と分子多項式の次数 $\hat{m}$ には $n > \hat{m}$ の関係がある．ゲイン $K$ を $0 \sim \infty$ に変化させたときの特性方程式：

$$1 + G_L(s) = 0$$

の根が複素平面上で描く軌跡が根軌跡である．上式を満たすために次式が成立しなければならない．

$$-\frac{(s-p_1)(s-p_2)\cdots(s-p_n)}{(s-z_1)(s-z_2)\cdots(s-z_{\hat{m}})} = K \tag{A.32}$$

上式をゲイン・位相条件に置き換えると次式となる．

$$\{\angle(s-p_1) + \angle(s-p_2) + \cdots + \angle(s-p_n)\}$$
$$-\{\angle(s-z_1) + \angle(s-z_2) + \cdots + \angle(s-z_{\hat{m}})\} = (2N+1)\pi \quad (N：整数) \tag{A.33}$$

$$K = \frac{|s-p_1||s-p_2|\cdots|s-p_n|}{|s-z_1||s-z_2|\cdots|s-z_{\hat{m}}|} \tag{A.34}$$

根軌跡法では，ゲイン・位相条件を満たす $s$ を複素平面上で試行錯誤で求める．このとき用いる根軌跡の代表的な性質を以下に示す．

- 性質 1：根軌跡は実数軸に対して対称である．
- 性質 2：根軌跡の枝の数は，特性方程式の次数 $n$ に等しい．
- 性質 3：根軌跡は $G_L(s)$ の極 $\{p_1, p_2, \ldots, p_n\}$ から出発して，$G_L(s)$ の零点 $\{z_1, z_2, \ldots, z_{\hat{m}}\}$ で終わる．また，零点で終わらない $n - \hat{m}$ 本の根軌跡は，無限遠点に向かう．
- 性質 4：無限遠点に向かう軌跡は漸近線をもつ．その傾きは

$$\phi_\infty = \frac{(2N+1)\pi}{n - \hat{m}} \quad (N：整数) \tag{A.35}$$

であり，それらの漸近線と実数軸との交点は次式で求められる．

$$\sigma_c = \frac{1}{n - \hat{m}} \left[ \sum_{i=1}^{n} p_j - \sum_{j=1}^{\hat{m}} z_i \right] \tag{A.36}$$

- 性質 5：実数軸上の根軌跡については，一番右に存在する極または零点とその隣の極または零点との区間は根軌跡である．その左側で一つおきの区間は根軌跡である．

これらの性質以外にも実数軸上からの分岐などの性質があるが省略した．また，以上の性質は $G_L(s)$ の極と零点がすべて複素平面の右半平面上にない場合の性質であり，そうでない場合は上記性質の修正が必要となる[22]．

## A.6 安定判別

図 3.24 に示すフィードバック制御系が安定になるための必要十分条件は，特性方程式

$$1 + P(s)C(s) = 1 + G_L(s) = 0 \tag{A.37}$$

の根の実数部がすべて負になることであった．ただし，$G_L(s)$ は開ループ伝達関数である．特性方程式は $s$ についての代数方程式であるが，これを解かずに安定判別を行うには，次の方法が用いられる．

① ラウス・フルヴィッツの安定判別法：代数方程式の係数から，根の実数部がすべて負になる条件を求める．
② ナイキストの安定判別法：開ループ周波数伝達関数 $G_L(j\omega) = P(j\omega)C(j\omega)$ で $\omega = -\infty \to \infty$ としたとき得られる複素ベクトル軌跡（ナイキスト線図）で安定判別を行う．ナイキスト線図を用いれば安定余裕（安定度）を知ることもできる．
③ ボーデ線図による安定判別法：ナイキストの安定余裕はボーデ線図でも読み取ることができ，これを用いて安定判別を行う．

ここでは，本書で主に用いる ③ について説明するが，③ は ② が基本となっているので，②→③の順に説明する．

<u>ナイキストの安定判別法</u>

開ループ伝達関数 $G_L(s)$ の極のうち，複素右半平面にある極の数を $n_{RHP}$，ナイキスト軌跡が $(-1, 0)$ を反時計回りに周回する回数を $N_R$ とする．このとき，閉ループ系が安定である条件は $n_{RHP} = N_R$ である．

通常，開ループ伝達関数は複素右半平面に極をもたない場合（つまり，$n_{RHP} = 0$）が多い．この場合，安定判別は次のように簡単化される．

<u>簡略化されたナイキストの安定判別法</u>

$G_L(j\omega)$ のベクトル軌跡（$\omega = 0 \to \infty$）が

- 点 $(-1, 0)$ を左に見て原点に向かえば閉ループ系は安定
- 点 $(-1, 0)$ を通れば閉ループ系は安定限界
- 点 $(-1, 0)$ を右に見て原点に向かえば閉ループ系は不安定

これを図に示すと，図 A.1 (a) のようになる．

<u>ゲイン余裕・位相余裕</u>

図 A.1 (a) 中の閉ループ系が安定な場合のベクトル軌跡について考える．ベクトル軌跡が点 $(-1, 0)$ とどれほど離れているかが安定度を示しており，ゲイン余裕 $g_M$ と位相余裕 $p_M$ という二つの指標で評価される．ベクトル軌跡が実数軸と交わる点を P とすると，点 P においては，あとゲインが $1/\overline{\mathrm{OP}}$ 倍されると，ベクトル軌跡が点 $(-1, 0)$ を通る．この $1/\overline{\mathrm{OP}}$ を**ゲイン余裕**といい，通常デシベルで表示する．

$$g_M = 20\log_{10}\left(\frac{1}{\mathrm{OP}}\right) = -20\log_{10}\left(|G_L(j\omega_{pc})|\right) \tag{A.38}$$

ただし，$\omega_{pc}$ は位相が $-180°$ となる（点 P での）周波数であり**位相交差周波数**という．

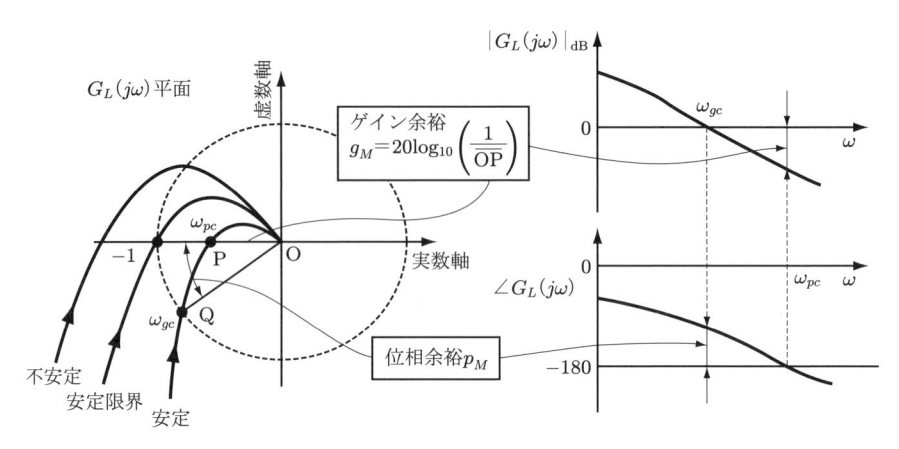

（a）ナイキストの安定判別と安定余裕　　　　（b）ボード線図上の安定余裕

**図 A.1** 簡略化されたナイキストの安定判別とボード線図上の安定余裕

また，ベクトル軌跡が原点を中心とする単位円と交わる点を Q とすると，点 Q においては，位相が $\angle\mathrm{QOP}$ 遅れると，ベクトル軌跡が $(-1, 0)$ を通る．この角度を**位相余裕**といい，° で表示する．

$$p_M = 180° + \angle G_L(j\omega_{gc}) \tag{A.39}$$

ただし，$\omega_{gc}$ はゲインが 0 dB となる（点 Q での）周波数であり，**ゲイン交差周波数**という．
ゲイン余裕と位相余裕をボード線図上で表すと図 A.1 (b) のようになる．簡略化されたナイキストの安定判別法が適用できる場合は，ボード線図を用いて次のように安定判別が行える．

**ボード線図による安定判別**

$G_L(j\omega)$ のボード線図を描いたとき，位相交差周波数 $\omega_{pc}$ でのゲイン（dB 値）が負であるか，ゲイン交差周波数 $\omega_{gc}$ での位相が $-180°$ より大きければ，閉ループ系は安定である．

ナイキスト線図では，システム全体の安定余裕を視覚的に把握できるが，どの周波数でどれだけの安定余裕をもつかを把握するには，ボード線図がわかりやすい．ただし，図 A.2 に示すように，$G_L(j\omega)$ の位相が $-180°$ を複数回切る特性をもつシステムの安定判別をボード線図上で行うと，実際は安定なシステムを不安定と判定する場合がある．このような場合は，ナイキストの安定判別に戻って確認をしておく必要がある．

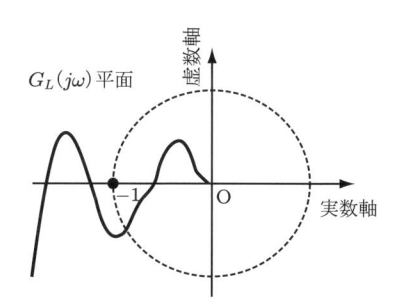

図 **A.2** ボーデ線図での安定判別に注意を要するケース

### 例 A.1　MATLAB による安定判別

ナイキスト線図やボーデ線図を描くには，例 3.4 で紹介した nyquist 関数や bode 関数を用いる．また，ゲイン・位相余裕を求める関数として margin 関数がある．開ループ系の LTI モデルを定義し，

```
>>margin（LTI モデル名）
```

と実行すれば安定余裕がボーデ線図上に図示される．

図 A.3 は nyquist 関数と margin 関数の実行例であり，使用したコマンドは以下の通りである．

```
>>sys=tf(1, [1 1 2 0])
>>figure(1);subplot(121);nyquist(sys)
>>subplot(122);margin(sys)
```

安定余裕と交差周波数を数値で求めたい場合は，

```
>>[Gm,Pm,Wcg,Wcp] = margin（LTI モデル名）
```

とする．ただし，図 A.1 に示した安定余裕，交差周波数との対応関係は，以下のようになる．

$$g_M = 20\log_{10}(\text{Gm}), \quad p_M = \text{Pm}, \quad \omega_{pc} = \text{Wcg}, \quad \omega_{gc} = \text{Wcp}$$

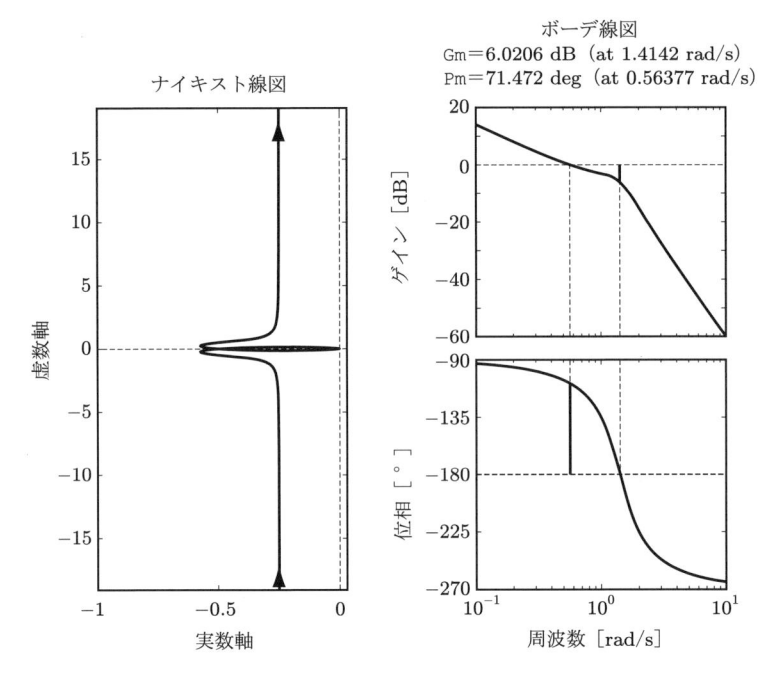

図 A.3　nyquist 関数と margin 関数の実行結果

## A.7　定常特性と制御系の型

図 3.24 のフィードバック制御系に，次式で示す指令入力が与えられた場合の定常偏差を求める．

$$r(s) = \frac{r_{l-1}}{s^l} \tag{A.40}$$

ただし，$l \geq 1$ とし，$r_{l-1}$ は定数とする．

ステップ指令 $r(s) = r_0/s$ が与えられた場合，定常偏差は

$$\lim_{t \to \infty} e(t) = \lim_{s \to 0} s \frac{r_0}{s} \frac{1}{1 + P(s)C(s)} = \frac{r_0}{1 + P(0)C(0)} = \frac{r_0}{1 + G_L(0)} \tag{A.41}$$

であり，これが 0 になるためには，$G_L(0) = \infty$ でなければならない．このためには，開ループ伝達関数 $G_L(s)$ は，積分器 $1/s$ を 1 個以上もつ必要がある．$G_L(s)$ に積分器を 1 個もった制御系を指令値に対して 1 型であるという．

次にランプ指令 $r_1/s^2$ に対する定常偏差は

$$\lim_{t \to \infty} e(t) = \lim_{s \to 0} s \frac{r_1}{s^2} \frac{1}{1 + P(s)C(s)} = \lim_{s \to 0} \frac{r_1}{s + sG_L(s)} \tag{A.42}$$

となり，$G_L(s)$ が積分器を 2 個もてば，定常偏差は 0 となる．この場合，制御系は指令値に対して 2 型であるという．

これを一般化すると，$1/s^l$（時間領域では $t^{l-1}$）を含む指令入力に対して，開ループ伝達関数が $1/s^l$ をもてば，定常偏差が 0 になり，**制御系の型**（システムタイプ）が $l$ であるという．

# 付録 B

# 座標変換

$uvw$ 座標系から $dq$ 座標系への変換は,図 B.1 (a) に示す $uvw$ 座標系から $ab$ 座標系への 3 相-2 相変換と同図 (b) に示す $ab$ 座標系から $dq$ 座標系への回転変換にわけると理解しやすい.ただし,$dq$ 座標系の $ab$ 座標系に対する回転角度は $\theta_e$ である.

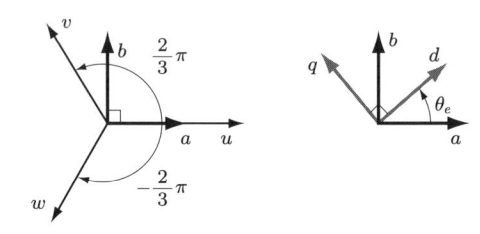

（a）$uvw$座標と$ab$座標系　　（b）$ab$座標と$dq$(回転)座標

図 B.1　座標変換

各座標系間の変換行列を $\boldsymbol{C}_{xy}$ とすると

$$\boldsymbol{C}_{xy}\boldsymbol{C}_{xy}^T = \boldsymbol{I} \text{ (単位行列)} \tag{B.1}$$

という関係が成り立っている.すなわち,座標変換行列の転置行列が逆変換行列となる.それぞれの座標系で定義された電流ベクトル

$$\boldsymbol{I}_{uvw} = \begin{bmatrix} i_u & i_v & i_w \end{bmatrix}^T, \quad \boldsymbol{I}_{ab} = \begin{bmatrix} i_a & i_b \end{bmatrix}^T, \quad \boldsymbol{I}_{dq} = \begin{bmatrix} i_d & i_q \end{bmatrix}^T$$

の変換を例に各座標系間の変換式を示す.

- $uvw \to ab$ 座標変換：$\boldsymbol{I}_{ab} = \boldsymbol{C}_{au}\boldsymbol{I}_{uvw}$

$$\begin{bmatrix} i_a \\ i_b \end{bmatrix} = \sqrt{\frac{2}{3}} \begin{bmatrix} \cos 0 & \cos\left(\frac{2}{3}\pi\right) & \cos\left(-\frac{2}{3}\pi\right) \\ \sin 0 & \sin\left(\frac{2}{3}\pi\right) & \sin\left(-\frac{2}{3}\pi\right) \end{bmatrix} \begin{bmatrix} i_u \\ i_v \\ i_w \end{bmatrix}$$

$$= \begin{bmatrix} 1 & -1/2 & -1/2 \\ 0 & \sqrt{3}/2 & -\sqrt{3}/2 \end{bmatrix} \begin{bmatrix} i_u \\ i_v \\ i_w \end{bmatrix} \tag{B.2}$$

**213**

- $ab \to uvw$ 座標変換：$\boldsymbol{I}_{uvw} = \boldsymbol{C}_{au}^T \boldsymbol{I}_{ab}$

$$\begin{bmatrix} i_u \\ i_v \\ i_w \end{bmatrix} = \sqrt{\frac{2}{3}} \begin{bmatrix} \cos 0 & \sin 0 \\ \cos\left(\frac{2}{3}\pi\right) & \sin\left(\frac{2}{3}\pi\right) \\ \cos\left(-\frac{2}{3}\pi\right) & \sin\left(-\frac{2}{3}\pi\right) \end{bmatrix} \begin{bmatrix} i_a \\ i_b \end{bmatrix}$$

$$= \sqrt{\frac{2}{3}} \begin{bmatrix} 1 & 0 \\ -1/2 & \sqrt{3}/2 \\ -1/2 & -\sqrt{3}/2 \end{bmatrix} \begin{bmatrix} i_a \\ i_b \end{bmatrix} \tag{B.3}$$

- $ab \to dq$ 座標変換：$\boldsymbol{I}_{dq} = \boldsymbol{C}_{da} \boldsymbol{I}_{ab}$

$$\begin{bmatrix} i_d \\ i_q \end{bmatrix} = \begin{bmatrix} \cos\theta_e & \sin\theta_e \\ -\sin\theta_e & \cos\theta_e \end{bmatrix} \begin{bmatrix} i_a \\ i_b \end{bmatrix} \tag{B.4}$$

- $dq \to ab$ 座標変換：$\boldsymbol{I}_{ab} = \boldsymbol{C}_{da}^T \boldsymbol{I}_{dq}$

$$\begin{bmatrix} i_a \\ i_b \end{bmatrix} = \begin{bmatrix} \cos\theta_e & -\sin\theta_e \\ \sin\theta_e & \cos\theta_e \end{bmatrix} \begin{bmatrix} i_d \\ i_q \end{bmatrix} \tag{B.5}$$

- $uvw \to dq$ 座標変換：$\boldsymbol{I}_{dq} = \boldsymbol{C}_{du} \boldsymbol{I}_{uvw} = (\boldsymbol{C}_{da} \boldsymbol{C}_{au}) \boldsymbol{I}_{uvw}$

$$\begin{bmatrix} i_d \\ i_q \end{bmatrix} = \sqrt{\frac{2}{3}} \begin{bmatrix} \cos\theta_e & \cos\left(\theta_e - \frac{2}{3}\pi\right) & \cos\left(\theta_e + \frac{2}{3}\pi\right) \\ -\sin\theta_e & -\sin\left(\theta_e - \frac{2}{3}\pi\right) & -\sin\left(\theta_e + \frac{2}{3}\pi\right) \end{bmatrix} \begin{bmatrix} i_u \\ i_v \\ i_w \end{bmatrix} \tag{B.6}$$

- $dq \to uvw$ 座標変換：$\boldsymbol{I}_{uvw} = \boldsymbol{C}_{du}^T \boldsymbol{I}_{dq} = (\boldsymbol{C}_{da} \boldsymbol{C}_{au})^T \boldsymbol{I}_{dq} = \boldsymbol{C}_{au}^T \boldsymbol{C}_{da}^T \boldsymbol{I}_{dq}$

$$\begin{bmatrix} i_u \\ i_v \\ i_w \end{bmatrix} = \sqrt{\frac{2}{3}} \begin{bmatrix} \cos\theta_e & -\sin\theta_e \\ \cos\left(\theta_e - \frac{2}{3}\pi\right) & -\sin\left(\theta_e - \frac{2}{3}\pi\right) \\ \cos\left(\theta_e + \frac{2}{3}\pi\right) & -\sin\left(\theta_e + \frac{2}{3}\pi\right) \end{bmatrix} \begin{bmatrix} i_d \\ i_q \end{bmatrix} \tag{B.7}$$

# 付録C 単 位

技術資料の計算諸元はSI単位系に統一されてきているが，いまだ工学単位系やその他の単位系を用いている場合もある．これらのSI単位系への換算を記しておく．

| 量の名称 | 換算 |
| --- | --- |
| 長さ | $1\,\text{in}$（インチ）$= 0.0254\,\text{m}$ |
| 加速度 | $1\,\text{G} = 9.807\,\text{m/s}^2$ |
| 回転速度 | $1\,\text{rpm} = 1\,\text{min}^{-1} = 0.1047\,\text{rad/s}$ |
| 力 | $1\,\text{kgf} = 9.807\,\text{N}$（ニュートン） |
| トルク | $1\,\text{kgf·m} = 9.807\,\text{N·m}$ |
| | $1\,\text{kgf·cm} = 9.807 \times 10^{-2}\,\text{N·m}$ |
| | $1\,\text{gf·cm} = 9.807 \times 10^{-5}\,\text{N·m}$ |
| 慣性モーメント | $1\,\text{GD}^2\,(\text{kgf·cm}^2) = 2.5 \times 10^{-5}\,\text{kg·m}^2$ |
| | $1\,\text{gf·cm·s}^2 = 9.807 \times 10^{-5}\,\text{kg·m}^2$ |
| 弾性係数 | $1\,\text{kgf/m}^2 = 9.807\,\text{Pa}\,(\text{N/m}^2)$ |
| | $1\,\text{kgf/cm}^2 = 9.807 \times 10^{-4}\,\text{Pa}\,(\text{N/m}^2)$ |
| 仕事 | $1\,\text{kgf·m} = 9.807\,\text{J}$（ジュール） |
| 仕事率 | $1\,\text{kgf·m/s} = 9.807\,\text{W}$（ワット） |
| | $1\,\text{HP} = 746\,\text{W}$ |
| トルク定数 | $1\,\text{kgf·cm/A} = 9.807 \times 10^{-2}\,\text{N·m/A}$ |
| 誘起電圧定数 | $1\,\text{V/krpm} = 9.549 \times 10^{-3}\,\text{V·s/rad}$ |

# 演習問題の解答

## 第 2 章

**2–1** (1) 制御対象の微分方程式：$m\dot{v}_m + c_p v_m = f_c$，制御式：$f_c = c_c(v_r - v_m)$ である．

(2) 制御対象：$V_m = F_c/(ms + c_p)$，制御器：$F_c = c_c(V_r - V_m)$ から解答図 2.1 を得る．

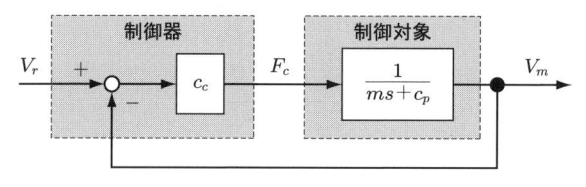

解答図 2.1

(3) 上図を等価変換して次式を得る．

$$\frac{V_m(s)}{V_r(s)} = \frac{c_c}{ms + c_p + c_c}$$

(4) 1 次系の伝達関数の標準形 $G_{10}$ に当てはめると，時定数 $T = m/(c_p + c_c) = 1$，ゲイン定数 $K = c_c/(c_p + c_c) = 0.9$ となる．

**2–2** 解答図 2.2 を参照のこと．

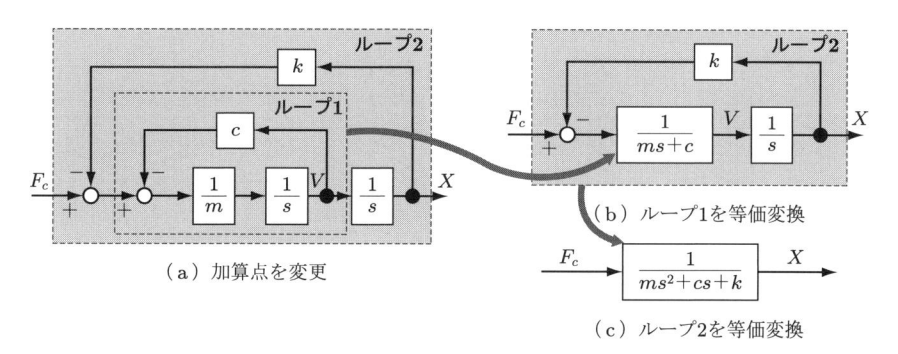

（a）加算点を変更

（b）ループ1を等価変換

（c）ループ2を等価変換

解答図 2.2

## 演習問題の解答

**2–3** 各伝達関数は以下の通り．

$$G_{yr} = \frac{PC}{1+PC} = \frac{1/s}{1+1/s} = \frac{1}{s+1}$$

$$G_{yd} = \frac{P}{1+PC} = \frac{1/s}{1+1/s} = \frac{1}{s+1}$$

$$G_{ur} = \frac{C}{1+PC} = \frac{1}{1+1/s} = \frac{s}{s+1}$$

$$G_{ud} = \frac{-PC}{1+PC} = \frac{-1/s}{1+1/s} = \frac{-1}{s+1}$$

### 第3章

**3–1** SLK モデルの例を解答図 3.1 に示す．

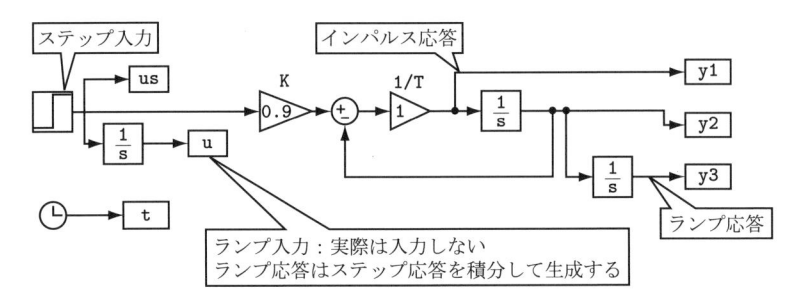

解答図 **3.1**

【補足】インパルス関数というブロックは Simulink にはない．したがって，ステップ応答を求めるための SLK モデルを作成し，応答の積分器の前の信号，つまりステップ応答の微分信号をインパルス応答として取得する．

ランプ関数は Simulink の Sources ホルダに存在するのでこれを使用するか，ステップ応答を積分してランプ指令を作る．解答図 3.1 のモデルでは，後者の方法でランプ指令を作っているが，実際には入力していない．そのかわりステップ応答を積分することで，ランプ応答を得ている．

**3–2** 図 3.6 中で $h(t-\tau) \to h(\tau), u_s(\tau) \to u_s(t-\tau)$ に交換する．

**3–3**

| $|G(j\omega)|$ | $|G(j\omega)|_{\mathrm{dB}}$ |
|---|---|
| 10 | 20 dB |
| 1 | 0 dB |
| $1/\sqrt{2}$ | $-3$ dB（近似） |
| 1/2 | $-6$ dB（近似） |
| 1/10 | $-20$ dB |

**3–4** $G_{310}(s)$ を次式に示すように基本伝達関数に分解する.

$$G_{310}(s) = \frac{K(s+z_1)}{s^2(s+p_1)} = \underbrace{\frac{z_1 K}{p_1}}_{} \times \underbrace{\frac{1}{s^2}}_{} \times \underbrace{\frac{\left(\frac{1}{z_1}s+1\right)}{1}}_{} \times \underbrace{\frac{1}{\left(\frac{1}{p_1}s+1\right)}}_{}$$

$$\Downarrow \qquad \Downarrow \qquad \Downarrow \qquad \Downarrow$$

$$\qquad \qquad G_{DI}(s) \quad G_{PD}(s) \qquad G_{1L}(s)$$

$K_0 = z_1 K/p_1$ とおくと,周波数伝達関数は次式となる

$$|G_{310}(j\omega)|_{\mathrm{dB}} = |K_0|_{\mathrm{dB}} + \left|\frac{1}{(j\omega)^2}\right|_{\mathrm{dB}}$$

$$+ |j(\omega/z_1)+1|_{\mathrm{dB}} + \left|\frac{1}{j(\omega/p_1)+1}\right|_{\mathrm{dB}}$$

$$\angle G_{310}(j\omega) = -180 + \angle[j(\omega/z_1)+1] + \angle\left[\frac{1}{j(\omega/p_1)+1}\right]$$

ここで,$K = 0.1$, $p_1 = 10$, $z_1 = 0.1$ とし,次の手順で解答図 3.2(a)中に示すよう

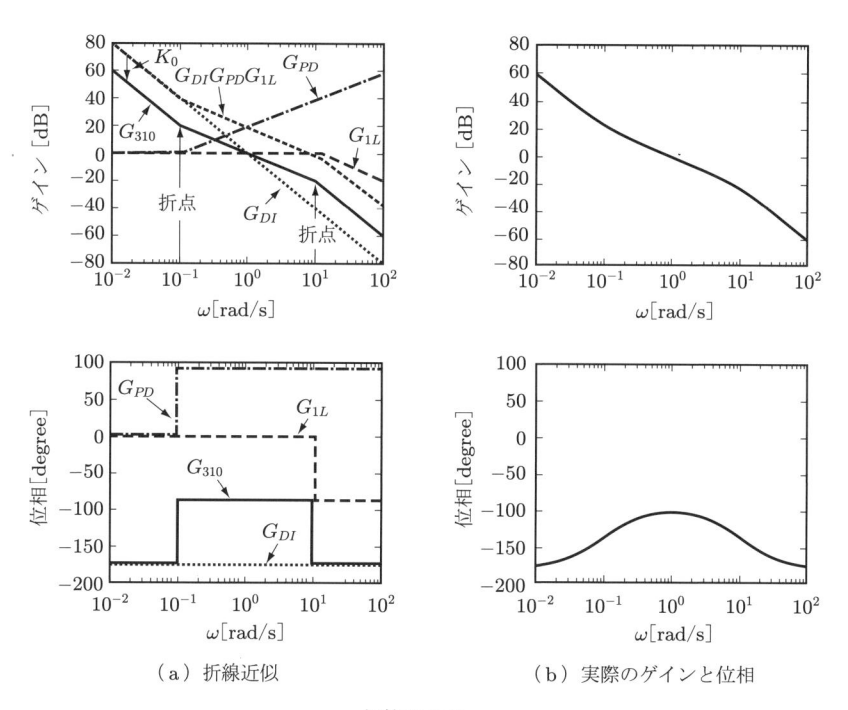

(a)折線近似         (b)実際のゲインと位相

解答図 **3.2**

に折線を描く．

① まず，$K_0$ 以外の伝達関数 $G_{DI}(s)$, $G_{PD}(s)$, $G_{1L}(s)$ のゲインと位相の折線を描く．折点は $z_1 = 0.1\,\mathrm{rad/s}$ と $p_1 = 10\,\mathrm{rad/s}$ となっている．
② それぞれの折線から，$G_{DI}(s)G_{PD}(s)G_{1L}(s)$ のゲインと位相の折線を描く．
③ ゲインについては，さらに $|K_0|_{\mathrm{dB}} = -20\,\mathrm{dB}$ だけ平行移動する．

以上の手順で求めた $G_{310}(s)$ の折線を同図 (a) 中に実線で示す．同図 (b) には MATLAB の bode 関数で求めたゲインと位相を示しておく．

### 第 4 章

**4-1** 指令から応答までの伝達関数を求めると $K_p/(ms^2 + K_p)$ であり，この伝達関数の極は虚軸上にあるので系が安定限界となっているためである．振動数は $\sqrt{K_p/m}\,[\mathrm{rad/s}]$ となる．

**4-2** 解答図 4.1 参照．

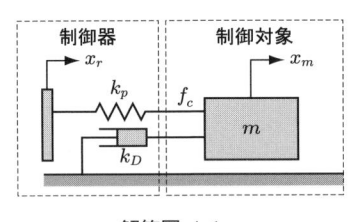

解答図 4.1

**4-3** 式 (4.36) をラプラス変換とすると次式となる（ただし，$e_p$ の初期値を 0 とする）．

$$\begin{aligned}
f_c &= \left(1 + \frac{1}{T_I s} + T_D s\right) k_p (x_r - x_m) \\
&= \left(1 + \frac{1}{T_I s}\right) k_p (x_r - x_m) + T_D k_p s (x_r - x_m) \\
&= \left\{\left(1 + \frac{1}{T_I s}\right) \frac{1}{T_D}(x_r - x_m) + s(x_r - x_m)\right\} T_D k_p \\
&= \left[\left\{\frac{1}{T_I}(x_r - x_m) + s(x_r - x_m)\right\} \frac{1}{T_D s} + s(x_r - x_m)\right] T_D k_p
\end{aligned}$$

上式をブロック線図化すると解答図 4.2 (a) のようになり，P-I-P 制御にフィードフォワード制御を加えた形態をもつことがわかる．また PI 制御＋フィードフォワード制御の形態に変換すると解答図 4.2 (b) のようになる．この場合，位置制御器が 1 次遅れ特性をもつことになる．

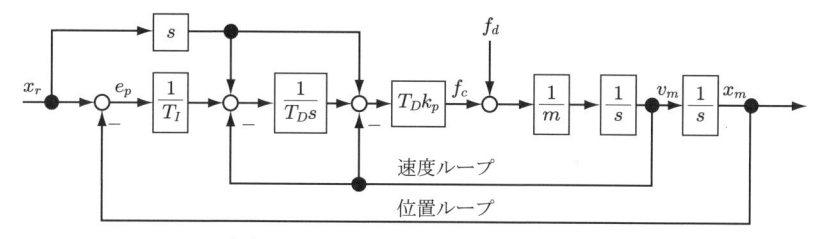

(a) P–I–P制御＋フィードフォワード制御

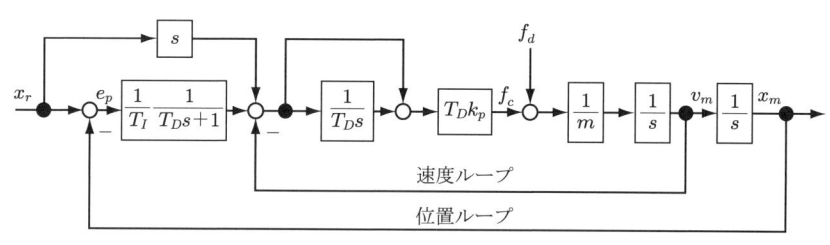

(b) PI制御＋フィードフォワード制御

解答図 **4.2**

## 第 5 章

**5–1** ステップ型速度指令

$$f_{\text{in}}(t) = \begin{cases} V_{FC} & (0 \le t \le \tau_E) \\ 0 & \text{else} \end{cases}$$

を式 (5.17) に代入して速度指令 $f_{\text{out}}(t)$ を求め，さらに積分して位置指令 $p_x(t)$ を求める．

(1) 加速状態 $(0 \le t \le \tau_1)$

$$f_{\text{out}}(t) = \frac{1}{\tau_1} \int_0^t V_{FC} d\tau = \frac{V_{FC}}{\tau_1} t$$

$$p_x(t) = \int_0^t f_{\text{out}}(\tau) d\tau = \frac{1}{2} \frac{V_{FC}}{\tau_1} t^2$$

(2) 定速状態 $(\tau_1 \le t \le \tau_E)$

$$f_{\text{out}}(t) = \frac{1}{\tau_1} \int_{t-\tau_1}^t V_{FC} d\tau = V_{FC}$$

$$p_x(t) = p_x(\tau_1) + \int_{\tau_1}^t f_{\text{out}}(\tau) d\tau = V_{FC} \left( t - \frac{\tau_1}{2} \right)$$

(3) 減速状態 $(\tau_E \le t \le \tau_E + \tau_1)$

$$f_{\text{out}}(t) = \frac{1}{\tau_1} \int_{t-\tau_1}^{\tau_E} V_{FC} d\tau = \frac{V_{FC}}{\tau_1} (-t + \tau_1 + \tau_E)$$

$$p_x(t) = p_x(\tau_E) + \int_{\tau_E}^{t} f_{\text{out}}(\tau)d\tau = V_{FC} \cdot \tau_E - \frac{1}{2}\frac{V_{FC}}{\tau_1}(-t + \tau_1 + \tau_E)^2$$

5–2 (1) 指令時間を最小にするために $\tau_E = L_D/V_{\max}$, $\tau_1 = V_{\max}/A_{\text{ccmax}}$ とする．速度パターンを解答図 5.1（a）に示す．

(2) $\tau_E = \tau_1$ の場合，解答図 5.1（b）に示すように三角型になる．

(3) $\tau_E < \tau_1$ の場合，解答図 5.1（c）に示すように台形型になる．問題点は，速度が $V_{\max}$ に達する前に一定速度になることである．つまり，指令時間が最小とならない．

(4) 指令時間が最小となるためには，指令距離が $L_D/2$ に達するまで $A_{\text{ccmax}}$ で加速し，その後 $-A_{\text{ccmax}}$ で減速する．このために $V_{\max}$ と $\tau_1$ を次のように修正する．

$$V'_{\max} = \sqrt{L_D A_{\text{ccmax}}}$$

$$\tau'_1 = \sqrt{\frac{L_D}{A_{\text{ccmax}}}}$$

速度パターンを解答図 5.1（d）に示す．

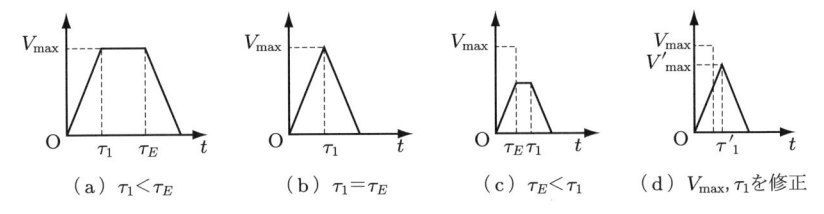

（a）$\tau_1 < \tau_E$　　（b）$\tau_1 = \tau_E$　　（c）$\tau_E < \tau_1$　　（d）$V_{\max}, \tau_1$ を修正

解答図 5.1　速度パターンの変化

5–3 解答図 5.2 を参照のこと．

【補足】円経路に沿った指令速度を半径でわって角速度を求め加減速処理を行う．同図では，直接位置指令を求めている．出力は指定した半径をもつ円弧指令になることはブロック線図より明らかであろう．

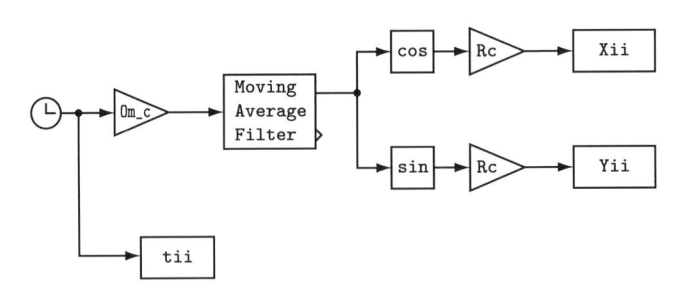

解答図 5.2　補間前加減速を行った円弧指令を生成する SLK モデル（circle_MAfilt_pre.mdl）

## 第 6 章

**6–1** モータを回転させるためには $q$ 軸の誘起電圧 $K_E\omega_m$ に対して $q$ 軸電流 $i_q$ を流さなければならない．このとき必要な電力は誘起電圧 $\times$ $q$ 軸電流 $= K_E\omega_m \times i_q$ である．これがすべて回転エネルギに変換されたとすると，回転エネルギは $T_m \times \omega_m = K_T i_q \times \omega_m$ であるので $K_E = K_T$ となる．

**6–2** 交流電流の最大値 $I_m$ に対して実効値は $I_m/\sqrt{2}$ である．1 相分の電流実効値で定義したトルク定数を $K_{Te}$ とし，式 (6.33) と式 (6.34) の $K_T = P_n\Phi_n$ を用いると

$$K_{Te} = \frac{T_m}{I_m/\sqrt{2}} = \frac{\sqrt{\frac{3}{2}}P_n\Phi_e I_m}{I_m/\sqrt{2}} = \sqrt{3}P_n\Phi_e = \sqrt{3}K_T$$

となる．同様に，1 相分の誘起電圧の最大値は式 (6.18) より $\omega_e\Phi_m = P_n\omega_m\Phi_m$ である．実効値で定義した誘起電圧定数を $K_{Ee}$ とし，式 (6.23) と $K_E = P_n\Phi_n$ を用いると

$$K_{Ee} = \frac{P_n\Phi_m\omega_m/\sqrt{2}}{\omega_m} = \frac{P_n\Phi_e}{\sqrt{3}} = \frac{K_E}{\sqrt{3}}$$

となる．$K_T = K_E$ であるので $K_{Te} = 3K_{Ee}$ となることがわかる．

**6–3** 式 (6.19) の下に示した手順により次式を得る．

$$\boldsymbol{V}_{dq} = \boldsymbol{C}_{du}\boldsymbol{L}_M\frac{d\left(\boldsymbol{C}_{du}^T\boldsymbol{I}_{dq}\right)}{dt} + \boldsymbol{C}_{du}\boldsymbol{R}_M\boldsymbol{C}_{du}^T\boldsymbol{I}_{dq} + \boldsymbol{C}_{du}\frac{d\boldsymbol{\Phi}_{am}}{dt}$$

上式の右辺第 1 項はさらに次式に変形される．

$$\left(\boldsymbol{C}_{du}\boldsymbol{L}_M\frac{d\boldsymbol{C}_{du}^T}{dt}\right)\boldsymbol{I}_{dq} + \left(\boldsymbol{C}_{du}\boldsymbol{L}_M\boldsymbol{C}_{du}^T\right)\frac{d\boldsymbol{I}_{dq}}{dt}$$

付録 B の座標変換行列を用いると，

$$\boldsymbol{C}_{du}\boldsymbol{L}_M\frac{d\boldsymbol{C}_{du}^T}{dt} = \omega_e\begin{bmatrix} 0 & -(L_{a1}-M_{a1}) \\ L_{a1}-M_{a1} & 0 \end{bmatrix}$$

$$\boldsymbol{C}_{du}\boldsymbol{L}_M\boldsymbol{C}_{du}^T = \boldsymbol{C}_{da}\left(\boldsymbol{C}_{au}\boldsymbol{L}_M\boldsymbol{C}_{au}^T\right)\boldsymbol{C}_{da}^T = \begin{bmatrix} L_{a1}-M_{a1} & 0 \\ 0 & L_{a1}-M_{a1} \end{bmatrix}$$

$$\boldsymbol{C}_{du}\boldsymbol{R}_M\boldsymbol{C}_{du}^T = \boldsymbol{C}_{da}\left(\boldsymbol{C}_{au}\boldsymbol{L}_M\boldsymbol{C}_{au}^T\right)\boldsymbol{C}_{da}^T = \begin{bmatrix} R_a & 0 \\ 0 & R_a \end{bmatrix}$$

$$\boldsymbol{C}_{du}\frac{d\boldsymbol{\Phi}_{am}}{dt} = \begin{bmatrix} 0 \\ \sqrt{\frac{3}{2}}\Phi_m\omega_e \end{bmatrix}$$

となり，これらを用いて式 (6.21) を得る．

## 第 7 章

**7–1** 式 (7.34) と式 (7.35) より

$$\frac{x_t}{R\theta_m} = \frac{v_t/T_m}{R\omega_m/T_m} = \frac{G_{vt}(s)}{R \cdot G_{vp}(s)} = \frac{\omega_t^2}{s^2 + 2\zeta_t\omega_t s + \omega_t^2}$$

**7–2** (1) 次式のように式 (7.36) を変形し，数値を代入する．

$$\alpha = \left(\frac{\omega_s}{\omega_t}\right)^2 - 1 = \left(\frac{850}{600}\right)^2 - 1 \simeq 1$$

(2) 次式のように式 (7.33) を変形して，数値を代入する．

$$J_r = \frac{R^2 M_t}{\alpha} = \frac{\left(\frac{0.02}{2\pi}\right)^2 \times 100}{1} = 1.01 \times 10^{-3}\,\mathrm{kg \cdot m^2}$$

**7–3** (1) $G_{vp0}(s) = \dfrac{J_b s^2 + D_b s + K_g + K_t R^2}{D_{s0}(s)}$

ただし，

$$D_{s0}(s) = J_b J_m s^4 + (J_m D_b + J_b D_m)\,s^3 + \left(J_m K_g + J_b K_g + D_b D_m + J_m K_t R^2\right) s^2 \\ + \left(D_m K_g + D_b K_g + D_m K_t R^2\right) s + K_g K_t R^2$$

(2) $D_m = D_b = 0$ とおくと，

$$G_{vp0}(s) = \frac{J_b s^2 + \left(K_g + K_t R^2\right)}{J_b J_m s^4 + (J_m K_g + J_b K_g + J_m K_t R^2)\,s^2 + K_g K_t R^2}$$

$$= \frac{s^2 + \omega_{gb}^2 + \omega_{tb}^2}{J_m \left\{ s^4 + \left(\omega_{gb}^2 + \omega_{gm}^2 + \omega_{tb}^2\right) s^2 + \omega_{gm}^2 \omega_{tb}^2 \right\}}$$

$$\simeq \frac{s^2 + \omega_{gb}^2 + \omega_{tb}^2}{J_m s^2 \left\{ s^2 + \left(\omega_{gb}^2 + \omega_{gm}^2 + \omega_{tb}^2\right) \right\}}$$

ただし，最後の近似には式 (7.41) を用いた．上式より，反共振周波数 $\omega_{rb}$，共振周波数 $\omega_{ra}$ は次式で求められる．

$$\omega_{rb} = \sqrt{\omega_{gb}^2 + \omega_{tb}^2}, \qquad \omega_{ra} = \sqrt{\omega_{gb}^2 + \omega_{gm}^2 + \omega_{tb}^2}$$

## 第 8 章

**8–1** 式 (8.3) にさらにノッチフィルタの位相遅れが加算される．

$$P_d(\omega) = \tan^{-1}\left(\frac{\omega_{vi}}{\omega}\right) + \tan^{-1}\left(\frac{\omega}{\omega_{cc}}\right) + \omega T_{dv} + \frac{\omega T_{nf}}{2}$$

ただし，積分器の遅れ（第 1 項）は無視し，$\omega \leq \omega_{cc}$ から $\tan^{-1}\left(\dfrac{\omega}{\omega_{cc}}\right) \simeq \dfrac{\omega}{\omega_{cc}}$ と近

似する．さらに，位相交差周波数を $\omega_{gm}$ とすると次式を得る．

$$P_d(\omega_{gm}) \simeq \left(\frac{1}{\omega_{cc}} + T_{dv} + \frac{T_{nf}}{2}\right)\omega_{gm} = \frac{\pi}{2}$$

上式にシミュレーションに用いたパラメータを代入すると，$\omega_{gm} = 1.11 \times 10^3 \,\text{rad/s}$ となる．

8–2 図 8.19 より，振動の周期が 25 ms 程度であることがわかる．したがって，$\tau_2 = 0.025\,\text{s}$ とすればよい．応答例を解答図 8.1 に示す．

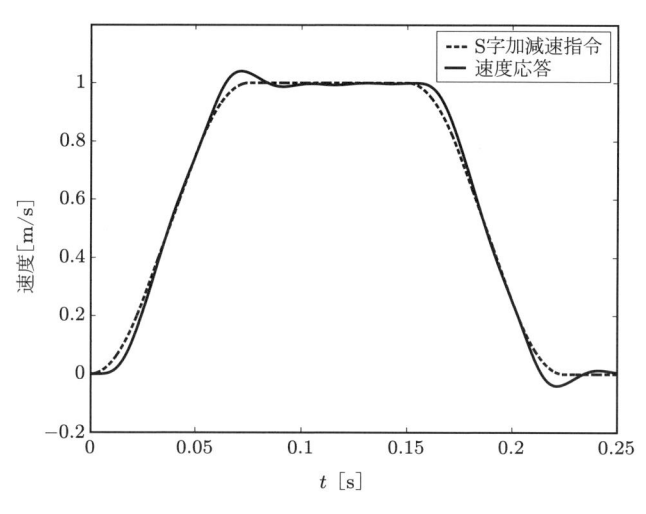

解答図 **8.1**

### 第 9 章

9–1 定速状態での位置指令は $V_{FC}/s^2$ である．輪郭運動誤差は

$$E_n(s) = \frac{V_{FC}}{s^2}\cos\theta_L \sin\theta_L G_f(s) G_p(s) \Delta G_m(s)$$

$$= \frac{V_{FC}}{s^2}\cos\theta_L \sin\theta_L G_f(s) G_p(s)$$

$$\cdot \frac{(C_{tx}K_{ty} - C_{ty}K_{tx})\,s}{(M_{tx}s^2 + C_{tx}s + K_{tx})(M_{ty}s^2 + C_{ty}s + K_{ty})}$$

となり，ラプラス変換の最終値定理を用いると，定常値は次式となる．

$$E_{n1} = \lim_{s \to 0}\{sE_n(s)\} = \frac{V_{FC}}{2}\left(\frac{C_{tx}}{K_{tx}} - \frac{C_{ty}}{K_{ty}}\right)\sin 2\theta_L$$

上式にシミュレーションで用いた数値を代入すると $E_{n1} = -2.5\,\mu\text{m}$ となる．

**9–2** (1) 応答円弧の半径 $R_t = R_c \times |G_r(j\omega_c)|$ より，

$$R_t = R_c |G_{pm}(j\omega_c)| \sqrt{\frac{\omega_c^2 K_{vf1}^2}{K_{pp}^2} + 1} \tag{解 9.1}$$

である．上式で $R_t = R_{c1}$, $K_{vf} = K_{vf1}$ とすると，

$$|G_{pm}(j\omega_c)| = \frac{R_{c1}}{R_c} \sqrt{\frac{1}{\frac{\omega_c^2 K_{vf1}^2}{K_{pp}^2} + 1}}$$

(2) 式 (解 9.1) で $R_c = R_t$ として，$K_{vf}$ について解くと次式を得る．

$$K_{vf} = \frac{K_{pp}}{\omega_c} \sqrt{\frac{1}{|G_{pm}(j\omega_c)|^2} - 1}$$

$$= \frac{K_{pp}}{\omega_c} \sqrt{\left(\frac{R_c}{R_{c1}}\right)^2 \left(\frac{\omega_c^2 K_{vf1}^2}{K_{pp}^2} + 1\right) - 1}$$

**9–3** $C_{tx} K_{ty} - C_{ty} K_{tx} = 0$ とすれば，$\Delta G_m(s) = 0$ とできる．$K_{ty} = 2K_{tx}$ なので，$C_{ty} = 2C_{tx}$ とする．しかし，慣性比も変化しているので，今度はモータ位置で楕円誤差が発生する．これは $G_v(s)$ の差によるものである．この差を抑制するために $J_{ry} = 2J_{rx}$ とする．

## 第 10 章

**10–1** 式 (10.1) より，軸方向剛性は

$$K_t = \frac{2F_{fr}}{\delta_{LM}}$$

となる．ロストモーション量 $\delta_{LM} = 5 \times 10^{-6}$ m，直動摩擦力 $F_{fr} = 500$ N を上式に代入して $K_t = 2 \times 10^8$ N/m となる．

**10–2** (1) 大きくなる．回転摩擦が大きくなると，移動軸反転時の停止時間が長くなるため．
(2) 小さくなる．速度制御系の帯域幅が同じであるとすると，速度比例ゲイン $K_{vp}$ が大きくなるため．
(3) 大きくなる．サーボ静剛性が小さくなる．また，直動摩擦の回転換算値が大きくなるため．

# 参考文献

### 第1章

位置決め・送りの基本用語は文献 [1]–[4]．案内機構に関しては文献 [7]，検出器に関しては文献 [8], [9] を参考にした．

[1] JIS B 0181：1998 産業オートメーションシステム―機械の数値制御―用語，日本規格協会，1998．
[2] JIS B 0182：1993 工作機械―試験及び検査用語，日本規格協会，1993．
[3] 精密工学会超精密位置決め専門委員会：次世代精密位置決め技術，フジ・テクノシステム，2000．
[4] 大塚二郎：ナノテクノロジーと超精密位置決め技術，工業調査会，2005．
[5] 武田行生：パラレルメカニズムの設計，精密工学会誌，Vol.63, No.12, pp.1651–1654, 1997．
[6] 中川昌夫：パラレルメカニズム工作機械 PM-600 の実用化，計測と制御，Vol.42, No.7, pp.591–594, 2003．
[7] 日本機械学会：〜若手機械設計技術者のために〜精密位置決めのための機構設計，No.04-81 講習会資料，2004-11．
[8] ハイデンハインカタログ：角度エンコーダ，2006．
[9] 高 偉：レーザ干渉測長器 vs 回折格子干渉型リニアエンコーダ，精密工学会超精密位置決め専門委員会定例会講演前刷集，No.2004-2, pp.1–10, 2004．
[10] JIS B 6192 (ISO 230-2)：1999 工作機械―数値制御による位置決め精度試験方法通則，日本規格協会，1999．
[11] 垣野義昭，井原之敏，篠原章翁：DBB 法による NC 工作機械の精度評価法，リアライズ社，1990．
[12] JIS B 6194：(ISO 230-4)：1997 工作機械―数値制御による円運動精度試験方法通則，日本規格協会，1997．
[13] 垣野義昭，井原之敏，Lin Shuding，羽山定治，河上邦治，濱村 実：交差格子スケールを用いた超精密 NC 工作機械の運動精度の測定と加工精度の改善，精密工学会誌，Vol.62, No.11, pp.1612–1616, 1996．
[14] 村木俊之，垣野義昭，常井宏一：複合工作機械の運動精度向上に関する研究，精密工学

会誌，Vol.69, No.12, pp.1734–1738, 2003.

[15] 前川一浩：半導体露光装置，日本機械学会誌，Vol.28, No.102, pp.22–24, 2004.
[16] 柴崎祐一：半導体露光装置における配管レスステージの実現，精密工学会超精密位置決め専門委員会定例会講演前刷集，No.2006-3, pp.13–18, 2006.
[17] 三橋秀男，庄司真帆，梅本和伸，武石 章，高須誠一，荒木一成：高速ダイボンダ搭載ヘッドの開発，精密工学会大会学術講演会講演論文集，Vol.2002, No.1, pp.124, 2002.
[18] 外村幸博：高速ダイボンダ技術，日本機械学会誌，Vol.108, No.1039, pp.482–483, 2005.

### 第2章〜第4章

モデリングと制御理論についての基礎は文献 [19]–[26] を参考にした．文献 [19] は英語の文献であるが，基礎から応用までカバーし例題も豊富である．文献 [22] も応用上重要な例題を多く含んでいる．MATLAB/Simulink の使い方について詳しいのは文献 [27]–[29] である．また少々古いがサーボとモータについて詳しいのが文献 [30] である．速度制御系や位置制御系については文献 [31], [33] や後述の [41] が参考になる．

[19] Gene Franklin, J.D. Powell, Abbas Emami-Naeini: Feedback Control of Dynamic Systems, Prentice Hall, 1994.
[20] Joseph J. DiStefano, Ivan J. Williams, Allen R. Stubberud: マグロウヒル大学演習システム制御 I，オーム社，1998.
[21] 同上，システム制御 II，オーム社，1998.
[22] 伊藤正美：自動制御，丸善，1981.
[23] 明石 一：制御工学，共立出版，1979.
[24] 明石 一，今井弘之：詳解制御工学演習，共立出版，1981.
[25] 堀 洋一，大西公平：制御工学の基礎，丸善，1997.
[26] 杉江俊治，藤田政之：フィードバック制御入門，コロナ社，1999.
[27] Bahram Shahian, Michael Hassul: Control System Design Using Matlab, Prentice Hall, 1993.
[28] 川田昌克，西岡勝博，井上和夫：MATLAB/Simulink によるわかりやすい制御工学，森北出版，2001.
[29] 本田 昭，長崎仁典：図解とシミュレーションで学ぶサーボ制御技術入門，日刊工業新聞社，2004.
[30] 安川電機製作所：メカトロニクスのためにサーボ技術入門，日刊工業新聞社，1986.
[31] 二見 茂：機構振動を考慮した位置制御系の PI と I-P 速度制御の比較，精密工学会誌，Vol.54, No.8, pp.1469–1474, 1988.
[32] 文献 [21], pp.102–103.
[33] 竹下虎男，風間 務，加知光康：CNC サーボシステムの性能向上に関する研究：NC サーボ追従性改善の一方法，日本機械学論文集 C 編，Vol.63, No.615, pp.3870–3875, 1997.

### 第5章

補間指令の作成法については文献 [34]，加減速処理については文献 [35] を参考にした．

[34] 佐々木能成：デジタルサーボのシステム設計，近代図書，pp.125, 1989.
[35] 竹下虎男：CNC サーボシステムの特性解析と性能向上に関する研究，京都大学学位論文，pp.94–97, 1999.

第 6 章

モータの基礎となる電磁気学とモータ技術に関しても非常に多くの優れた参考書がある．本書では電磁気学に関しては文献 [36] を参考にした．また，モータについては，入門事項は文献 [37], [38]，基礎的理論は文献 [39], [40] を参考にした．特に，文献 [40] は集中巻について詳しい．AC モータの制御に関しては文献 [39]–[41] を参考にした．また，文献 [42] は本書では扱わなかった埋込磁石型同期モータについて扱っている．

[36] 小塚洋司：電気磁気学―その物理像と詳論，森北出版，1998.
[37] 井出萬盛：図解入門よくわかる最新モータ技術の基本とメカニズム，秀和システム，2004.
[38] 見城尚志，佐渡友茂：イラスト・図解 小型モータのすべて，技術評論社，2001.
[39] 宮入庄太：最新電気機器学，丸善，1996.
[40] 見城尚志，永守重信：新・ブラシレスモータ―システム設計の実際―，総合電子出版社，2000.
[41] 杉本英彦，小山正人，玉井伸三：AC サーボシステムの理論と設計の実際―基礎からソフトウェアサーボまで，総合電子出版社，p.78, 1990.
[42] 武田洋次，森本茂雄，松井信行，本田幸夫：埋込磁石同期モータの設計と制御，オーム社，2001.
[43] 引原隆士，木村紀之，千葉 明，大橋俊介：パワーエレクトロニクス，朝倉書店，2000.

第 7 章

ボールねじの設計計算については文献 [44]–[47]，力学モデルについては文献 [48], [49] を参考にした．

[44] http://www.jp.nsk.com/tech-support/seiki/report/etc/page002.html
[45] 井澤 實：ボールねじ応用技術，工業調査会，1993.
[46] 日本精工：精機製品カタログ，A6-40, 1994.
[47] 宮口和男：ボールねじ送り駆動機構の高速化と高精度化に関する研究，京都大学学位論文，pp.100–104, 2005.
[48] 垣野義昭，松原 厚，黎 子椰，上田大介，中川秀夫，竹下虎男，丸山寿一：NC 工作機械における送り駆動形のトータルチューニングに関する研究（第 1 報）―送り駆動機構のモデル化とパラメータの同定―，精密工学会誌，Vol.60, No.8, pp.1097–1101, 1994.
[49] 藤田 純，羽山定治，濱村 実，垣野義昭，松原 厚，大脇悟史：NC 工作機械のボールねじねじり振動がサーボ系の安定性に及ぼす影響，精密工学会誌，Vol.65, No.8, pp.1190–1194, 1999.

第 8 章

2 慣性系の制御問題については，[53]–[55] を参照されたい．数式モデルを用いたサーボパラメータのチューニング法としては，文献 [57] がある．

[50] 文献 [41]，p.156.

[51] 文献 [35]，pp.48–49.

[52] 長野鉄明：モーションコントロールのための2自由度制御と制振フィルタ設計入門，モーションエンジニアリングシンポジウム（日本能率協会），G1-2-1-11, 2002.

[53] 結城和明，村上俊之，大西公平，共振比制御による2慣性共振系の振動抑制制御，電気学会論文誌 D，Vol.113, No.10, pp.1162–1169, 1993.

[54] 堀 洋一：共振比制御と真鍋多項式による2慣性系の制御，電気学会論文誌 D，Vol.114, No.10, pp.1038–1045. 1994.

[55] 堀 洋一，大西公平：応用制御工学，丸善，1998.

[56] 松原 厚，茨木創一，垣野義昭，遠藤雅也，梅本雅資：デュアルアクチュエーションによるNC工作機械送り系の振動制御（第1報）—相対速度フィードバックによる2慣性系の減衰制御—，精密工学会誌，Vol.69, No.3, pp.422–426, 2003.

[57] 中村政俊，久良修郭，後藤 聡：メカトロサーボ系制御—産業界における問題点とその理論的解決，森北出版，1998.

## 第 9 章

本章は [58]–[62] の文献から基礎的な部分のみを抽出してまとめた．なお，軸間の誤差をフィードバックする制御に関しては前出の文献 [57] に詳しい．

[58] 垣野義昭，松原 厚，黎子椰，上田大介，中川秀夫，竹下虎男，丸山寿一：NC工作機械における送り駆動系のトータルチューニングに関する研究（第4報）—多軸チューニング—，精密工学会誌，Vol.63, No.3, pp.368–372, 1997.

[59] 藤田 純，羽山定治，浜村 実，斯波和広，垣野義昭，松原 厚：NC工作機械補間運動時の過渡応答誤差，精密工学会誌，Vol.66, No.2, pp.434–438, 2000.

[60] 鈴木康彦，松原 厚，垣野義昭，茨木創一，李 康圭：工作機械の輪郭精度向上をめざしたCNCパラメータチューニングに関する研究，精密工学会誌，Vol.69, No.8, pp.1119–1123, 2003.

[61] 濱村 実，藤田 純，垣野義昭，松原 厚：慣性力と粘性抵抗が円弧補間運動誤差に及ぼす影響に関する研究，精密工学会誌，Vol.69, No.9, pp.1306–1311, 2003.

[62] 鈴木康彦，松原 厚，垣野義昭：NC工作機械の高速小円運動の高精度化に関する研究—速度制限方法の改良による精度向上—，精密工学会誌，Vol.70, No.10, pp.1266–1270, 2004.

## 第 10 章

[63] B. Armstrong: Friction: Experimental Determination, Modeling and Compensation, Proc. the 1988 IEEE Int. Conf. on Robotics and Automation, pp.1422, 1977.

[64] 堤 正臣，大友誠司，岡崎裕一，酒井浩二，山崎和雄，葛 東方：摩擦を考慮したCNC工作機械の送り駆動機構の数学モデル，Vol.61, No.10, pp.1458–1462, 1995.

[65] 佐藤隆太，堤 正臣，長島一男：円運動象限切替え時における送り駆動系の動的挙動，精密工学会誌，Vol.72, No.2, pp.208–213, 2006.

[66] D. Karnopp: Computer Simulation of Stick-slip Friction in Mechanical Dynamic Systems, Trans. ASME, J. Dyn. Syst, Meas. Contr, Vol.107, pp.100–103, 1985.
[67] 羽山定治, 伊東正頼, 大岳信久, 藤田 純, 黒川哲郎, 垣野義昭：NC 工作機械送り駆動系における漸増形ロストモーションの生成機構とその補正に関する研究, 精密工学会誌, Vol.62, No.2, pp.247–251, 1996.
[68] サイバネット：Simulink ステップアップ講座 第 5 回 シミュレーション, http://www.cybernet.co.jp/matlab/support/technote/stepup2.shtml
[69] 杉江 弘, 岩崎隆至, 中川秀夫, 幸田盛堂：工作機械における位置変動ロストモーションのモデル化と補償, 日本機械学会論文集 C, Vol.73, No.733, pp.2434–2440, 2007.
[70] Y. Suzuki, A. Matsubara, Y. Kakino, K. Tsutsui: A Stick Motion Compensation System with a Dynamic Model, JSME International Journal Series C, Vol.47, No.1, pp.168–174, 2004.
[71] 家沢雅宏, 今城昭彦, 富沢正雄：AC サーボモータ位置決め系の摩擦補償による高精度化, 日本機械学会論文集 C, Vol.59, No.568, pp.3811–3816, 1993.
[72] 藤田 純, 羽山定治, 浜村 実, 斯波和広, 垣野義昭, 松原 厚, 大脇悟史：NC 工作機械の円弧象限切換時運動誤差の理論解析, 精密工学会誌, Vol.67, No.1, pp.152–156, 2001.

# 索引

### 欧文

AC サーボモータ　5

DC ゲイン　47
DC サーボモータ　5
$dq$ 座標系　116

FIR　151

I-P 制御器　78

MIMO　39

NC　3

PD 要素　53
PI 制御器　78

SISO　39
S 字加減速　100

### あ行

アッベの誤差　10
アブソリュート方式　9
案内機構　5

位相　50
位相交差周波数　208
位相余裕　208
位置決め　1
位置決め制御システム　2
位置決め精度　12, 14
1 次遅れ系　31
1 次加減速時間　99
1 次加速度　99

位置偏差　12
一方向位置決めの繰返し性　13
一方向位置決めの標準不確かさの推定値　13
インクリメンタル方式　8
インデシャル応答　42
インパルス応答　42

運動精度　14

円弧補間　93

オーバシュート　56
送り運動　1
送り制御　2
折線近似　55

### か行

界磁磁極　109
回転子　108
外乱　21
外乱オブザーバ　193
開ループ制御　20
開ループ伝達関数　64
角周波数　50
拡張不確かさ　13
加減速回路　97
加減速処理　92
重ね合わせの性質　24
カスケード　72
過渡応答　46
感度関数　64

機械角　113

逆起電圧　110
共振周波数　59, 60
共振比　138
共振ピーク　59, 60
極　31
極・零相殺　49
極零マップ　49

クーロン摩擦モデル　185
繰返し位置決め精度　14

継鉄　109
ゲイン　50
ゲイン交差周波数　208
ゲイン定数　27
ゲイン余裕　207
減衰比　31

光学式エンコーダ　8
固定子　108
固有角周波数　31
根　31
根軌跡法　62
コンボリューション積分　45

### さ行

サーボモータ　5
最大オーバシュート量　59
最大送り加速度　125
最大送り速度　125

時間遅れ要素　67
軸ねじり剛性　128
軸の一方向位置決めの繰返し

索 引

性　14
軸の一方向位置決めの正確さ
　14
軸分配　92
軸方向剛性　126
システムの次数　31
磁束　109
時定数　31
時不変　25
重極　31
集中巻　113
周波数　50
周波数伝達関数　50
出力方程式　34
状態空間　34
状態変数　27
状態方程式　34
指令値　20
シングルアンカ　126

スティックモーション　188
ステップ応答　42

制御系の型　211
制御対象　20
制御量　20
静定時間　60
静的なシステム　24
積分器　27
折点周波数　54
セミクローズドループ制御
　11
零極ゲイン　31
零状態応答　31
零点　31
零入力応答　31
線形システム　24
線形時不変システム　25
前置処理　92

操作量　20
相電圧　114
相補感度関数　264

### た 行

帯域幅　61

代表極　49
代表根　49
ダイポール　49
立ち上がり時間　59
ダブルアンカ　126
単位インパルス　42
単位ステップ　42
単位ランプ関数　42
単極　31

直線加減速　99
直線補間　93

定常応答　46
電気角　113
電機子　109
電機子電圧　109
電機子電流　109
伝達関数　26

同期モータ　5
動的なシステム　24
特性多項式　31
特性方程式　31
トルク定数　111

### な 行

ナイキスト軌跡　51

2次加減速時間　99
2次系　31

ノッチフィルタ　151

### は 行

パデ近似　68

非線形摩擦モデル　185
微分器　27
比例ゲイン　27
比例制御　74

フィードバック信号　21
フィードバック制御　20
フィードフォワード制御
　20

フルクローズドループ制御
　11
ブロック線図　22
分解能　9

平均一方向位置決め偏差
　13
閉ループ制御　20
ベクトル軌跡　51
ベル型加減速　100
偏差　21

ボーデ線図　52
ボールねじ　7
補間後加減速　103
補間処理　92
補間前加減速　104

### ま 行

マイナーループ　72
メジャーループ　72
モード　48
目標値　20

### や 行

誘起電圧　110
誘起電圧定数　111
誘導モータ　5

### ら 行

ランプ応答　42

リード　124
リニアエンコーダ　8
リニアモータ　5
輪郭運動制御　2

ループゲイン　64

ロータリエンコーダ　8
ロストモーション　188

### 著者略歴

松原　厚（まつばら・あつし）

- 1961年　京都府生まれ
- 1985年　京都大学工学部機械工学科卒業
- 同　年　株式会社村田製作所入社
- 1992年　京都大学工学部精密工学専攻助手
- 1997年　米国イリノイ大学アーバナ・シャンペーン校産業機械学科客員研究員
- 2000年　京都大学大学院工学研究科助教授
- 2005年　京都大学大学院工学研究科教授
　　　　　現在に至る．博士（工学）（京都大学）
　　　　　マイクロエンジニアリング専攻精密計測加工論分野担当

---

精密位置決め・送り系設計のための制御工学　　　© 松原　厚　2008

2008年9月1日　第1版第1刷発行　　　【本書の無断転載を禁ず】
2025年5月14日　第1版第6刷発行

著　者　松原　厚
発行者　森北博巳
発行所　森北出版株式会社
　　　　東京都千代田区富士見 1-4-11（〒102-0071）
　　　　電話 03-3265-8341／FAX 03-3264-8709
　　　　https://www.morikita.co.jp/
　　　　日本書籍出版協会・自然科学書協会　会員
　　　　JCOPY ＜（一社）出版者著作権管理機構　委託出版物＞

落丁・乱丁本はお取替えいたします　　印刷／エーヴィス・製本／ブックアート
　　　　　　　　　　　　　　　　　　組版／ウルス

**Printed in Japan／ISBN978-4-627-91981-5**